U0366324

普通高等教育土建学科专业"十一五"规划教材

全国高职高专教育土建类专业教学指导委员会规划推荐教材

建筑电气控制技术

（建筑电气工程技术专业适用）

本教材编审委员会组织编写

胡晓元　主　编

李录锋　副主编

张毅敏　主　审

中国建筑工业出版社

图书在版编目（CIP）数据

建筑电气控制技术/胡晓元主编. —北京：中国建筑
工业出版社，2005
普通高等教育土建学科专业"十一五"规划教材
全国高职高专教育土建类专业教学指导委员会规划推
荐教材. 建筑电气工程技术专业适用
ISBN 978-7-112-06954-5

Ⅰ. 建... Ⅱ. 胡... Ⅲ. 房屋建筑设备-电气控制
高等学校：技术学校-教材 Ⅳ. TU85

中国版本图书馆 CIP 数据核字（2005）第 014243 号

普通高等教育土建学科专业"十一五"规划教材
全国高职高专教育土建类专业教学指导委员会规划推荐教材
建筑电气控制技术
（建筑电气工程技术专业适用）
本教材编审委员会组织编写
胡晓元　主　编
李录锋　副主编
张毅敏　主　审

*

中国建筑工业出版社出版、发行（北京西郊百万庄）
各地新华书店、建筑书店经销
北京建筑工业印刷厂印刷

*

开本：787×1092毫米 1/16 印张：13$\frac{1}{2}$ 字数：324千字
2005年5月第一版 2017年8月第六次印刷
定价：**19.00**元
ISBN 978-7-112-06954-5
(12908)

本书介绍了电气继电接触控制线路的电器、元件和基本控制线路的组成，结合建筑业实际，着重介绍了建筑施工现场常用设备和楼宇设备的电气控制线路，并从提高职业能力的角度介绍了电气控制线路的安装、调试和常见故障处理方法，同时简单介绍了电气控制线路的设计方法。

　　本书是高职高专建筑电气工程技术专业教材，也适用于其他相近专业，同时还可作为建筑施工企业、物业管理行业中从事电气控制、设备维修的工程技术人员参考。

＊　　＊　　＊

责任编辑：齐庆梅　朱首明
责任设计：刘向阳
责任校对：刘　梅　李志瑛　赵明霞

本教材编审委员会名单

主　任：刘春泽

副主任：贺俊杰　张　健

委　员：陈思仿　范柳先　孙景芝　刘　玲　蔡可键

　　　　蒋志良　贾永康　王青山　胡晓元　刘复欣

　　　　韩永学　郑发泰　沈瑞珠　黄　河　尹秀妍

序　言

全国高职高专教育土建类专业教学指导委员会建筑设备类专业指导分委员会（原名高等学校土建学科教学指导委员会高等职业教育专业委员会水暖电类专业指导小组）是建设部受教育部委托，并由建设部聘任和管理的专家机构。其主要工作任务是，研究建筑设备类高职高专教育的专业发展方向、专业设置和教育教学改革，按照以能力为本位的教学指导思想，围绕职业岗位范围、知识结构、能力结构、业务规格和素质要求，组织制定并及时修订各专业培养目标、专业教育标准和专业培养方案；组织编写主干课程的教学大纲，以指导全国高职高专院校规范建筑设备类专业办学，达到专业基本标准要求；研究建筑设备类高职高专教材建设，组织教材编审工作；制定专业教育评估标准，协调配合专业教育评估工作的开展；组织开展教学研究活动，构建理论与实践紧密结合的教学内容体系，构筑"校企合作、产学研结合"的人才培养模式，为我国建设事业的健康发展提供智力支持。

在建设部人事教育司和全国高职高专教育土建类专业教学指导委员会的领导下，2002年以来，全国高职高专教育土建类专业教学指导委员会建筑设备类专业指导分委员会的工作取得了多项成果，编制了建筑设备类高职高专教育指导性专业目录；制定了"供热通风与空调工程技术"、"建筑电气工程技术"、"给水排水工程技术"等专业的教育标准、人才培养方案、主干课程教学大纲、教材编审原则，深入研究了建筑设备类专业人才培养模式。

为适应高职高专教育人才培养模式，使毕业生成为具备本专业必需的文化基础、专业理论知识和专业技能，能胜任建筑设备类专业设计、施工、监理、运行及物业设施管理的高等技术应用性人才，全国高职高专教育土建类专业教学指导委员会建筑设备类专业指导分委员会，在总结近几年高职高专教育教学改革与实践经验的基础上，通过开发新课程，整合原有课程，更新课程内容，构建了新的课程体系，并于2004年启动了"供热通风与空调工程技术"、"建筑电气工程技术"、"给水排水工程技术"三个专业主干课程的教材编写工作。

这套教材的编写坚持贯彻以全面素质为基础，以能力为本位，以实用为主导的指导思想。注意反映国内外最新技术和研究成果，突出高等职业教育的特点，并及时与我国最新技术标准和行业规范相结合，充分体现其先进性、创新性、适用性。它是我国近年来工程技术应用研究和教学工作实践的科学总结，本套教材的使用将会进一步推动建筑设备类专业的建设与发展。

"供热通风与空调工程技术"、"建筑电气工程技术"、"给水排水工程技术"三个专业教材的编写工作得到了教育部、建设部相关部门的支持，在全国高职高专教育土建类专业教学指导委员会的领导下，聘请全国高职高专院校本专业享有盛誉、多年从事"供热通风与空调工程技术"、"建筑电气工程技术"、"给水排水工程技术"专业教学、科研、设计的副教授以上的专家担任主编和主审，同时吸收工程一线具有丰富实践经验的高级工程师及优秀中青年教师参加编写。可以说，该系列教材的出版凝聚了全国各高职高专院校"供热通风与空调工程技术"、"建筑电气工程技术"、"给水排水工程技术"三个专业同行的心血，也是他们多年来教学工作的结晶和精诚协作的体现。

各门教材的主编和主审在教材编写过程中认真负责，工作严谨，值此教材出版之际，全国高职高专教育土建类专业教学指导委员会建筑设备类专业指导分委员会谨向他们致以崇高的敬意。此外，对大力支持这套教材出版的中国建筑工业出版社表示衷心的感谢，向在编写、审稿、出版过程中给予关心和帮助的单位和同仁致以诚挚的谢意。衷心希望"供热通风与空调工程技术"、"建筑电气工程技术"、"给水排水工程技术"这三个专业教材的面世，能够受到各高职高专院校和从事本专业工程技术人员的欢迎，能够对高职高专教学改革以及高职高专教育的发展起到积极的推动作用。

全国高职高专教育土建类专业教学指导委员会
建筑设备类专业指导分委员会
2004 年 9 月

前　言

根据全国高职高专教育土建类专业教学指导委员会对高职规划推荐教材的统一部署，建筑设备类专业指导分委员会决定将建筑电气工程技术专业纳入首批规划推荐教材的专业。2003 年南宁会议确定了本专业十一门课程按规划推荐教材编写，2004 年 1 月广州会议对编写大纲进行了审定，本教材是根据审定后的编写大纲并结合建筑施工企业对电气技术人员的岗位要求编写的。

根据编写大纲的要求，本教材只涉及继电接触控制内容。

本书编写的指导思想是：按照高等职业教育的教育标准和培养目标，结合建设行业的特点，根据建筑施工现场实际，针对应用、突出实用，以培养学生的读图能力为主线，重点训练分析、解决、控制线路实际故障的能力。

全书分为六章，第一章介绍了常用低压电器和电子电器；第二章介绍了继电接触控制线路的组成和基本控制线路；第三章介绍了常用生产及施工设备控制线路；第四章介绍了楼宇常用设备电气控制线路；第五章介绍了电气控制系统安装、调试及常见故障处理方法；第六章介绍了电气控制线路设计基础，重点讲述了经验设计法，对逻辑设计方法仅做一般介绍。

本书力求遵循高职教育规律，紧扣工程实际，循序渐进讲述控制原理，深入浅出阐述复杂控制线路。由于本门课程对实践性教学环节要求很高，因此必须以实物为基础、实验为手段进行基础训练，并结合工程实际开展实训，才能提高学生分析、解决和处理控制线路故障的能力，达到预期教学效果。

本书由四川建筑职业技术学院胡晓元主编，徐州建筑职业技术学院李录锋副主编，第三、五、六章及绪论由胡晓元编写，第一、二章及实验由李录锋编写，第四章由绵阳职业技术学院李健明编写，绵阳水利电力学校范松康参与了第四、五章部分内容编写。在全书编写过程中得到了黑龙江建筑职业技术学院孙景芝教授的支持，得到了有关建筑施工单位大力协助，在此表示衷心的感谢。在编写时还参阅了有关文献资料，在此也向作者表示感谢。

广州建设职业技术学院张毅敏担任本书主审，提出了许多宝贵意见，在此一并表示感谢。

由于我国幅员辽阔，环境、文化、经济、风俗各异，对建筑有不同要求，从而对建筑设备侧重也不一样，北方必须供热，南方强调制冷空调。因此，不同地域应根据当地建筑设备的使用情况重点讲述相关电气控制线路。本书虽尽量考虑各地不同需要，但很难做到各方都满意，加之作者水平有限，时间仓促，存在的错误和不足之处恳请读者批评指正。

目　　录

绪　　论

电能是现代社会必不可少的能源，也是现代工业生产的主要能源，由于电能具有输送迅捷、分配简单、使用方便、转换容易、易于控制等特点，在实际生产中大量使用电动机把电能转换为机械能，用于设备拖动。因此，从电磁感应的发现到今天不过百余年，由于工业生产对动力的需求，使人们不断研究能把电能转换为机械能的装置——电动机，同时也不断研究保证电动机驱动的控制系统和完成机械能传输的传动系统，这种通过控制、驱动、传输将电能转换为机械能的工作系统被称为电力拖动系统，该系统构成如下图所示：

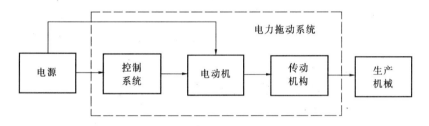

由此可见，电力拖动系统由控制系统、电动机、传动机构三部分组成。

本课程只涉及控制系统。

从电动机逐步取代蒸汽机开始，最初的电动机由于受生产设备的现状和技术水平的限制，采用集中拖动，即一台电动机要拖动多台设备，或一台设备上的多个运动部件由一台电动机拖动，难以适应迅猛发展的工业革命需要。随着电动机设计水平和制造水平的提高，到 20 世纪 20 年代已发展为单独拖动，随后又出现了多电动机拖动，时至今日，多电动机拖动成为电力拖动的主要方式。

在这百年之中，能满足各种生产要求，适用于各种场合的电动机不断出现，极大地简化了生产机械的结构。同时，由于各类电动机种类繁多、功能多样、性能各异，有不同的机械特性，自然对控制线路提出了不同的要求；另一方面，由于新设备的功能不断扩展，对控制系统的要求也不断提高。因此，伴随着生产力的发展，设备的更新换代，电气控制技术也经历了一次又一次革命，发展成为一门独立的技术科学。

社会经济的发展带动了建筑业的发展，现代社会高层建筑大量出现，为满足建筑施工高效、安全的要求，大量先进的施工设备进入了现场；随着智能化楼宇不断增多和建筑功能日臻完善，电梯、制冷、供热、通风、空调、给排水、消防、安防等建筑设备及系统已普遍使用，现代建筑在充分展现功能的完整性时也体现出了建筑电气控制的复杂性。

本书只涉及继电接触控制内容，基本要求是：能对电动机进行启动、运行、反转、调速、制动、保护、监测、自控和计量，达到操作方便、控制有效、安全可靠、提高效率的目的。

电气控制技术经历了从手动到自动的发展过程，本书讲述的继电接触控制这一经典技术一直沿用到今天，随着科学技术的不断发展，特别是计算机技术的发展，电气控制技术出现了革命性重大进步，数控技术、可编程控制器、计算机控制已开始广泛应用到了建筑设备控制的各个环节。

本门课程重点培养学生阅读分析和维护控制线路的能力，学习时要抓住两个关键：第一是熟悉低压电器的结构、动作原理；第二是要熟记基本控制线路。在学习难度较大的复杂控制线路时，最好的办法就是读图、读图、再读图。

本课程应在学习了《电工学》和《电机与拖动》后开设。

第一章　常用低压控制电器

本章首先介绍了电磁式低压电器的基础知识，然后介绍了电流较大的主电路中常用的刀开关、熔断器、主令电器、接触器、继电器、低压断路器等低压控制电器的结构、基本工作原理、作用、应用场合、主要技术参数、典型产品、图形符号和文字符号以及选择、整定和使用方法。并介绍了部分新型低压控制电器的基本知识。

第一节　电磁式低压电器的基本知识

电器按其工作电压等级可分成高压电器和低压电器。低压电器通常是指用于交流电压 1200 V、直流电压 1500 V 及以下的电路中起通断、保护、控制或调节作用的电器产品。低压电器根据其作用可以分为控制电器、保护电器、测量电器等，本书仅介绍电气控制系统中常用的低压控制电器。

电力拖动控制系统一般分成两大部分。一部分是主电路，由开关、熔断器、接触器（主触点）等电器元件组成，控制电动机接通、断开线路，一般主电路的电流较大；另一部分是控制电路，由主令电器、接触器线圈、辅助触点和继电器等电器元件组成，控制电路的任务是根据操作指令，依照自动控制系统的规律和具体的工艺要求对主电路系统进行控制，一般控制电路的电流较小，但电路中使用的低压控制电器种类较多，线路也较主电路复杂。

一、低压电器的作用

从作用上来讲，低压电器是指在低压供电系统中，能够依据操作指令或外界现场信号的要求，手动或自动地改变电路的状况、参数，用以实现对电路或被控对象的控制、保护、测量、指示、调节和转换等的电气器械。低压电器的作用有：

（1）控制作用　如电梯轿厢的上下移动、快慢速自动切换与自动平层动作的完成。

（2）检测作用　利用仪表及与之相适应的电器，对设备、电网或其他非电参数进行测量，如电压、电流、功率、转速、温度、湿度等。

（3）保护作用　能根据设备的特点，对设备、环境以及人身实行自动保护，如电机的过热保护以及漏电保护等。

（4）转换作用　在用电设备之间转换或对低压电器、控制电路分时投入运行，以实现功能切换，如励磁装置手动与自动的转换，供电系统的市电与自备电源的切换等。

（5）指示作用　利用低压电器的控制、保护等功能，检测出设备运行状况与电气电路工作情况，如绝缘监测、保护掉牌指示等。

（6）调节作用　低压电器可对一些电量和非电量进行调整，以满足用户的要求，如柴油机油门的调整、房间温湿度的调节、建筑物照度的自动调节等。

当然，低压电器的作用远不止这些，随着科学技术的发展，新器件、新设备的不断出现，低压电器也会开发出更多新功能。

二、低压电器的分类

低压电器的用途广泛，作用多样，品种规格繁多，原理结构各异。为了概括地了解这些低压电器，可以从以下几个方面加以分类：

（一）按操作方式分

（1）手动电器　由人工直接操作才能完成任务的电器称为手动电器，如刀开关、按钮和转换开关等。

（2）自动电器　指不需人工直接操作，按照电信号或非电信号自动完成接通、分断电路任务的电器称为自动电器，如低压断路器、接触器和继电器等。

（二）按照低压电器在控制电路中的作用分

（1）低压配电电器　主要用于低压配电系统或动力设备中，用来对电能进行输送、分配和保护。如刀开关、低压断路器、转换开关和熔断器等。

（2）低压控制电器　主要用于拖动及其他控制电路中，对命令、现场信号进行分析判断并驱动电器设备进行工作。低压控制电器有接触器、启动器、电磁铁、继电器、控制按钮、行程开关、主令控制器和万能转换开关等。

对低压配电电器的基本要求是灭弧能力强、分断能力好、热稳定性能好以及限流准确等；对低压控制电器，则要求其动作可靠、操作频率高、寿命长并具有一定的负载能力。

在电气控制电路中，两类低压电器常互相配合，同时使用。

（三）按工作原理分

（1）电磁式电器　根据电磁感应原理来工作的电器，如电磁式继电器、接触器等。

（2）非电量控制电器　电器的工作是靠外力或非电物理量的变化而动作的电器。如刀开关、行程开关、按钮、速度继电器、压力继电器和温度继电器等。

电磁式电器在电气控制线路中使用量最大，类型也很多，并且各类电磁式电器在工作原理和结构上基本相同。

三、电磁式低压电器的基本结构及原理

电磁式低压电器是利用电磁现象完成电气电路或非电对象的控制、切换、检测、指示和保护等功能的。电磁式低压电器由以下几部分组成：电磁机构、触头系统、灭弧系统。

（一）电磁机构

1. 电磁吸力

可以用下式表示：

$$F = \frac{\mu_0 S}{2\delta^2} I^2 N \tag{1-1}$$

式中　I——线圈中通过的电流（A）；

N——线圈匝数（匝）；

S——气隙截面积（m^2）；

δ——气隙宽度（m）；

F——电磁吸力（N）；

μ_0——真空磁导率，$\mu_0 = 4\pi \times 10^{-7} H/m$。

2. 直流电磁机构的电磁吸力特性

对于直流电磁机构，因为外加的电压和线圈电阻不变，则流过线圈的电流为常数，与磁路的气隙大小无关。所以，电磁吸力与气隙的平方成反比，因此吸力特性为二次曲线形状。如图 1-1 所示。

3. 交流电磁机构的电磁吸力特性

对于具有电压线圈的交流电磁机构，其吸力特性与直流电磁机构有所不同。设外加电压不变，线圈的阻抗主要取决于线圈的感抗，电阻可忽略，电阻压降也可忽略，当线圈的外加交流电压不变时，线圈的阻抗随着气隙的改变而改变，所以线圈中的电流也改变。气隙大时感抗小，线圈电流大，反之则小。当气隙变化时，电流 I 与气隙 δ 成线性关系，如图 1-2 所示。

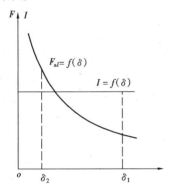

图 1-1　直流电磁机构
的吸力特性

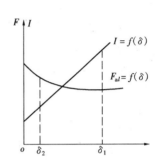

图 1-2　交流电磁机构
的吸力特性

从上面的分析可以看出，直流电磁机构的吸力与气隙的平方成反比，而交流电磁机构的吸力与气隙的大小无关。因此，直流电磁机构的吸力特性比交流电磁机构的吸力特性要陡。

4. 电磁机构的反力特性

在不计电磁机构运动部件重力的情况下，电磁机构的反力主要由释放弹簧和触点弹簧的反力构成，用 F_r 表示。由于弹簧的作用力与其长度成线性关系，所以反力特性曲线都是直线段，如图 1-3 中的曲线 3 所示 δ_1 为气隙的最大值，此时对应的动、静触点之间的距离称为触点断开距离，简称开距（也叫触点行程）。在衔铁闭合过程中，当气隙由 δ_1 开始减小时，反力逐渐增大，如曲线 3 中的 ab 段所示，这一段为释放弹簧的反力变化。到达气隙 δ_2 位置时，动、静触点刚刚接触，由于触点弹簧预先被压缩了一段，因而当动、静触点刚刚接触时，由触点弹簧产生一个压力，称为初压力，此时初压力作用到衔铁上，反力突增，曲线突变，如曲线 3 中的 bc 段所示，这一段为触点弹簧的初压力。当气隙由 δ_2 再减小时，释放弹簧与触点弹簧同时起作用，使反力变化增大。气隙越小触点压得越紧，反力越大，线段较 $\delta_1 \sim \delta_2$ 段陡，如曲线 3 的 cd 段所示。触点弹簧压缩的距离称为触点的超行程，即从动触点刚接触到静触点开始，而动触点继

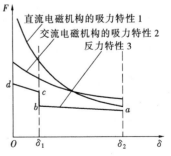

图 1-3　电磁机构的吸力
特性与反力特性

续向前运动压紧的距离。触点完全闭合后动触点已不再向前运动时的触点压力称为终压力。

从上面的分析可以看出，气隙减少的过程就是触点闭合的过程。开距、超行程、初压力、终压力是触点的四个基本参数。开距是为保证断开电弧和在规定的试验电压下不被击穿；超行程是保证触点可靠接触的必须过程；初压力主要是限制并防止触点在刚接触时所发生的机械振动；终压力是保证在闭合状态下触点之间的电阻较小，使触点温度不超过允许值。

调整释放弹簧的松紧，可以改变反力特性曲线的位置，若将释放弹簧扭紧，则反力特性曲线上移；若将释放弹簧放松，则反力特性曲线平行下移。

5. 电磁机构的吸力特性与反力特性的配合

吸力特性与反力特性合理配合，可保证衔铁在产生可靠吸合动作的前提下，尽量减少衔铁和铁芯柱端面间的机械磨损和触点的电磨损。为此，反力特性曲线应在吸力特性曲线的下方且彼此靠近，如图1-3所示。如果反力特性曲线在吸力特性曲线的上方，这时衔铁无法产生闭合动作，尤其是对于交流电磁机构，由于衔铁无法吸合使线圈电流过大会导致线圈过热乃至烧坏。如果反力过小，则反力特性曲线远离吸力特性曲线的下方，这时衔铁虽然能产生闭合动作，但由于吸力过大，使衔铁闭合时的运动速度过大，因而会产生很大的冲击力，使衔铁与铁芯柱端面造成严重的机械磨损。此外，过大的冲击力有可能使触点产生弹跳现象，从而导致触点的熔焊或烧损，也就会引起严重的电磨损，降低触点的使用寿命。

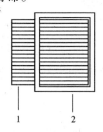

图1-4 短路环的结构
1—铁芯；2—短路环

对于交流电磁机构，由于通过的是交流电，所以衔铁将会产生振动。为了解决这一问题，在交流电磁机构的磁心端面上都加装短路环，如图1-4所示。

加装短路环后，铁芯中的磁通被分为两部分：一部分是不通过短路环的磁通，另一部分是通过短路环的磁通。由于主磁通是交变的，因此短路环中也将感应出交变的电动势，产生交变的电流，该电流产生的磁通将阻碍交变磁通的变化。综合作用的结果，使得穿过短路环的磁通滞后主磁通一个角度。

此时电磁吸力由两部分组成：一部分是由主磁通产生的吸力，另一部分是由短路环的磁通产生的吸力，二者均为脉动吸力，但相差一个相角。由于两个力没有同时为零的时刻，因而其合力也没有为零的时刻。如果配合适当，合力将始终大于弹簧的弹力，衔铁将克服弹簧的弹力而稳定地吸合，这就消除了由于采用交流电源而使电磁机构产生的抖动与噪声。

（二）触头系统

1. 触头的形式

触头又称为触点，是用于切断或接通电器回路的部件。由于需要对电流进行切断和接通，其导电性能和使用寿命将是考虑的主要因素。在回路接通时，触头应该接触紧密，导电良好；回路切断时则应可靠地切断电路，保证有足够的绝缘间隙。影响触头正常工作的主要因素是接触电阻，接触电阻较大时，电流通过时发热过大，会造成触头氧化，严重时导致骨架烧坏甚至触头熔焊。为了保证不同使用场合需要，电磁式电器的触头设计为三种

6

形式，如图 1-5 所示。

2. 接触电阻

触头的表面无论怎样的平整与光洁，总还存在凸起凹坑。当动静触头闭合时，不可能是面接触，而是仅有一些凸起部分相接触。电流流过时，局部的电流密度较大，电流导通的电阻也较大，这就是接触电阻产生的原因。此外，如果触头表面有氧化层、油污以及其他杂物时，也会影响接触电阻的大小。在实际使用中，为了减小接触电阻，通常采用以下方法：

图 1-5　电磁式电器的触头
（a）点接触式；（b）线接触式；（c）面接触式

（1）增加触头之间的压力　从微观角度来看，增加压力可以使触头的凸起部分发生变形，动静触头之间的接触面增大，缓解触头对电流的束流作用。

（2）合理改变触头的形状　触头的种类有点接触、线接触、面接触几种形式。点接触的触头表面是球形，接触时仅有一点相接触，因而接触电阻较大，通常用于小电流的场合。线接触的触头表面为一圆柱形，触头接触时不再是一点接触，而是一条线相接触。通过合理的设计，可使触头在闭合的过程当中，接触线从一处滑向另一处。这样，在滑动中擦去表面的氧化膜，保证可靠的接触。同时，产生电弧的位置与导电的位置不是同一位置，可有效地防止电弧对触头的损伤，这种形状的触头常用于容量较大的回路。面接触型触头的表面是一个平面，故触头接触时接触区域是一个平面，可以通过较大的电流，常用作容量很大的接触器的主触头。

（3）采用合适的材料　在常用的导电金属中，银的导电性能最好，因而被广泛地用作触头材料。由于银的成本较高，实际中可采用镀银或嵌银的办法降低成本。与铜相比以银作触头有两个优点：一是银的导电性能比铜好，触头不容易发热；二是银触头氧化后，生成的氧化银的导电性能与银差不多，而铜的氧化物的电阻则要大得多。采用银的触头在氧化的情况下，可以更有效地防止氧化物对导电性能的影响。实际应用中，考虑到电弧的烧灼、触头的机械强度和机械寿命，触头材料一般采用银的合金，常用的有银—氧化镉等。

（三）灭弧系统

1. 电弧的危害

各种电气设备和电力线路发生短路时，其短路点要产生强烈的电弧；当使用开关电器切断带有负荷的电路时，如果触头间的电压高于 $10 \sim 20V$，电流大于 $80 \sim 100mA$，在开关的触头间也会产生电弧。开关电器触头间产生的电弧，不仅延长了开断时间，而且还会烧熔触头，损坏电气设备，甚至造成严重的事故。电弧的主要危害有以下两个方面：

（1）电弧的能量集中、亮度很大、温度极高，其中心温度可达 $10000℃$ 以上，表面温度也在 $3000 \sim 4000℃$，如果不能及时熄灭电弧，开关触头就会被烧毁。

（2）电弧是一束质量极轻，在外力作用下极易变形的游离气体。当电弧在空气中移动时可能造成飞弧短路，形成严重的事故。

因此，对于各种用来切断负荷电流的高、低压开关电器，必须采用有效的灭弧措施，迅速熄灭电弧，减小电弧的危害。

2. 电弧的形成

电弧是一种气体游离放电现象，以自由电子的大量涌现为形成条件，而自由电子又是各种游离作用的结果。

在电器触头快要分离时，触头间的接触压力和接触面积越来越小，接触电阻越来越大，触头的局部区域会剧烈发热，阴极触头中的电子在获得足够的逸出功后，即可发射出来，形成热电子发射现象。当触头刚刚分断瞬间，触头间的距离很小，其间电压即使较低，只有几百伏甚至几十伏，但电场强度很大，大量的电子也将获得逸出功而从阴极表面发射出来，形成强电场发射现象。由热电子发射和强电场发射所产生的自由电子在强电场的作用下，向着阳极加速运动，能量逐渐加强，并在运动过程中不断与其他中性质点发生碰撞，使其分裂为自由电子和正离子。新产生的自由电子又会与其他中性质点发生碰撞，产生更多的自由电子和正离子，这种现象称为碰撞游离。碰撞游离所产生的大量的带电质点在外加电压作用下定向运动形成电流，产生弧光放电而形成电弧。可见，碰撞游离是产生电弧的主要因素。

随着电器触头间距离的逐渐增大，触头间的电场强度会逐渐变小，强电场发射现象就会逐渐削弱，空气或其他绝缘介质的碰撞游离作用也随之减弱。但是电弧所产生的高温将使金属触头表面的热电子发射现象继续下去，电弧所产生的高温又会使空气或其他绝缘介质质点的动能增加，彼此发生碰撞，产生热游离现象。随着热游离作用的加强，电弧电流逐渐稳定下来。可见，热游离是维持电弧燃烧的必要条件。

3. 电弧的熄灭

在弧柱中气体不断游离的同时，还进行着一种与游离现象相反的过程，即带电质点自由电子和正离子不断中和为中性质点的"去游离"过程。去游离使带电质点大大减少，它是电弧能否熄灭的主要因素。当去游离作用大于游离作用时，则电弧电流逐渐减小，直至熄灭。

电弧的去游离过程包括复合和扩散两种形式。

（1）复合　介质中正负带电质点接近时互相吸引而彼此中和成为中性质点的现象，称为复合。由于弧柱中自由电子的运动速度约为离子运动速度的 1000 倍，所以正、负离子之间的复合，要比电子和正离子之间的复合容易得多。通常，动能小的电子先附在中性质点上，形成负离子，再与正离子复合。

（2）扩散　由于热运动，弧柱中的带电质点逸出弧柱外的现象，称为扩散。扩散现象会使弧柱中的带电质点减少，有助于电弧的熄灭。电弧中发生扩散现象是由于电弧与周围介质的温度相差很大，以及弧柱内与周围介质中的带电质点浓度相差很大的缘故。

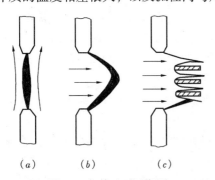

图 1-6　气体吹弧示意图
（a）纵吹；（b）横吹；（c）带隔板的横吹

4. 开关电器常用的灭弧方法

（1）快速分断　利用强力储能弹簧迅速作用，释放能量，使触头快速分断，迅速拉长电弧，以减少碰撞游离的作用时间。

（2）吹弧　在灭弧室中，利用压缩空气、六氟化硫（SF_6）气体或高压绝缘油猛烈喷吹电弧，将电弧拉长和冷却，从而熄灭电弧。吹弧的方式有纵吹、横吹和纵横吹，图 1-6 所示为纵吹和横吹的气体吹弧示意图。该方法广泛应用于高压断路器中。

（3）使电弧在周围介质中迅速移动　使电弧在周围介质中快速移动，也能得到拉长电弧或吹弧同样的效果。使电弧在周围介质中移动的方法有电动力、磁力和磁吹动三种。该方法常用于低压开关电器中。

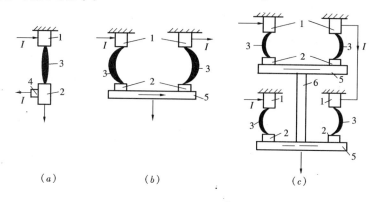

（a）　　　　　　（b）　　　　　　　　　（c）

图 1-7　多断口灭弧示意图

（a）一个断口；（b）两个断口；（c）四个断口

1—静触头；2—动触头；3—电弧室；4—滑动触头；5—触头桥；6—绝缘拉杆

（4）采用多断口灭弧　在开关电器的每相内制成两个或多个断口，如图 1-7 所示。由于断口的增加，相当于将一个电弧在灭弧室中分成几个串联的短弧，使每个断口上的电弧电压降低，有利于电弧的熄灭。同时，也使开关电器的足以灭弧的触头行程减小，缩短了熄弧时间，并且减小了开关电器的尺寸。

（5）在固体介质的狭缝或狭沟中灭弧　低压开关电器中广泛采用固体介质构成的狭缝或狭沟灭弧装置。电弧在狭缝或狭沟中产生，其高温将使固体介质分解，产生大量气体，形成高气压区，从而提高了带电质点的浓度，增加了复合的机会。同时，电弧与固体介质紧密接触，附在固体介质表面的带电质点强烈地复合和冷却，热游离作用降低，去游离作用显著增强，于是电弧熄灭。

（6）将长电弧分割成若干个短电弧如图 1-8 所示，在低压开关电器的触头与触头之间产生的电弧，进入与电弧垂直的金属栅片内以后，将一个长电弧分割成一串短电弧。在交流电路中，当电弧电流过零时，每一短电弧同时熄灭，每一短电弧相应的阴极附近起始介质电强度立即达 $150 \sim 250V$，若所有电弧阴极介质电强度的总和永远大于触头间的外加电压，电弧就不再重燃。这种方法常用于低压交流开关中。

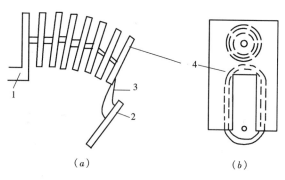

（a）　　　　　　　　（b）

图 1-8　长弧切短

（a）金属片灭弧；（b）缺口钢片

1—静触点；2—动触点；3—电弧；4—金属栅片

在电器设备中，一种设备常使用多种灭弧方法。

第二节 刀开关及熔断器

一、刀开关

(一) 刀开关的作用及分类

刀开关主要用在低压成套配电装置中，用于不频繁地手动接通和分断交直流电路，有时也用作隔离开关。

刀开关的结构如图1-9所示。

刀开关按极数分为单极、双极和三极，按操作方式分为直接手柄操作式、杠杆操作机构式和电动操作机构式，按刀开关转换方式分为单投和双投等。

根据国家标准，刀开关在电气控制线路中用文字符号"QS"表示，图形符号如图1-10所示：

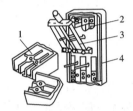

图 1-9 刀开关的结构图

1—胶盖；2—刀座；3—刀片；4—瓷座

图 1-10 刀开关的图形符号及文字符号

(二) 常用的刀开关

1. HD（单投）和 HS（双投）系列

按现行新标准称为 HD 系列刀形隔离器，而 HS 为双投刀形转换开关。这两种系列的刀开关主要用于 380V、50Hz 交流电路中做隔离电源或电流转换用，HS 系列，主要用于转换电源，即当一路电源不能供电，需要另一路电源供电时就由它来进行转换，当转换开关处于中间位置时，可以起隔离作用。

刀开关的型号及其含义如下：

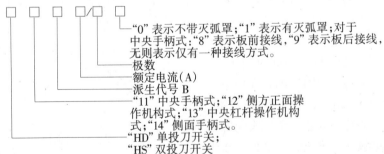

2. 胶盖闸刀开关

胶盖闸刀开关又称开启式负荷开关，适用于 220V（380V）、50Hz，额定电流小于 100A 的电路中，作为不频繁接通和分断小容量线路的短路保护之用。其中三极开关适当降低容量后，可作为小型电动机手动不频繁启动及分断用。常用的有 HK1 和 HK2 系列。

胶盖闸刀开关的型号及其含义如下：

3. 熔断器式刀开关

熔断器式刀开关即熔断器式隔离开关，是以熔断体或带有熔断体的载熔件作为动触点的一种隔离开关。常用的型号有 HR3、HR5、HR6 系列，主要用于额定电压 AC380V（50Hz），额定发热电流至 630A 的具有高短路电流的配电电路和电动机电路中，作为电源开关、隔离开关、应急开关，并作为电路保护用，但一般不作为直接控制单台电动机之用。HR5、HR6 熔断器式隔离开关中的熔断器为 NT 型低压高分断型熔断器。NT 型熔断器系引进德国 AEG 公司制造技术生产的产品。

HR5、HR6 系列若配用有熔断撞击器的熔断体，当某极熔断体熔断，撞击器弹出使辅助开关发出信号以警示。

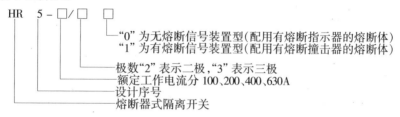

另外，还有封闭式负荷开关即铁壳开关，常用的型号为 HH3、HH4 系列，适用于额定工作电压为 380V、额定工作电流为 400A、频率为 50Hz 交流电路中，可以作为手动不频繁地接通、分断有负荷的电路，并有过载和短路保护作用。由于在手柄操作机构增加了弹簧储能结构，因此分断能力优于胶盖闸刀开关。

4. 组合开关

组合开关是一种刀开关，又称转换开关，不过它的刀片（动触片）是转动式的，比刀开关轻巧而且组合性强，能组成各种不同的线路。外形见图 1-11。

组合开关有单极、双极和三极之分。它的结构由若干个动触点及静触点分别装在数层绝缘件内组成，动触点随手柄旋转而变更其通断位置。顶盖部分是由滑板、凸轮、扭簧及手柄等单件构成操作机构。由于该机构采用了弹簧储能结构从而能快速闭合及分断开关，使开关闭合和分断的速度与手动操作无关，提高了开关的通断能力。其示意图如图 1-12 所示。由图可知，静止时虽然触点位置不同，但当手柄转动 90°时，三对动、静触点均闭合，接通电路。

常用的组合开关有 HZ5、HZ10 和 HZW 系列。其中 HZW 系列主要用于三相异步电动机负荷启动、转向以及作主电路和辅助电路转换之用，可全面代替 HZ10、HZ12、LW5、LW6、HZ5-S 等转换开关。

图 1-11　组合开关
的结构图

1—手柄；2—转轴；3—弹簧；4—绝缘杆；5—接线柱；6—凸轮；7—绝缘垫片；8—动触片；9—静触片

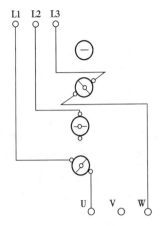

图 1-12 组合开关的结构示意图

HZW1 开关采用组合式结构，由定位、限位系统，接触系统及面板手柄等组成。接触系统采用桥式双断点结构，定位系统采用棘爪式结构，可获得 360° 旋转范围内 90°、60°、45°、30° 定位，相应实现 4 位、6 位、8 位、12 位的开关状态。

组合开关的图形符号见图 1-13。

（三）常用刀开关的选择

刀开关的额定电压应等于或大于电路额定电压。其额定电流应等于（在开启和通风良好的场合）或稍大于（在封闭的开关柜内或散热条件较差的工作场合，一般选 1.15 倍）电路工作电流。在开关柜内使用还应考虑操作方式，如杠杆操作机构、旋转式操作机构等。当用刀开关控制电动机时，其额定电流要大于电动机额定电流的 3 倍。

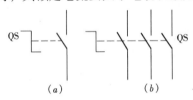

图 1-13 组合开关的图
形符号与文字符号

（a）单极；（b）三极

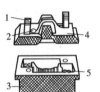

图 1-14 RC1A 系列瓷
插式熔断器

1—动触点；2—熔丝；
3—瓷底座；4—瓷
插件；5—静触点

二、熔断器

熔断器是用来进行短路保护的器件，当通过熔断器的电流大于一定的值（通常为熔断器的熔断电流）时，能依靠自身产生的热量使特制的金属（熔体）熔化而自动分断电路。

（一）常用的低压熔断器

1. RC1A 系列瓷插式熔断器

RC1A 系列瓷插式熔断器的结构如图 1-14 所示，它主要由瓷底座、静触头、动触头、熔丝（熔体）及瓷盖组成。额定电压为 380V，额定电流有 5、10、15、30、60、100 及 200A 等。额定电流为 60A 以上的熔断器在瓷底座空腔内衬有石棉编织物，以利熄弧。

RC1A 系列瓷插式熔断器具有结构简单、价格便宜、更换方便等优点，因而广泛应用于 500V 以下的电路中对照明设备、小容量电动机以及家用电器进行过载和短路保护。

2. RL1 系列螺旋式熔断器

RL1 系列螺旋式熔断器的结构如图 1-15 所示，它主要由瓷帽、熔断管、瓷套、上接线端、下接线端及座子等六部分组成。

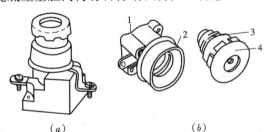

（a）　　　　　　　（b）

图 1-15 RL1 系列螺旋式熔断器

（a）外形；（b）结构

1—座子；2—瓷套；3—熔断管；4—瓷帽

熔断器熔断管内装有一根或数根熔丝，并填充石英砂，作为熄灭电弧用。管盖上有一小红点，为熔断指示器，当熔丝熔断时，指示器跳出，可由观察孔检视。在装接时，用电设备的连接线接到连接金属螺纹壳的上接线端，电源线接到瓷底座上的下接线端，这样在更换熔丝时，旋出瓷帽后螺纹壳上不会带电，保证安全。

RL1系列螺旋式熔断器的额定电压为500V，额定电流有15、60、100及200A等。

RL1系列螺旋式熔断器具有断流能力大、体积小、重量轻、安装面积小、更换熔管方便、运行安全可靠、熔体熔断后有指示、价格低等优点，因而广泛应用于500V以下的电路中，用作线路、照明设备、小容量电动机的过载和短路保护。

3.RM系列无填料封闭管式熔断器

RM系列熔断器的结构如图1-16所示。在钢纸纤维管的两端紧固着外壁有螺纹的黄铜套管，在套管上旋有黄铜帽用来固定熔片，熔片在装入钢纸纤维管之前用螺钉固定在插刀上，使用时将插刀插进夹座。

熔断器的熔体采用变截面的锌片制成，当有短路电流通过时，熔片的几个狭窄部将同时熔断，形成几个断口，有利于灭弧。此外，电弧的高温使纤维管内壁分解大量的气体，密封的熔管内压力骤增，电弧与气体及管内壁发生强烈的复合冷却，在电路中出现冲击电流之前电弧就熄灭。该型熔断器具有限流作用。

为保证有可靠的断流能力，熔断器在切断过三次相当于断流能力的电流后，必须更换。

RM系列熔断器目前常用的型号有RM7和RM10，它常用于电气设备的短路保护及电缆过负荷保护。

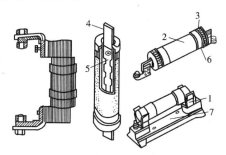

图1-16　RM系列无填料封闭管式熔断器

1—弹簧夹；2—钢纸纤维管；3—黄铜帽；
4—插刀；5—熔片；6—特种热圈；7—刀座

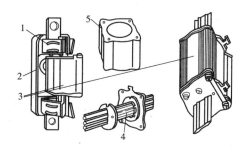

图1-17　RTO系列有填料封闭管式熔断器

1—弹簧夹；2—瓷底座；3—熔断体；
4—熔体；5—管体；

4.RTO系列有填料封闭管式熔断器

RTO系列熔断器的外形及结构如图1-17所示。熔管采用高频陶瓷制成，具有耐热性强、机械强度高、外表光洁美观等优点。熔体是两片网状紫铜片，中间用锡把它们焊接起来，称"锡桥"。熔管内填满石英砂，在切断电流时起迅速灭弧作用。熔断指示器是与熔体并联的康铜熔断丝，能在熔体熔断后立即熔断，弹出红色指示件，以示熔断信号。

RTO系列熔断器的主要优点是：极限断流能力大，保护特性稳定，运行安全可靠。但熔体一般不能更换。因此，多用于短路电流较大的交直流低压网络和配电装置中。

5.快速熔断器

快速熔断器的熔断速度非常快，经常使用在电力电子器件的保护中。下面以快速熔断器与晶闸管的配合来说明使用方法。

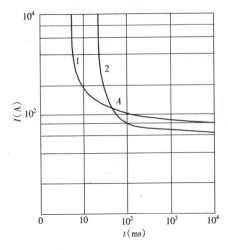

图 1-18 中曲线 1 是 300A 快熔的保护特性，表明流过快熔的电流越大，其熔断时间越短，当短路电流通过时，它的熔断时间可缩短到 5ms 以下。在额定电流下工作时，它的熔断时间则趋于无穷大，即可以长期工作。曲线 2 是通态平均电流为 200A 的晶闸管过载特性。当晶闸管与快熔串联时，它们有相同的电流。从图中可以看出，在交点 A 的左侧，快熔熔断所需的时间小于晶闸管达到额定结温所需时间，快速熔断器起到短路保护作用。在 A 点右侧，在图示范围内，晶闸管还是处在过流状态，但快熔熔断时间大于晶闸管所能经受过电流的时间，即快熔不起保护作用，再考虑到快速熔断器和晶闸管的特性都有分散性，而且还随温度而变化，所以快熔用作短路保护是合适的，但不宜作过载保护。

图 1-18　快速熔断器的保护
特性与晶闸管的配合

快速熔断器的主要参数有：

（1）额定电压　这是指熔断器分断后能长期承受的电压。我国现有快速熔断器的额定电压有 250、500、750、1000、1500V 五个等级。

（2）额定电流这是指快熔能长期通过的电流有效值。我国现有快速熔断器推荐的电流等级有 10、50、100、200、350、500、750、1000A。

（3）允通能量　通常用 $\int i^2 \mathrm{d}t$ 表示。在短路电流 i 发生时，在其流通的途径中，所有电路器件产生的总能量为 $\int i^2 R \mathrm{d}t$，其中的 R 是短路电流 i 回路中的电阻，这一能量转变为热能。对于所有串联器件，它们有相同的 $\int i^2 \mathrm{d}t$。而每个器件都有其允通 $\int i^2 \mathrm{d}t$ 值。与晶闸管串联时，前者的允通值应小于后者，以保证短路时快速熔断器先熔断。所以，在实际使用中除了注意快速熔断器的电流等级、电压等级外，还必须注意允通能量的校验，两者 $\int i^2 \mathrm{d}t$ 值的比较应优于图 1-18。如果制造厂能提供快熔和晶闸管的允通 $\int i^2 \mathrm{d}t$ 特性，则这种校验方法是很方便且准确的。

6. 自复式熔断器

这类熔断器的熔体是由低熔点金属钠制成，其结构如图 1-19 所示。

正常工作时，电流由进线端子处流入，再流经金属钠与外壁不锈钢，然后从尾部的引出端子处流出。常温下，金属钠是电的良导体，而在短路时，流过金属钠的电流剧增，在高温的作用下，金属钠迅速气化，体积膨胀，推动活塞向外移动。同时电阻急剧增加，限制了短路电流的进一步增大。

金属钠冷却后，活塞在惰性气体氩气的推动

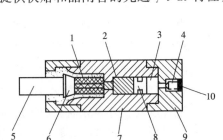

图 1-19　自复式熔断器结构图

1—瓷心；2—熔体；3—氩气；4—螺钉；5—进线端子；6—特殊玻璃；7—不锈钢套管；8—活塞；9—出线端子；10—软铅

下，将钠又推到瓷芯中，重新恢复导电状态，以备下次使用。

自复式熔断器在很多情况下与自动开关组合使用，如图 1-20 所示。

7. 限流导线

限流导线实质上是一种新型大容量非线性电阻元件，常温下电阻很小，电压降也很低，但在短路时，因发热产生的热量使限流导线的电阻剧增，从而限制了短路电流。限流导线由电线芯、石棉编织耐热层、硅橡胶耐压绝缘层构成。其中，线芯由铁、镍、钴等材料的合金制成。这种导线的机械强度及电气性能十分稳定，可反复使用。与自复式熔断器相同，限流导线只能限制短路电流，而不能分断短流电流。

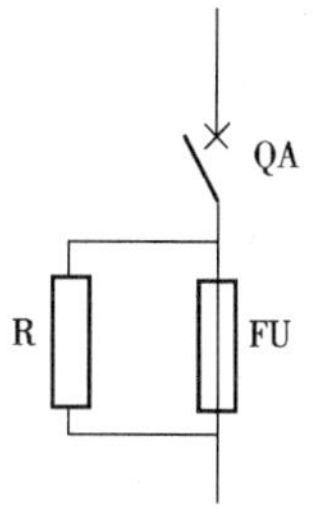

图 1-20 自复式熔断器与自动开关组合使用
FU—自复式熔断器；
QA—自动开关；
R—电阻

（二）熔断器的选择

1. 熔断器的安秒特性

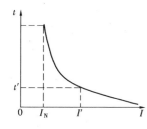

图 1-21 熔断器的安秒特性

熔断器的动作是靠熔体的熔断来实现的，当电流较大时，熔体熔断所需的时间就较短。而电流较小时，熔体熔断所需用的时间就较长，甚至不会熔断，这一特性成为熔断器的安秒特性，如图 1-21 所示。

每一熔体都有一最小熔化电流，温度不同，最小熔化电流也不同。虽然该电流受外界环境的影响，但在实际应用中可以不加考虑。一般定义熔体的最小熔断电流与熔体的额定电流之比为最小熔化系数，常用熔体的熔化系数大于 1.25，也就是说，额定电流为 10A 的熔体在电流 12.5A 以下时不会熔断。熔断电流与熔断时间之间的关系如表 1-1 所示。

熔断电流与熔断时间之间的关系　　　　　　　　　　　　　表 1-1

熔断电流/额定电流	1.25	1.6	2	2.5	3	4
熔断时间	∞	1h	40s	8s	4.5s	2.5s

2. 熔断器的选择

熔断器的型号可根据负载的情况选择，如容量较小的照明负荷，可选 RC1A 型熔断器，而用于防爆场合或电流较大时，可选 RL1 系列或 RT0 系列熔断器。熔断器额定电流应大于或等于熔体额定电流，若有过负荷现象，可选额定电流大一点的熔断器。熔体的额定电流可按以下方法选择：

（1）一般负荷，如照明负荷、电阻炉、电热器具等，可选择熔体的电流等于电路中的额定电流。

（2）保护单台长期工作的电机，熔体电流可按最大启动电流选取，也可按电动机额定电流选取。

$$I_{FN} = (1.5 \sim 2.5) I_{MN} \tag{1-2}$$

式中　I_{FN}——熔体额定电流（A）；

　　　I_{MN}——电动机额定电流（A）。

如果电机频繁启动，式中系数可适当加大至 3 ~ 3.5，具体应根据实际情况而定。

（3）保护多台长期工作的电机，一般情况下这些电机不会同时启动，因此可按容量最大的单台电机进行选取。

$$I_{FN} = （0.5 \sim 1.5）I_{MNmax} + \Sigma I_{MN} \tag{1-3}$$

式中　I_{MNmax}——容量最大单台电机的额定电流；

　　　ΣI_{MN}——所有电动机额定电流之和。

也可根据实际情况，将熔体额定电流适当加大。

（4）对半导体器件的保护可按下式选择：

$$I_{FN} = 1.57 I_{AV} \tag{1-4}$$

式中　I_{AV}——半导体器件的平均电流值。

【例 1-1】　如图 1-22 所示回路，试选择熔断器 FU1、FU2 和 FU3 熔体的额定电流。已知电动机 M1 的型号为 Y132S1-2，380V，5.5kW，额定电流 11.1A，额定转速 2900r/min。电动机 M2 型号为 Y100L2-4，380V，3kW，额定电流 6.82A，额定转速 1430r/min。两台电动机均为长期工作状态。

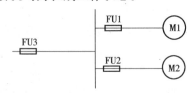

图 1-22　例 1-1 的电路图

【解】

选择熔体的电流，可根据负荷的性质、负荷电流的大小，按上述几种情况加以选择。

支路 L1 为单台电动机长期工作，额定电流 1.1A。

$$I_{FU1} = （1.5 \sim 2.5）I_{MIN} = （1.5 \sim 2.5）\times 11.1$$
$$= 16.65 \sim 27.75A$$

FU1 的熔体电流可选为 35A。

支路 L2 也为单台电机长期工作，额定电流 6.28A

$$I_{FU2} = （1.5 \sim 2.5）I_{M2N} = （1.5 \sim 2.5）\times 6.82 = 10.23 \sim 17.05A$$

所以 FU2 的熔体电流可选为 20A。

支路 L3 为多台电机负荷，于是有

$$I_{FU3} = （0.5 \sim 1.5）I_{MAX} + \Sigma I_M = （0.5 \sim 1.5）I_{M1N} + I_{M1N} + I_{M2N}$$
$$= （0.5 \sim 1.5）\times 11.1 + 11.1 + 6.82 = 23.47 \sim 34.57A$$

FU3 的熔体的电流可选为 50A。

根据电流情况，可全部采用 RL2 型，熔断器的型号分别为 RL2-60/35、RL2-25/20、RL2-60/50。

第三节　主　令　电　器

在电气控制系统中，用于发送控制指令的电器设备称为主令电器。常用的主令电器有以下几种：按钮、行程开关、万能转换开关、主令控制器等。

一、按钮

按钮又称控制按钮，是发出控制指令和信号的电器开关，是一种手动且一般可以自动复位的主令电器。用于对电磁启动器、接触器、继电器及其他电气线路发出控制信号指令。

按钮的外形如图 1-23 所示，结构示意图如图 1-24 所示。

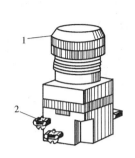

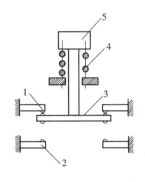

图 1-24　按钮的结构示意图
1—常闭静触点；2—常开静触点；3—动
触点；4—复位弹簧；5—按钮帽

图 1-23　按钮的外形图
1—按钮帽；2—接线柱

按钮由按钮帽、复位弹簧、动触点、常闭静触点、常开静触点和外壳等组成，通常制成具有常开触点和常闭触点的复式结构。指示灯式按钮内可装入信号灯显示信号。

按钮的结构形式有多种，适用于不同的场合：紧急式装有突出的磨菇形钮帽，以便于紧急操作；旋钮式用于旋转操作；指示灯式在透明的按钮内装入信号灯，用作信号显示；钥匙式为了安装起见，须用钥匙插入方可旋转操作等等。为了标明各个按钮的作用，避免误操作，通常将按钮帽做成不同的颜色以示区别，其颜色有红、绿、黑、黄、蓝、白等。一般以红色表示停止按钮，绿色表示启动按钮。

目前使用较多的是 LA18、LA19、LA25、LAY3、LAY5、LAY9 等系列产品，其中 LAY3 系列是引进产品，产品符合 IEC337 标准。LAY5 系列是仿法国施耐德电气公司产品，LAY9 系列是综合日本和泉公司、德国西门子公司等产品的优点而设计制作，符合 IEC337 标准。

按钮的型号及其含义如下：

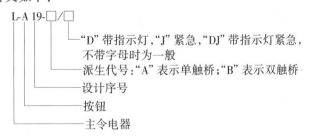

L-A 19-□/□
"D" 带指示灯，"J" 紧急，"DJ" 带指示灯紧急，
不带字母时为一般
派生代号："A" 表示单触桥；"B" 表示双触桥
设计序号
按钮
主令电器

按钮的文字符号为 "SB"，图形符号如图 1-25 所示。

按钮的选用依据主要是根据需要的触点对数、动作要求、是否需要带指示灯、使用场合以及颜色等要求。

二、行程开关

行程开关又称限位开关或位置开关，是根据运动部件的运动位置而进行电路切换的自动控制电器，用来控制运动部件的运动方向、行程距离或位置。行程开关的种类很多，从大类来分有机械式和电子式两种，机械式有按钮式和滚轮式两种。常用系列有 LX2、LX19、JLXK1 及 LXW-11、JLXW1-11 型微动

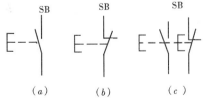

图 1-25　按钮的图形符号
（a）常开触点；（b）常闭触点；（c）复合触点

开关。

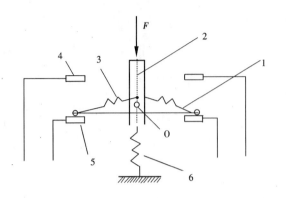

图 1-26　行程开关的触点示意图

1—动触点；2—推杆；3—弹簧；4—常闭
触点；5—常开触点；6—复位弹簧

行程开关的工作原理与控制按钮类似，只是它用运动部件上安装的撞块来碰撞行程开关的推杆。行程开关触点运动及运动示意如图 1-26 所示。触点结构是双断点直动式瞬动型触点，瞬动操作是靠撞块推动推杆达到一定行程后，触桥中心点过死点"O"，以使触点在弹簧的作用下迅速从一个位置跳到另一个位置，完成接触状态转换，使常闭触点断开（动触点和静触点分开）；常开触点闭合（动触点和静触点闭合）。闭合与分断速度与推杆的行进速度无关，而是由弹簧刚度和结构决定。各种结构的行程开关，只是传感部件的机构方式不同，而触点的动作原理都是类似的。

LX-19 和 JLXK1-11 型行程开关都备有一对常开、一对常闭两对触点，并有自动复位（单轮）和不能自动复位（双轮）两种，如图 1-27 所示。

行程开关的文字符号为"SQ"，图形符号如图 1-28 所示。

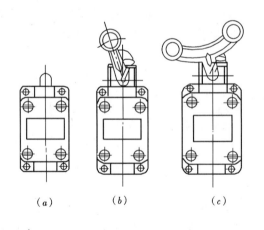

图 1-27　行程开关外形图

（a）直动式或按钮式；（b）单轮转动式；（c）双轮转动式

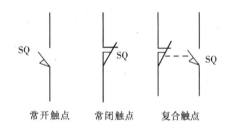

图 1-28　行程开关的图形符号

行程开关的选用：依据机械位置对开关形式的要求和控制线路对触点的数量要求以及电流、电压等级来确定其型号。

三、万能转换开关

万能转换开关由手柄、带号码牌的触头盒等构成，有的还带有信号灯。它具有多个档位，多对触头，可供机床控制电路中进行换接之用，在操作不太频繁时可用于小容量电机的启动、改变转向，也可用于测量仪表等。其外形图如图1-29所示。

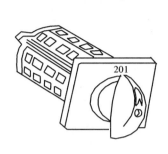

图1-29 万能转换开关外形图

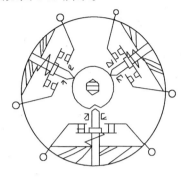

图1-30 万能转换开关结构图

万能转换开关结构示意图如图1-30所示，图中间带口的圆为可转动部分，每对触头在凹口对合时导通。实际中的万能开关不止图中一层，而是由多层相同的部分组成；触头不一定正好是三对，转轮也不一定只有一个口。

万能转换开关型号说明

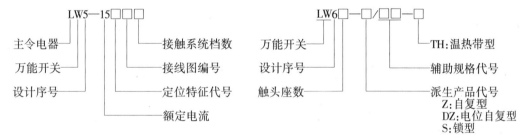

万能转换开关文字符号为"QS"，图形符号见图1-31。

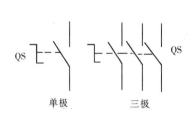

图1-31 万能转换开关的
图形及文字符号

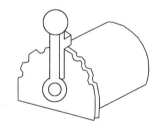

图1-32 主令控制器的外形图

四、主令控制器

主令控制器是用来频繁地切换复杂的多回路控制电路的主令电器。它操作轻便，允许每小时通电次数多，触点为双断点桥式结构，适用于按顺序操作的多个控制回路，在起重设备上普遍使用，外形见图1-32。

主令控制器一般由触点系统、凸轮、定位机构、转轴、面板、接线柱及其支承件等组成。图1-33为主令控制器的结构示意图，图中凸轮块固定于方轴上，静触点由桥式动触点的动作来完成闭合与断开。当操作者用手柄转动凸轮块的方轴使凸轮块达到推压小轮带动支杆向外张开，将被操作的回路断电，在其他情况下触点是闭合的。根据每块凸轮块的

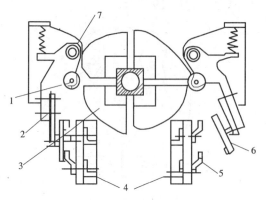

图 1-33　主令控制器的工作原理

1—小轮；2—支杆；3—凸轮块；4—接线柱；

5—固定触点；6—动触点；7—转动轴

形状不同，可使触点按一定的顺序闭合与断开。这样只要安装一层层不同形状的凸轮块即可实现控制回路顺序地接通与断开。

从结构形式来看，主令控制器有两种类型，一种是凸轮非调整式主令控制器，其凸轮不能调整，只能按触点分合表作适当的排列组合；另一种是凸轮调整式主令控制器，它的凸轮片上开有孔和槽，凸轮片的位置可根据给定的触点分合表进行调整。

目前常用的主令电器有：LK1、LK4、LK5 和 LK18 系列。其中 LK4 系列属于调整式主令控制器，即闭合顺序可根据不同要求进行任意调节。

主令控制器的型号及其含义如下：

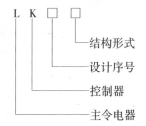

　　结构形式
　　设计序号
　　控制器
　　主令电器

主令控制器的文字符号为"SQ"，图形符号如图 1-34 所示，图形符号中"每一横线"代表一路触点，而用竖细虚线代表手柄位置。哪一路接通就在代表该位置的虚线上的触点下面用黑点"·"表示。触点通断也可用闭合表来表示，如表 1-2 所示，表中的"×"表示触点闭合，空白表示触点分断。例如，在表 1-2 中，当主令控制器的手柄

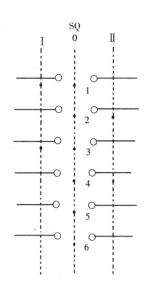

图 1-34　主令控制器的图形符号

置于"Ⅰ"位时，触点"1"、"3"接通，其他触点断开；当手柄置于"Ⅱ"位时，触点"2"、"4"、"5"、"6"接通，其他触点断开等。

主令控制器闭合表　　　　　　　　　　　　　　　　　表 1-2

手柄 触点	Ⅰ	0	Ⅱ	手柄 触点	Ⅰ	0	Ⅱ
1	×	×		4		×	×
2		×	×	5		×	×
3	×	×		6		×	×

第四节 接 触 器

一、接触器

接触器是用来频繁接通或切断较大负载电流电路的一种电磁式控制电器。其主要控制对象是电动机或其他电器设备。其特点是控制容量大、操作频率高、使用寿命长、工作可靠、性能稳定、维护简便，是一种用途非常广泛的电器。接触器具有比工作电流大数倍乃至十几倍的接通和分断能力，但不能用于分断短路电流。

按其主触头通断电流的种类，接触器可以分为直流接触器和交流接触器两种，其线圈电流的种类一般与主触头相同，但有时交流接触器也可以采用直流控制线圈或直流接触器采用交流控制线圈。

交流接触器的结构如图 1-35 所示，它是由电磁机构、触点系统、灭弧装置及其他部件等四部分组成，现分述如下：

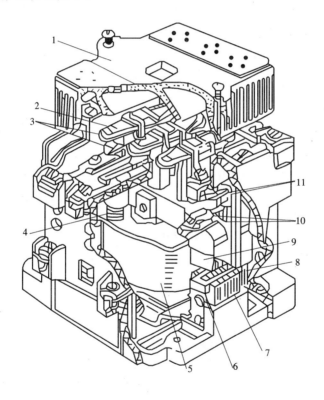

图 1-35　接触器的结构图

1—灭弧罩；2—弹簧片；3—主触点；4—反作用弹簧；5—线圈；
6—短路环；7—静铁芯；8—弹簧；9—动铁芯；10—辅助常开
触点；11—辅助常闭触点

（1）电磁机构　电磁机构由线圈、动铁芯（衔铁）和静铁芯组成。对于 CJ0、CJ10 系列交流接触器，大多采用衔铁直线运动的双 E 型直动式电磁机构，而 CJ12、CJ12B 系列交流接触器，采用衔铁绕轴转动的拍合式电磁机构。

（2）触点系统　包括主触点和辅助触点。主触点通常为三对常开触点，用于接通或切断主电路。辅助触点一般有常开、常闭各两对，在控制电路中起电气自锁或互锁作用。

（3）灭弧装置　当触点断开大电流时，在动、静触点间产生强烈电弧，必须采用灭弧装置使电弧迅速熄灭，因此，容量在10A以上的接触器都有灭弧装置。

（4）其他部件　包括反作用弹簧、触点压力弹簧、传动机构及外壳等。

交流接触器的结构原理如图1-36所示，当线圈通电后，静铁芯产生电磁吸力将衔铁吸合。衔铁带动触点系统动作，使常闭触点断开，常开触点闭合。当线圈断电时，电磁吸力消失。衔铁在反作用弹簧力的作用下释放，触点系统随之复位。

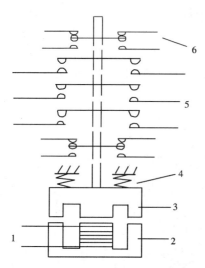

图 1-36　交流接触器的结构原理图

1—线圈；2—静铁芯；3—衔铁；4—复位
弹簧；5—主触点；6—辅助触点

接触器的型号及其含义如下：

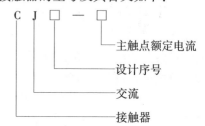

如 CJ10-20，其中 CJ 表示交流接触器，10 表示设计序号，20 表示主触点额定电流为20A。

CJ10 系列接触器的技术数据列于表 1-3中。

交流接触器的选择主要考虑主触点的额定电压、额定电流、辅助触点的数量与种类、吸引线圈的电压等级、操作频率等。

CJ10 系列接触器的技术数据　　　　表 1-3

型　号	触点额定电压（V）	主触点额定电流（A）	辅助触点额定电流（A）	额定操作频率（次/h）	可控制电动机功率（kW）	
					220V	380V
CJ10 -5		5			1.2	2.2
CJ10-10		10			2.5	4
CJ10-20		20			5.5	10
CJ10-40	500	40	5	600	11	20
CJ10-60		60			17	30
CJ10-100		100			30	50
CJ10-150		150			43	75

接触器的额定电压是指主触点的额定电压。交流接触器的额定电压，一般为 500V 或 380V 两种，应大于或等于负载回路的电压。

接触器的额定电流是指主触点的额定电流，有 5、10、20、40、60、100 和 150A 等几种，应大于或等于被控回路的额定电流。对于电动机负载可按下列经验公式计算：

$$I_C = \frac{P_N}{KU_N} \tag{1-5}$$

式中 I_C——接触器主触点电流（A）；

P_N——电动机的额定功率（kW）；

U_N——电动机的额定电压（V）；

K——经验系数，一般取 $1\sim1.4$。

接触器吸引线圈的额定电压从安全角度考虑，应选择低一些，如 127V。但当控制线路比较简单，所用电器不多时，为了节省变压器，可选 380V 或 220V。CJ10 系列交流接触器的吸引线圈的额定电压有 36V、110（127）V、220V 和 380V 四种。

接触器的触点数量和种类应满足主电路和控制线路的需要。

接触器的文字符号为"KM"，图形符号如图 1-37 所示。

二、接触器的选择

选择接触器的依据主要是接触器的工作条件，重点考虑以下因素：

（1）接触器的类型要符合要求，控制交流负载应选用交流接触器，控制直流负载则选用直流接触器。

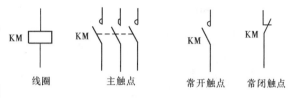

图 1-37　接触器的图形符号

（2）接触器吸引线圈的额定电压应与控制回路电压相一致。

（3）接触器的使用类别应与负载性质相一致。应先将负载按上述接触器使用类别进行划分，再根据工作类别选择接触器系列。

（4）接触器主触头的额定工作电流应大于或等于负载电路的电流。应注意，当所选择的接触器的使用类别与负载不一致时，若接触器的类别比负载类别低，接触器应降低一级容量使用。

（5）接触器主触头的额定工作电压应大于或等于负载电路的电压。

（6）还应考虑接触器的主触头、辅助触头的数量必须满足控制要求。

第五节　继　电　器

继电器是一种根据某种输入信号的变化，而接通或断开控制电路，实现控制目的的电器。继电器的输入信号可以是电流、电压等电学量，也可以是温度、速度、时间、压力等非电量，而输出通常是触点的动作。

继电器的种类很多，它可按如下方式进行分类：

按动作原理可分为：电磁式、感应式、电动式、晶体管式、整流式、集成电路式和微机式等；

按反应的物理量可分为：电流继电器、电压继电器、功率继电器、阻抗继电器、周波继电器、瓦斯继电器和温度继电器等；

按继电器在控制线路中的作用可分为：启动继电器、时间继电器、信号继电器和中间继电器等；

按所反应的物理量的变化情况可分为：反应过量的继电器（如过电流、过电压继电器）和反应欠量的继电器（如低电压继电器）。

一、电磁式继电器

电磁式继电器按吸引线圈电流的种类不同，有直流和交流两种。因继电器一般用来接通和断开控制电路，故触点电流容量较小。图 1-38 为 JT3 系列直流电磁式继电器结构示意图，释放弹簧 3 调得越紧，则吸引电流（电压）和释放电流（电压）就越大。非磁性垫片 10 越厚，衔铁吸合后磁路的气隙和磁阻就越大，释放电流（电压）也就越大，而吸引值不变。初始气隙越大，吸引电流（电压）就越大，而释放值不变。可通过调节螺母与调节螺钉来整定继电器的吸引值和释放值。

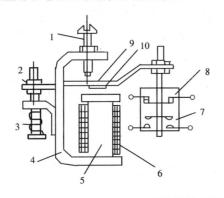

图 1-38　JT3 系列直流电磁式继电器结构示意图
1—调整螺钉；2—调整螺母；3—弹簧；4—磁轭；
5—铁芯；6—线圈；7—常开触点；8—常闭触点；
9—衔铁；10—非磁性垫片

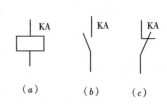

图 1-39　电磁式继电器的
一般图形符号
（a）线圈；（b）常开触点；（c）常闭触点

下面介绍一些常用的电磁式继电器，电磁式继电器的一般图形符号见图 1-39。
电磁式继电器种类较多，文字符号见表 1-4。

电磁式继电器常见文字符号　　　　　　　　　　　　表 1-4

名　　　称	英 文 名 称	基本文字符号	
		单字母	多字母
瞬时接触继电器	Instantaneous contactor relay		KA
电流继电器	Current relay		KC
电压继电器	Voltage relay		KV
延时有或无继电器（时间继电器）	Time delay all-or-nothing relay（time delay relay）		KT
信号继电器	Signal relay	K	KS
功率继电器	Power relay		KP
瓦斯保护继电器	Buchholz protection relay		KB
温度继电器	Temperature relay		KTE
热（过载）继电器	Thermal（over-load）relay		KH

（一）DL-10 系列电流继电器

图 1-40 所示为 DL-10 系列电流继电器的结构示意图。在 C 型铁芯上绕有匝数较少且相等的两个线圈，线圈可串联，也可并联。Z 形舌片的轴上联有螺旋状反作用弹簧，反作用弹簧的外端联在整定值调整把手上。

当继电器线圈未通电时，Z 形舌片在反作用弹簧的作用下使动接点与静接点断开。当线圈中通过电流时，在铁芯中就会产生磁通 Φ，该磁通经过铁芯、空气隙及 Z 形舌片构成闭合磁路。此时，Z 形舌片受到电磁力矩的作用，当电流足够大时，电磁力矩克服弹簧反作用力矩，使 Z 形舌片沿顺时针方向旋转，从而带动动触点与静触点闭合。

使电流继电器动作所需的最小电流称为继电器的动作电流，用 $I_{op \cdot K}$ 表示。

继电器动作后，当电流减小到某一数值时，继电器 Z 形舌片所受到的电磁力矩小于弹簧的反作用力矩而返回到起始的位置。使继电器返回到起始位置所需的最大电流称为继电器的返回电流，用 $I_{re \cdot K}$ 表示。

电流继电器的返回电流 $I_{re \cdot K}$ 与动作电流 $I_{op \cdot K}$ 之比称为返回系数，用 K_{re} 表示，即

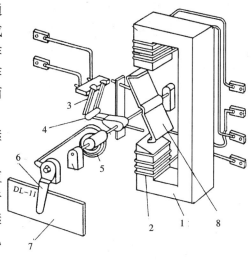

图 1-40　DL-10 型电流继电器
1—铁芯；2—线圈；3—静触点；4—动触点；5—反作用弹簧；6—整定值调整把手；7—刻度盘；8—Z 形舌片

$$K_{re} = \frac{I_{re \cdot K}}{I_{op \cdot K}} \qquad (1\text{-}6)$$

显然，电流继电器的返回系数小于 1。返回系数愈高，说明继电器的质量愈好。DL-10 系列电流继电器的返回系数一般在 0.85 以上。

DL-10 系列继电器有 DL-11、12、13 三种，它们的内部接线如图 1-41 所示。DL-20C 和 DL-30 系列为组合式电流继电器，是改进后的新产品，其工作原理与 DL-10 系列相同，只是对电磁铁和接点系统作了某些改进，体积稍小些，它们在成套保护屏上应用较多。

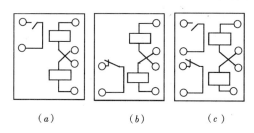

图 1-41　DL-10 型电磁式电流继电器的内部接线
（a）DL-11 型；（b）DL-12 型；（c）DL-13 型继电器。

DY-20C 和 DY-30 系列为组合式电压继电器，是改进后的新产品，其工作原理与 DJ-100 系列的电压继电器相同，其构造与 DL-20C、DL-30 系列电流继电器相同。

（二）DJ-100 系列电压继电器

电磁式电压继电器分为过电压和欠电压继电器两种，使用较多的是欠电压继电器。

DJ-100 系列电压继电器的原理、结构与 DL-10 系列电流继电器基本上相同，只是因为电压继电器反应的是电压，所以线圈匝数多，阻抗大。DJ-100 系列电压继电器有 DJ-111、121、131 和 DJ-112、122、132 两类，前一类为过电压继电器，后一类为欠电压继

使过电压继电器动作的最低电压称为过电压继电器的动作电压，用 $U_{op \cdot K(\rangle)}$ 表示。使过电压继电器返回到起始位置的最高电压称为过电压继电器的返回电压，用 $U_{re \cdot K(\rangle)}$ 表示。过电压继电器的返回系数为：

$$K_{re} = \frac{U_{re \cdot K(\rangle)}}{U_{op \cdot K(\rangle)}} \qquad (1\text{-}7)$$

过电压继电器的 $K_{\mathrm{re}} < 1$，通常为 0.85。

使欠电压继电器动作的最高电压称为低电压继电器的动作电压，用 $U_{\mathrm{op \cdot K}(\langle)}$ 表示。使欠电压继电器返回到起始位置的最低电压称为欠电压继电器的返回电压，用 $U_{\mathrm{re \cdot K}(\langle)}$ 表示。欠电压继电器的返回系数为：

$$K_{\mathrm{re}} = \frac{U_{\mathrm{re \cdot K}(\langle)}}{U_{\mathrm{op \cdot K}(\langle)}} \tag{1-8}$$

欠电压继电器的 $K_{\mathrm{re}} > 1$，一般不大于 1.2。

（三）中间继电器

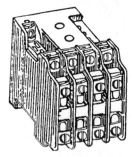

中间继电器有多个接点，且接点容量较大。在继电保护中，常利用中间继电器去同时接通、断开多个独立回路，外形如图 1-42 所示。

DZ-10 系列中间继电器工作原理和 CJ10 接触器工作原理相似，具有四对常开触点和四对常闭触点，瞬时动作，其动作时间不大于 0.05s，接点的开断容量可达 110VA，在控制线路中被大量使用。

（四）DX-11 型信号继电器

图 1-42 中间继电器的外形图

信号继电器用来指示保护装置的动作，信号继电器动作后，一方面有机械掉牌指示，从外壳的指示窗可看见红色标志（掉牌前是白色的），另一方面它的接点闭合接通灯光和声响信号回路，以引起值班人员注意。

图 1-43 所示为 DX-11 型信号继电器，它具有电磁铁和带有公共点的两对常开接点及一个信号掉牌。当继电器线圈通电时，电磁铁的衔铁被吸持，信号掉牌 5 靠自重掉下，带动桥形杆转动，使接点闭合。继电器线圈断电后，衔铁 4 在弹簧 3 的作用下返回原位，而信号掉牌需手动复位，平时信号掉牌被衔铁挂住而不会自动掉下。

信号继电器有两种：一种是电流型，串联接入电路；另一种是电压型，并联接入电路。其接线方式如图 1-44 所示。

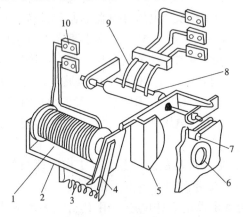

图 1-43 DX-11 型信号继电器
1—线圈；2—电磁铁；3—弹簧；4—衔铁；5—信号牌；6—观察玻璃窗口；7—复位按钮；8—动触点；9—静触点；10—接线端

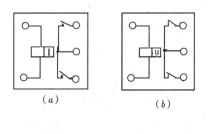

图 1-44 信号继电器的接线方式
（a）串联信号继电器；（b）并联信号继电器

26

二、时间继电器

时间继电器是按照所整定的时间间隔的长短来切换电路的自动电器。它的种类很多，常用的有空气式（气囊式）、电动式、电子式等。时间继电器的外形如图1-45所示。

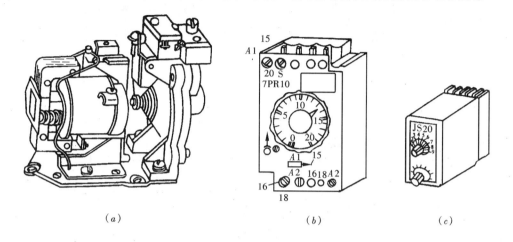

(a)   (b)   (c)

图1-45　时间继电器外形图
(a) JS7系列；(b) 7PR系列；(c) JS20系列晶体管式

时间继电器的种类很多，按动作原理可分为电磁式、空气阻尼式、电动机式、电子式；按延时方式可分为通电延时型与断电延时型两种。

通电延时型是指时间继电器接收到电信号后，等待一段时间，时间继电器的触头延时动作（即常开触头闭合，常闭触头断开）；当电信号取消（断电），其触头立即复原（即常开触头断开，常闭触头闭合）。而断电延时型是指时间继电器接收到电信号后，其触头立即动作；当电信号取消（断电）后，等待一段时间，其触头延时复原。下面主要介绍电磁式、空气阻尼式、电动机式、电子式（半导体式）及新产品——数字显示的时间继电器。

（一）空气阻尼式时间继电器

图1-46所示为JS7-A型空气式时间继电器结构示意图，它是利用空气的阻尼作用而获得动作延时的，主要由电磁系统、触点、气室和传动机构组成。当吸引线圈通电时，动铁芯就被吸下，使铁芯与活塞杆之间有一段距离。在释放弹簧的作用下，活塞杆就向下移动。由于在活塞上固定有一层橡皮膜，因此当活塞向下移动时，橡皮膜上方空气变稀薄，压力减小，而下方的压力加大，限制了活塞杆下移的速度。只有当空气从进气孔进入时，活塞杆才继续下移，直至压下杠杆，使微动开关动作。可见，从线圈通电开始到触点（微动开关）动作需要经过一段时间，此段时间即继电器的延时时间。旋转调节螺钉，改变进气孔的大小，就可以调节延时时间的长短。线圈断电后复位弹簧使橡皮膜上升，空气从单向排气孔迅速排出，不产生延时作用。这类时间继电器称为通电延时式继电器，它有两对通电延时的触点，一对是常开触点，一对是常闭触点，此外还可装设一个具有两对瞬时动作触点的微动开关。该空气式时间继电器经过适当改装后，还可成为断电延时式继电器，即通电时它的触点动作，而断电后要经过一段时间它的触点才能复位。

时间继电器的图形符号如图1-47所示。

表1-5列出JS7-A型系列时间继电器的技术数据。

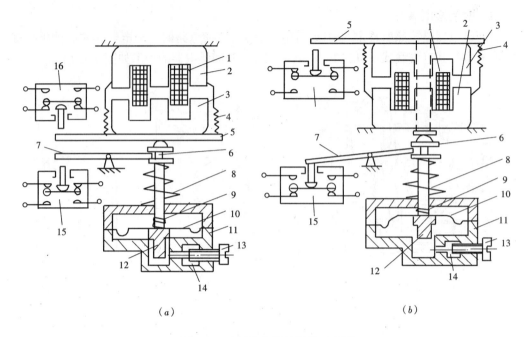

图 1-46　时间继电器的结构示意图

（a）通电延时型；（b）断电延时型

1—线圈；2—铁芯；3—衔铁；4—复位弹簧；5—推板；6—活塞杆；7—杠杆；8—塔型弹簧；9—弱弹簧；10—橡皮膜；11—空气室壁；12—活塞；13—调节螺钉；14—进气孔；15、16—微动开关

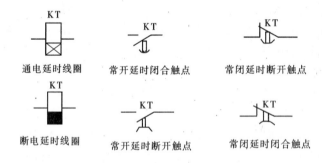

图 1-47　时间继电器的图形符号

（二）电磁阻尼式时间继电器

电磁阻尼式时间继电器只能用于直流、延时时间较短且是断电延时的场合。它是利用电磁系统在电磁线圈断电后磁通延缓变化的原理工作的。其结构与电压继电器相似，为了达到延时的目的，在继电器电磁系统中的铁芯柱上装有一个阻尼铜套，如图 1-48 所示。由楞次定律可知，在继电器电磁线圈通电或断电的过程中，由于铁芯中的磁通将发生变化，因此在阻尼铜套内产生感应电动势并产生感应电流，此感应电流阻碍磁路中磁通的变化，对原吸合或释放磁通的变化起阻尼作用，从而延迟了衔铁的吸合和释放时间。当衔铁处于打开位置时，由于气隙大，磁阻大，磁通小，因此阻尼铜套的作用相对较小，阻尼作用不明显，一般延时时间只有 0.1～0.5s。而当衔铁处于闭合位置时，磁阻小，磁通大，阻尼铜套的作用明显，一般延时时间可达 0.3～5s。故电磁阻尼式时间继电器只有断电延

时方式。

电磁阻尼式时间继电器具有结构简单、运行可靠、寿命长、允许通电次数多等优点，但也存在有延时时间短、延时不准确等缺点。通过改变安装在衔铁上的非磁性垫片的厚度及反力弹簧的松紧程度，可以调节延时时间的长短。非磁性垫片的厚度增加，使得衔铁闭合后的气隙增大，磁路的磁阻增大，磁通减小，这样延时时间变短；反之，减小非磁性垫片的厚度，可以使延时时间变长。反力弹簧调松，延时时间变长；反力弹簧调紧，延时时间变短。

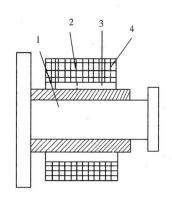

图 1-48　带有阻尼铜套的铁芯示意图

1—铁芯；2—阻尼铜套；3—绝缘层；4—线圈

（三）电动机式时间继电器

电动机式时间继电器是由微型同步电动机拖动减速齿轮组，经减速齿轮带动触头经过一定的延时后动作的时间继电器。其延时范围宽可达 0.4s～72h，既有通电延时型，也有断电延时型，延时精度高，调节方便，但结构复杂，价格较贵，一般用于要求准确延时的场合。

其中常用的电动机式时间继电器国产的有 JS11、JS17、JSD1 等系列。

表 1-6 列出了 JSD1-□M 系列电动机式时间继电器的主要技术数据。

JSD1-□M 系列电动机式时间继电器结构如图 1-49 所示。其工作原理如下：当同步电动机接线端子 1、2 接通电源时，电动机的轴向左作轴向运动，瞬动触头 3、4 打开，3、5 闭合。与此同时，电动机带动减速齿轮旋转，经过一段时间，由轮系带动的杠杆推动微动开关动作，延时触头 6、7 打开，7、8 闭合。当同步电动机接线端子 1、2 断电时，齿轮在扭转弹簧的作用下实现复位。

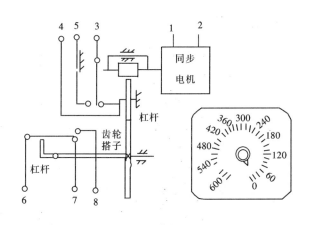

图 1-49　JSD1-□M 系列电动机式时间继电器

JS 7-A 型系列时间继电器的技术数据　　　　　　　表 1-5

型　号	瞬动触头数量		延时触头数量				触头额定电压（V）	触头额定电流（A）	线圈电压（V）	延时范围（s）	额定操作频率（次/h）
			通电延时		断电延时						
	常开	常闭	常开	常闭	常开	常闭					
JS7-1A			1	1							
JS7-2A	1	1	1	1			380	5	AC：24，36，110，127，220，380	0.4～60 及 0.4～180	600
JS7-3A					1	1					
JS7-4A	1	1			1	1					

型　　号	瞬动触头数量		延时触头数量				触头额定电压（V）	触头额定电流（A）	线圈电压（V）	延时范围（s）	额定操作频率（次/h）
			通电延时		断电延时						
	常开	常闭	常开	常闭	常开	常闭					
JS23-1	4	0	1	1			AC 380 DC 220	AC 380 时 0.79A DC220 时 0.27 A	AC110、220、380	0.2～30 及 10～180	1200
JS23-2	3	1	1	1							
JS23-3	2	2	1	1							
JS23-4	4	0			1	1					
JS23-5	3	1			1	1					
JS23-6	2	2			1	1					

JSD1-□M 系列电动机式时间继电器的主要技术数据　　　　表 1-6

型　　号	延时范围（s）	额定控制容量（VA）交流 380	操作频率（次/h）	延时误差	整定误差	复位时间（s）
JSD-1M	2～30	100	1200	≤1%	≤1%	≤2
JSD-2M	2～120		600			
JSD-3M	20～600		120			

三、热继电器

1. 热继电器的原理与结构

热继电器是利用电流的热效应原理来保护电动机，使之免受长期过载的危害。电动机过载时间过长，绕组温升超过允许值时，将会加剧绕组绝缘的老化，缩短电动机的使用年限，严重时会使电动机绕组烧毁。热继电器的外形如图 1-50 所示。

热继电器主要由热元件、双金属片和触点三部分组成，它的原理图如图 1-51 所示。图中 3 是发热元件，是一段电阻不大的电阻丝，串接在电动机的主电路中。4 是双金属片，是由两种不同线膨胀系数的金属碾压而成。图中下层金属的线膨胀系数大，上层的小。当电动机过载时，电阻丝的电流增大，发热加剧，产生的热量使双金属片向上弯曲，经过一定时间后，弯曲位移增大，因而脱扣，扣板 1 在弹簧 2 的拉力作用下，将常闭触点 5 断开。

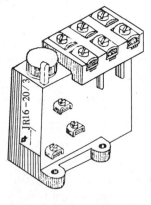

图 1-50　热继电器的外形图

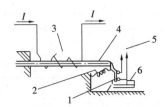

图 1-51　热继电器的原理图
1—扣板；2—弹簧；3—热元件；
4—双金属片；5—常闭触点；
6—复位按钮

触点 5 是串接在电动机的控制电路中的常闭触点，当电动机过载时断开使接触器的线圈断电，从而断开电动机的主电路。若要使热继电器复位，则按下复位按钮 6 即可。

热继电器由于有热惯性，当电路短路时不能立即动作将电路立即断开，因此不能作为短路保护。同理，在电动机启动或短时过载时，热继电器也不会动作，这可避免电动机不必要的停车。

常用热继电器有 JR0 及 JR10 系列。表 1-7 是 JR0-40 型热继电器的技术数据。它的额定电压为 500V，额定电流为 40A，它可以配用 0.64～40A 范围内 10 种电流等级的热元件。每一种电流等级的热元件，都有一定的电流调节范围，一般应调节到与电动机额定电流相等，以便更好地起到过载保护作用。

热继电器的选择主要根据电动机的额定电流来确定热继电器的型号及热元件的额定电流。例如电动机额定电流为 14.6A，额定电压 380V，若选用 JR0-40 型热继电器，热元件电流等级为 16A，由表 1-7 可知，电流调节范围为 10～16A，因此可将其电流整定为 14.6A。

JR0-40 型热继电器的技术数据

表 1-7

型　号	额定电流（A）	热 元 件 等 级		型　号	额定电流（A）	热 元 件 等 级	
		额定电流（A）	电流调节范围			额定电流（A）	电流调节范围
JR0-40	40	0.64	0.4～0.64	JR0-40	40	6.4	4～6.4
		1	0.64～1			10	6.4～10
		1.6	1～1.6			16	10～16
		2.5	1.6～2.5			25	16～25
		4	2.5～4			40	25～40

热继电器的图形符号如图 1-52 所示。

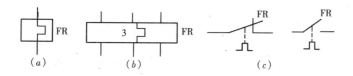

图 1-52　热继电器的图形符号
（a）热元件；（b）三热元件；（c）触头

三相异步电动机运行时，若发生一相短路，电动机各相绕组电流的变化情况将与电动机绕组的接法有关。热继电器的动作电流是根据电动机的线电流来整定的。对于星形联结的电动机，由于相电流等于线电流，当电源一相短路时，其他两相的电流将过载，可使热继电器动作，因此对于星形联结的电动机可以采用普通的两相或三相热继电器进行长期过载保护。而对于三角形联结的电动机，正常情况下，线电流为相电流的 $\sqrt{3}$ 倍；当发生一相断线（断相），如图 1-53 所示,此时未断相的线电流等于相电流的 1.5 倍，即在相同负载下（各相电流相等）断相后的线电流比正常工作时的线电流小，当发生过载时（相电流超过其额定值），

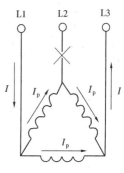

图 1-53　电动机三角形连接时一相断相情况

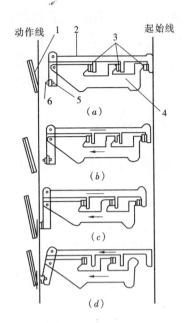

图 1-54　断相保护机构及其工作原理
(a) 未通电时；(b) 三相电流不大于整定电流时；(c) 三相同时过载；(d) 一相短路
1—补偿双金属片；2—上导板；3—主双金属片；4—下导板；5—杠杆；6—顶头

有可能其线电流还没有达到热继电器的动作电流，热继电器不会动作。因此对于三角形联结的电动机进行断相保护时，必须采用具有断相保护功能的热继电器，如 JR16、JR20 等系列的热继电器。

2. 具有断相保护的热继电器

有断相保护功能的热继电器与普通的热继电器相比，主要区别在导板改成了差动机构，如图 1-54 所示。差动机构由上导板 2、下导板 4 及装有顶头 6 的杠杆组成，它们之间均用转轴连接。其中图 1-54 (a) 表示通电前机构各部件的位置。图 1-54 (b) 为正常通电时机构各部件的位置。当电流在额定电流及以下时，三个热元件均正常发热，使三相主双金属片 3 同时向左产生微小弯曲，推动上、下导板同时向左平移一小段距离，但顶头 6 尚未碰到补偿双金属片 1，因此热继电器不动作。当电动机均衡过载时，三相主双金属片弯曲程度加大（图 1-54 (c)），推动上、下导板同时向左平移距离加大，通过杠杆 5 使得顶头 6 碰到补偿双金属片 1，使继电器动作。图 1-54 (d) 为一相断开时的情况，此时接入断相的双金属片因断相而冷却恢复原位，使得上导板向右移动，而另外两相双金属片仍然带动下导板向左移动，结果在上、下导板一左一右的移动下，使顶头 6 向左移动的距离加大，碰撞补偿双金属片 1，使继电器动作，起到断相保护的目的。

表 1-8 给出了 JR16 系列热继电器的主要技术参数。

JR16 系列热继电器的主要技术参数　　　　　表 1-8

型号	额定电压 (V)	额定电流 (A)	相数	热元件			断相保护	温度补偿	复位方式	动作检验	动作指示	触头数量
				最小规格	最大规格	档数						
JR16 (JR0)	380	20	3	0.25~0.35	14~22	12	有	有	手动或自动	无	无	1 对常开 1 对常闭
		60		14~22	40~63	4						
		130		40~63	100~160	4						

JR20 系列是我国较新产品，具有断相保护、温度补偿、整定电流值可调、手动脱扣、手动复位、动作后信号指示等功能。

T 系列热继电器是从国外引进的产品，它常常与 B 系列交流接触器组合成电磁启动器。表 1-9 给出了 T 系列热继电器的主要技术参数。

热继电器的主要技术参数包括额定电压、额定电流、相数、热元件编号、整定电流调节范围、有无断相保护等。

热继电器的额定电流是指允许的热元件的最大额定电流。热元件的额定电流是指该元件长期允许通过的电流值。每一种额定电流的热继电器可分别装入若干种不同额定电流的热元件。

| 型　号 | 额定电压 (V) | 额定电流 (A) | 相数 | 热元件 | | | 断相保护 | 温度补偿 | 复位方式 | 动作检验 | 动作指示 | 触头数量 |
				最小规格	最大规格	档数						
T 系列（引进德国 BBC 公司产品）	660	16	3	0.11～0.19	12～17.6	22	有	有	手动	有	无	1 对常开 1 对常闭
		25		0.17～0.25	26～35	22			手动或动		有	
		45		0.25～0.40	28～45	22					无	1 对常开
		85		6～10	60～100	8			手动或自动		有	1 对常开 1 对常闭
		105		36～52	80～115	5					无	
		170		90～130	140～200	3						
		250		100～160	250～400	3					有	
		370		100～160	310～500	4						

热继电器的整定电流是指热继电器的热元件允许长期通过，但又刚好不致引起热继电器动作的电流值。为了便于用户选择，某些型号中的不同整定电流的热元件用不同编号来表示。对于某一热元件的热继电器，可以通过调节其旋钮，在一定范围内调节电流整定值。

3．热继电器的选择

热继电器的选择按照下列原则进行：

（1）一般情况下可选用两相结构的热继电器。对于电网电压均衡性较差、无人看管的电动机或与大容量电动机共用一组熔断器的电动机，宜选用三相结构的热继电器。对于三相绕组作三角形联结的电动机，应采用有断相保护装置的三个热元件热继电器作过载和断相保护。

（2）热元件的额定电流等级一般应略大于电动机的额定电流。热元件选定后，将热继电器的整定电流调整到与电动机的额定电流相等，如果电动机的启动时间较长，可将热继电器的整定电流整定到稍大于电动机的额定电流。

（3）对于工作时间较短、间歇时间较长的电动机或出于安全考虑不允许设置过载保护的电动机（如消防泵），一般不设置过载保护。

（4）双金属片式热继电器一般用于轻载、不频繁启动电动机的过载保护。对于重载、频繁启动的电动机，也可以选用过电流继电器进行过载或短路保护。

四、速度继电器

速度继电器是利用转轴的一定转速来切换电路的自动电器，它的外形如图 1-55 所示。

它的工作原理与异步电动机相似，转子是一块永久磁铁，与电动机或机械转轴联在一起，随轴转动。它的外边有一个可以转动一定角度的环，装有笼型绕组。如图 1-56 所示，当转轴带动永久磁铁旋转时，定子外环中的笼型绕组切割磁力线而产生感应电动势和感应电流，该电流在转子磁场的作用下产生电磁力和电磁转矩，使定子外环跟随转子转动一个角度。如果永久磁铁逆时针方向转动，则定子外环带着摆杆靠向右边，使右边的常闭触点断开，常开触点接

图 1-55　速度继电器的外形

通；当永久磁铁顺时针方向旋转时，使左边的触点改变状态，当电动机转速较低时（例如小于 100r/min），触点复位。速度继电器的图形符号及文字符号如图 1-57 所示。

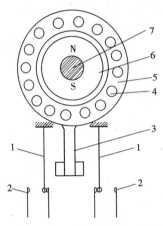

图 1-56　速度继电器原理示意图

1—动触头；2—静触头；3—摆锤；4—绕组；5—定子；6—转子；7—转轴

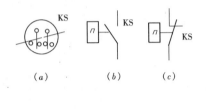

图 1-57　速度继电器的图形及文字符号

（a）转子；（b）常开触点；（c）常闭触点

常用的速度继电器有 JY1 和 JFZ0 型。技术参数见表 1-10。

JY1 型 JFZ0 速度继电器技术数据　　　　　　　　表 1-10

型　号	触　点　容　量		触　点　数　量		额定工作转速	允许操作次数
	额定电压（V）	额定电流（A）	正转时动作	反转时动作		
JY1	380	2	1 组转换触点	1 组转换触点	100 ~ 3600	< 30
JFZ0	380	2			300 ~ 3600	< 30

第六节　低压断路器

低压断路器又称自动空气开关，适用于不频繁地接通和切断电路或启动、停止电动机，并能在电路发生过负荷、短路和欠电压等情况下自动切断电路，它是低压交、直流配电系统中重要的控制和保护电器。

一、结构及工作原理

低压断路器主要由触头系统、灭弧装置、保护装置和传动机构等组成。保护装置和传动机构组成脱扣器，主要有过流脱扣器、欠压脱扣器和热脱扣器等。

图 1-58 为低压断路器的工作原理图，当操作手柄使开关合闸后，钩杆被搭钩拉住，串联在三相主电路中的主触头 靠钩杆 保持在闭合状态，三相主电路接通，同时分闸弹簧被拉伸储能，为迅速分断作准备。

铁芯线圈和衔铁组成过流脱扣器，其线圈串联在主电路中，当线路正常工作时，它所产生的电磁吸力不能将衔铁吸合；如果线路发生短路和产生很大的过电流时，过流脱扣器的吸力增加，将衔铁吸合，并向上撞击杠杆，顶开搭钩，主触头在储能弹簧的作用下迅速分断。

铁芯线圈和衔铁组成欠压脱扣器，其线圈并联在两相电源进线上，当电源电压正常时，它所产生的电磁力使衔铁处于吸合状态，可以使低压断路器合闸；如果电源进线电压过低或没有电压，衔铁在弹簧的拉力作用下，处于释放状态，顶开搭钩，使断路器合不上闸；如果断路器已经合闸，在运行过程中，线路电压突然消失或严重降低，衔铁也会立即释放，使断路器自动跳闸。欠压脱扣器的线圈经常开辅助触头接于电源电压，当断路器未合闸时，常开辅助触头是断开的，线圈中不会有电流流过。

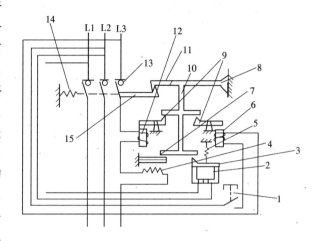

图 1-58　低压断路器工作原理图
1—按钮；2—欠压脱扣器的铁芯线圈；3—衔铁；4—加热元件；
5—弹簧；6—分励脱扣器的铁芯线圈；7—双金属片；8—转轴；
9—衔铁；10—杠杆；11—搭钩；12—过流脱扣器的铁芯线圈；
13—主触头；14—分闸弹簧；15—钩杆

由加热元件和热膨胀系数不同的双金属片组成热脱扣器，当线路发生过负荷时，发热元件所产生的热量使双金属片向上弯曲，推动杠杆，顶开搭钩，使主触头断开，从而达到过负荷保护的目的。

由铁芯线圈和衔铁组成分励脱扣器，它与运行情况无关。当需要断路器分闸时，按下停止按钮，脱扣器线圈通过断路器的常开辅助触头接通，使衔铁吸合，撞击杠杆，顶开搭钩，使断路器分闸。当断路器装有欠压脱扣器时，在它的线圈回路中接入分闸按钮，同样能起到分励脱扣器的作用。

二、触头系统和灭弧装置

低压断路器的触头系统包括主触头和辅助触头。主触头用于接通和分断主电路，额定电流在 200A 以下时，只有一组主触头；额定电流为 400～600A 时，采用主触头和灭弧触头的两档结构，灭弧触头装有可更换的黄铜灭弧端头，以保护主触头免受电弧的烧伤；额定电流在 1000A 及以上时，采用主触头、副触头和灭弧触头的三档结构，当灭弧触头失去作用时，副触头可代替其工作。它们的动作顺序是：当接通电路时，灭弧触头首先闭合，其次是副触头闭合，最后是主触头闭合；当分断电路时，主触头首先分断，然后是副触头分断，最后是灭弧触头分断。

三、常用类型

常用低压断路器按结构分有框架式和塑料外壳式两种类型。框架式自动开关原称万能式自动开关，塑料外壳式自动开关原称装置式自动开关，按动作速度分有一般型和快速型两大类。其型号含义如下：

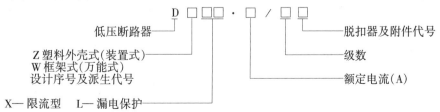

脱扣器及附件代号：00—无脱扣器；10—热脱扣器；20—电磁脱扣器；30—复式脱扣器

35

1. 框架式低压断路器

框架式自动开关为敞开式，一般大容量自动开关多为此结构，主要用于低压配电系统中作为过载、短路及欠电压保护之用，在操作上可以通过各种传动机构实现手动或自动。此外，框架式自动开关还有数量较多的辅助触头，便于实现联锁和辅助电路的控制，广泛用于变配电所、发电厂及其他主要的场合。

如图 1-59 所示为 DW10 型万能式低压断路器外形结构图。

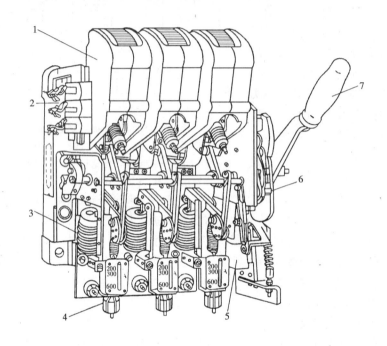

图 1-59　DW10 型万能式低压断路器外形结构图
1—灭弧罩（内有主触头）；2—辅助触头；3—过流脱扣器；4—脱扣电流调节螺母；
5—失压脱扣器；6—自由脱扣器；7—操作手柄

所有的组件如触头系统、脱扣器、保护装置均装在一个框架式底座上，传动部分由四连杆及自动脱扣机构组成，以保证开关的自动脱扣机构瞬时断开。开关合闸时，自动脱扣机构被锁住，开关处于合闸位置。当有故障时，开关带有瞬时动作的电磁式过流脱扣器和分励脱扣器使开关自动跳闸。

表 1-11 给出了 DW 系列自动开关的主要技术参数。

2. 塑料外壳式低压断路器

常见的有 DZ 系列自动开关，如图 1-60 所示为 DZ20 系列塑料外壳式低压断路器结构图。其特点是结构紧凑、体积小、重量轻、使用安全可靠、适用于独立安装。它是将触头、灭弧系统、脱扣器及操作机构都安装在一个封闭的塑料外壳内，只有板前引出的接线导板和操作手柄露在壳外。这种自动开关的体积要比框架式小得多，其绝缘基座和盖都采用绝缘性能良好的热固性塑料压制，触头则使用导电性能好、耐高温又耐磨的合金材料制作，在通过大电流时，不会发生熔焊现象。该系列开关的灭弧室多用去离子栅片式，操作机构则为四连杆式，操作时瞬时闭合、瞬时断开，与操作者的操作速度无关。

DW 系列自动开关的主要技术参数 表 1-11

型号	额定电流 (A)	短路通断能力						过电流脱扣器动作电流范围 (A)	机械寿命 电寿命 (次)	备 注
		交 流			直 流					
		电压 (V)	电流 (A)	功率因数	电压 (V)	电流 (A)	时间常数 (s)			
DW10	200		10			10		100~200	10000/5000	
	400		15			15		100~400		
	600		15			15		400~600	10000/5000	
	1000	380	20	0.4	440	20	0.01	400~1000		
	1500		20			20		1000~1500	20000/10000	
	2500		30			30		1000~2500	5000/2500	
	4000		40			40		2000~4000	2000/1000	
DW15	200	380/660	20/10	0.3/0.8				100~200	20000/10000	热磁脱扣或半导体脱扣 630A 以下等级可带电磁铁操作和有抽屉式，1000A 以上可带电动机操作
	400	380/660/1140	25/15/10	0.45/0.3/0.3				200~400	10000/5000	
	630		30/20/12	0.3				300~600	10000/5000	
	1000	380	40/30	0.3				100~100	5000/500	
	1500	380		0.3				1500	5000/500	
	2500	380	60/30	0.25				1500~2500	5000/500	
	4000	380		0.25				2500~4000	4000/500	

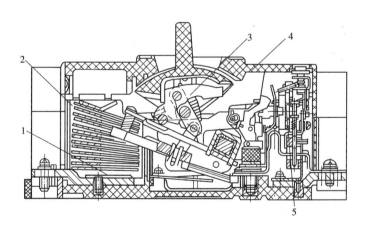

图 1-60 DZ20-250 型塑料外壳式低压断路器结构图
1—触头；2—灭弧罩；3—自由脱扣器；4—外壳；5—脱扣器

　　DZ 系列自动开关的保护装置一般装有复式脱扣器，同时具有电磁脱扣器和热脱扣器。由于内部空间有限，失压脱扣器和分励脱扣器仅装其中一种，而且额定电流较框架式自动开关要小，除用来保护容量不大的用电设备外，还可作为绝缘导线的保护及供建筑中作照明电路的控制开关。表 1-12 给出了 DZ 系列自动开关的主要技术参数。

型　　号	额定电流 (A)	短路通断能力						过电流脱扣器动作电流范围 (A)	机械寿命	备　注
		交　　流			直　　流				电寿命 (次)	
		电压 (V)	电流 (A)	功率因数	电压 (V)	电流 (A)	时间常数 (s)			
DZ20Y-100	100	380	18	0.3	220	10		16、20、32、40、50、 63、80、100	8000/4000	Y:一般型
DZ20J-100			35	0.25		15				J:较高型
DZ20G-100			75	0.20		20				G:最高型
DZ20Y-200	200	380	25	0.25	220	20	0.01	125、160、180、200	8000/2000	
DZ20J-200			35	0.25		20				
DZ20G-200			70	0.2		25				
DZ20Y-400	400	380	30	0.25	380	20	0.01	200、125、315、 350、400	5000/1000	
DZ20J-400			42	0.25		25				
DZ20G-400			80	0.2		30				
DZ20J-630			65	0.20		30				

第七节　其他控制电器

一、电子式时间继电器

1. 晶体管式时间继电器

晶体管式（也称电子式）时间继电器常用的是电容式时间继电器，它是利用电容对电压变化的阻尼作用来实现延时的。晶体管式时间继电器的种类很多，下面以 JS20 系列时间继电器为例，介绍其原理。

该系列继电器采用通用电子管大八脚插入式结构，全部元件装在印制电路板上，然后与插座用螺钉紧固，装入塑料外壳，外壳上具有延时刻度及延时整定用的旋钮。它具有通用性好、系列性强、工作稳定可靠、精度高、延时范围宽、调节方便、输出触头容量较大的特点。

JS20 系列时间继电器分为单结晶体管电路和场效应晶体管电路两种。图 1-61 所示电路为 JS20 系列中的采用场效应晶体管做成的通电延时型时间继电器的原理图，它由稳压电源、RC 充放电电路、电压鉴别电路、输出电路和指示电路等部分组成。

当接通电源时，电容 C2 尚未充电，因此 $U_C = 0$，而 N 沟道结型场效应晶体管 V6 的栅极 G 与源极 S 之间的电压 $U_{GS} = -U_S$。此后由 VS 提供的稳定电压通过波段开关选择的串联电阻 R_{10}、RP1、R_2、向 C2 充电，电容 C2 上的电压 U_C 由零按指数规律上升，场效应晶体管 V6 的栅源极电压 $|U_{GS}| = |U_C - U_S|$ 不断减小，但只要 $|U_G|$ 还大于场效应晶体管的夹断电压 $|U_P|$，则场效应晶体管 V6 就不会导通。直到 U_C 上升到 $|U_C - U_S|$ 时，场效应晶体管 V6 开始导通，由于其漏极电流 I_D 在 R_3 上产生压降，D 点电位开始下降，一旦 D 点电位下降到比晶体管 V7 的发射极电位低时，晶体管 V7 将导通。V7 的集电极电流 I_C 在 R_4 上产生压降，使场效应晶体管 V6 的源极电位 U_S 降低，因此 $|U_C - U_S|$ 进一步减小，V6 导通加快，所以 R_4 起正反馈的作用。同时 V7 也将加快导通，通过电阻 R_6、R_7 向晶闸管 VT 提供触发信号，使晶闸管 VT 导通，致使继电器 KA 动作。由上可知，从时间继电器接通电源向电容 C2 充电开始到继电器 KA 动作为止这段时间即为通电延时的动作时间。KA 动作后，电容 C2 经 KA 的常开触头对电阻 R_9 放电，同时氖泡 HN 起辉，并使场效应晶

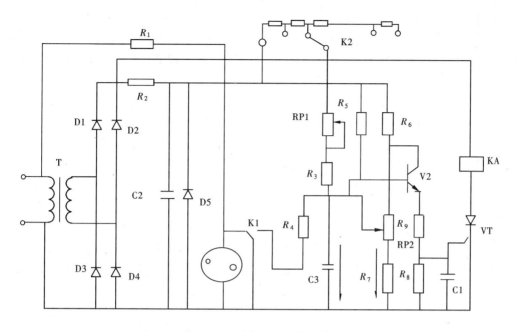

图 1-61　JS20 系列通电延时时间继电器电路原理图

体管 V6 和晶体管 V7 都截止，为下一次工作做准备。此时，晶闸管 VT 仍然保持导通，除非切断电源，使电路恢复到原来状态，继电器 KA 才会释放。

JS20 系列时间继电器的主要技术数据见表 1-13。

JS20 系列时间继电器的主要技术数据　　　　　表 1-13

型　号	结构形式	延时整定元件位置	延时范围(s)	延时触头数量				瞬动触头数量		误差(%)		工作电压(V)	环境温度(℃)
				通电延时(s)		断电延时(s)							
				常开	常闭	常开	常闭	常开	常闭	重复	综合		
JS20-□/00	装置式	内接	0.1~300	2	2					±3	±10	交流：36, 127, 220, 380；直流：24	-10~40
JS20-□/01	装置式	内接		2	2	—	—	—	—				
JS20-□/02	装置式	外接		2	2								
JS20-□/03	装置式	内接		1	1			1	1				
JS20-□/04	装置式	内接		1	1	—	—	1	1				
JS20-□/05	装置式	外接		1	1			1	1				
JS20-□/10	装置式	内接	0.1~3600	2	2								
JS20-□/11	装置式	内接		2	2	—	—	—	—				
JS20-□/12	装置式	外接		2	2								
JS20-□/13	装置式	内接		1	1			1	1				
JS20-□/14	装置式	内接		1	1	—	—	1	1				
JS20-□/15	装置式	外接		1	1			1	1				
JS20-□D/00	装置式	内接	0.1~180			2	2						
JS20-□D/01	装置式	内接		—	—	2	2						
JS20-□D/02	装置式	外接				2	2						

2. 数字式时间继电器

数字式时间继电器具有延时精度高、延时范围宽、触头容量大、调整方便、工作状态直观、指示清晰明确等特点，应用非常广泛。其代表系列有 JS14P、JS11S、JSS11 等数字显示式时间继电器。

JS11S 和 JSS11 系列数字显示式时间继电器是 JS11 系列电动机式时间继电器的更新换代产品。它采用了先进的数控技术，用集成电路和 LED 显示器件代替电动机和机械传动系统，除具有 JS11 系列电动机式时间继电器的优点外，还具有无机械磨损、工作稳定可靠、精度高、准确直观等优点，是一种精确度很高的时间控制元件。

此外，国内有些厂家还引进了 ST 系列超级时间继电器，其中 ST6P 型时间继电器为目前国际上最新的时间继电器之一。它内部装有时间继电器专用的大规模集成电路，采用高质量的薄膜电容与金属陶瓷可变电阻器，从而减少了元器件数量，缩小了时间继电器的体积并增强了可靠性。另外，它还采用了高精度振荡回路和高分频率的分频回路，保证了高精度及长延时。该时间继电器的输出继电器采用 HHS 系列小型控制继电器，有 2 转换和 4 转换两种形式。安装方式为插入式，采用插座安装。

二、漏电保护器

在有触电危险和容易发生因漏电而引起火灾的场所应装设漏电保护装置，漏电保护装置一般选用漏电保护器。

1. 漏电保护器的分类

漏电保护器根据动作原理可以分为电压型、电流型和脉冲型三种，根据结构可以分为电磁式和电子式的两种，电磁式漏电保护器是由零序电流互感器、漏电脱扣器、主开关等元件组成。但是电磁式和电子式两种漏电保护器的动作方式不同，电磁式漏电保护器是由零序电流互感器检测线路中的零序电流，由此产生的电磁场来削弱永久磁铁的磁场，使储能弹簧将衔铁释放，脱扣器动作，开关跳闸，切除故障线路。电子式漏电保护器是利用零序电流互感器次级绕组电压，经电子放大，产生足够的功率使开关跳闸。目前，民用建筑中大量采用电子式漏电保护器。

2. 漏电保护器的工作原理

在负载 R_1 正常工作的时候，相线电流 I_1 和中性线电流 I_2 相等，漏电流 I_0 为零，电流感应器中无感应电流，保护器不动作，见图 1-62。当设备绝缘损坏或发生人身触电时，则有漏电流 I_0 存在。此时，相线 I_1 和中性线 I_2 的电流不相等，经过高灵敏零序电流互感器检出，并感应出电压信号，经过放大器 IC 放大后，送脱扣器，脱扣器 T 动作，切断电源。

漏电保护器安装后，可以用试验按钮 SB 检验可靠性。

三、固态继电器

固态继电器简称 SSR，是一种无触点通断电子开关，因为可实现电磁继电器的功能，故称"固态继电器"；又因其"断开"和"闭合"均为无触点，无火花，因而又称其为"无触点开关"。

由于固态继电器是由固体元件组成的无触点开关元件，所以与电磁继电器相比，它具有体积小、重量轻、工作可靠、寿命长，对外界干扰小、能与逻辑电路兼容、抗干扰能力强、开关速度快、使用方便等一系列优点。同时由于采用整体集成封装，使其具有耐腐

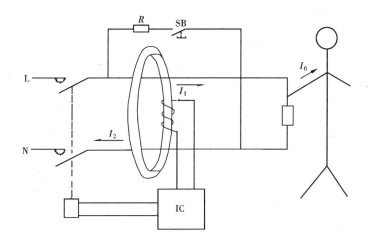

图 1-62　漏电保护器原理图

蚀、抗振动、防潮湿等特点，因而在许多领域有着广泛的应用，在某些领域有逐步取代传统的电磁继电器的趋势。固态继电器的应用还在电磁继电器难以胜任的领域得到扩展，如计算机和可编程控制器的输入输出接口，计算机外围和终端设备，机械控制，中间继电器。电磁阀、电动机等的驱动，调压、调速装置等。在一些要求耐振、耐潮、耐腐蚀、防爆的特殊装置和恶劣的工作环境中，以及要求工作可靠性高的场合中使用固态继电器都较传统电磁继电器具有无可比拟的优越性。

1. 固态继电器的分类

（1）按负载电源类型分类，固态继电器可分为交流型固态继电器（AC-SSR）和直流型固态继电器（DC-SSR）两种。AC-SSR 以双向可控硅作为开关元件，而 DC-SSR 一般以功率晶体管作为开关元件，分别用来接通或关断交流或直流负载电源。

交流型固态继电器可分为过零型和随机导通型两种，它们之间的主要区别在于负载端交流电流导通的条件不同。对于随机导通型 AC-SSR，当在其输入端加上导通信号时，不管负载电源电压处于何种相位状态下，负载端立即导通；而对于过零型 AC-SSR，当在其输入端加上导通信号时，负载端并不一定立即导通，只有当电源电压过零时才导通，因此减少了可控硅接通时的干扰，高次谐波干扰少，可用于计算机 I/O 接口等场合。随机导通型 AC-SSR 由于是在交流电源的任意状态（指相位）上导通，因而导通瞬间可能产生较大的干扰。

由于双向可控硅的关断条件是控制极导通电压撤除，同时负载电流必须小于双向可控硅导通的维持电流。因此，对于随机导通型和过零型 AC-SSR，在导通信号撤除后，都必须在负载电流小于双向可控硅维持电流时才关断，可见这两种 SSR 的关断条件是相同的。

直流固态继电器（DC-SSR）的输入—输出波形如图 1-63。DC-SSR 内部的功率器件一般为功率晶体管，在控制信号的作用下工作在饱和导通或截

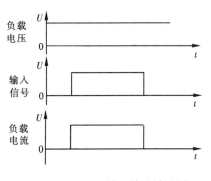

图 1-63　DC-SSR 输入输出关系图

止状态。DC-SSR 在导通信号撤除后立刻关断。

（2）若以安装形式来分类，则固态继电器又可分为装配式固态继电器、焊接型固态继电器和插座式固态继电器。装配式固态继电器可装配在电路板上，焊接式固态继电器可直接焊装在印刷电路板上。

2.固态继电器的工作原理

AC-SSR 为四端器件，两个输入端，两个输出端。DC-SSR 有四端型和五端型之分，其中两个为输入端，对于五端型输出增加一个负端。下面将分别介绍它们的工作原理。

（1）随机导通型 AC-SSR。图 1-64 所示为随机导通型 AC-SSR 电原理图。

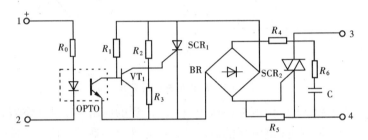

图 1-64　随机导通型 AC-SSR 电原理图

图 1-64 中，OPTO 所示为光电隔离器，它把输入输出两部分从电气上隔离，VT_1 为放大器，SCR_1 和 BR 用来获得使双向晶闸管 SCR_2 开启用的双向触发脉冲。R_0 和 R_4 为限流电阻，R_4 也为 SCR_1 的负载，R_3 和 R_5 为分流电阻，分别用来保护 SCR_1 和 SCR_2，R_6 和 C 用来组成浪涌吸收电路，BR 为整流桥堆。

当输入端加上信号时，OPTO 导通，VT_1 截止，SCR_1 导通，在 SCR_2 的控制极上将会得到从 R_4—BR—SCR_1—BR—R_5 以及反方向的脉冲，使 SCR_2 导通，负载接通。

当输入信号撤除后，OPTO 截止，VT_1 导通，SCR_1 截止，但此时 SCR_2 仍有可能导通，必须等到负载电流小于双向晶闸管维持电流时才截止。

（2）过零型 AC-SSR。图 1-65 为过零型 AC-SSR 电原理图。

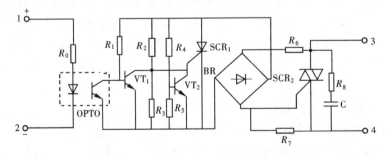

图 1-65　过零型 AC-SSR 电原理图

图中 R_4、R_5 和 VT_2 组成过零电压检测电路，只要适当选择分压电阻 R_4、R_5，使得在 SCR_1 两端电压超过零电压时，VT_2 饱和导通，反之则 VT_2 截止。VT_1 和 VT_2 组成门电路，即输入信号总是在交流电压为零附近方能使 SCR_1 导通，接通负载，实现过零触发。过零型固态继电器输入输出波形见图 1-66。

值得注意的是，上述电路的所谓过零并非真的在 0V 处导通，而是一般在 $\pm 0 \sim \pm 25$V

区域内，因为开关电路需要供电。

在具体使用时，图1-64和图1-65中的1、2端接控制信号，3、4端接负载和交流电源，如图1-67所示。图中的 R_L 为负载。

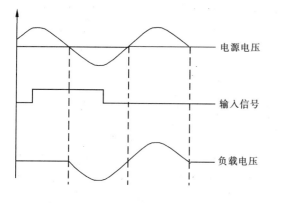

图 1-66　过零型固态继电器输入输出波形图

图 1-67　固态继电器
应用电路图

直流固态继电器的使用与交流固态继电器类似，这里不再叙述了，在使用时注意参看产品说明书。

3. 固态继电器型号及使用注意事项

国产固态继电器的型号及其含义如下：

GTJ 6 - □□ - ZL
生产字母缩写
电流容量
耐压范围
设计序号
固态继电器

固态继电器的主要技术参数见表1-14。

GT36 系列固态继电器主要技术参数　　　　　　　表 1-14

输　入　参　数				输　出　参　数		
输入电压	关闭电压	输入电流	接通电流	工作电压	工作电流	绝缘电压
3-12 VDC				220 VAC	0.5～2A	≥2000 VAC
3-12 VDC	1.5 VDC	≤25mA	5mA		1～3A	≥2500 VAC
3-32 VDC				380 VAC	10～60A	≥2500 VAC

固态继电器的输入端一般只需100mA左右的驱动电流即可，最小工作电压为3V，所以 CMOS 管逻辑信号通常要经过晶体管缓冲级放大后再去控制固态继电器，对于 CMOS 电路可利用 NPN 晶体管缓冲器。当输出端的负载容量很大时，直流固态继电器可通过功率晶体管（交流固态继电器通过双向晶闸管）再驱动负载。

当温度超过35℃左右后，固态继电器的负载能力（最大负载电流）随温度升高而降低，因此使用时必须注意散热或降低电流使用。

对于容性或电阻类负载，应限制其开通瞬间的浪涌电流值（一般为负载电流的7倍），对于电感性负载，应限制其瞬时峰值电压，以防止损坏固态继电器。具体使用时，可参照产品使用说明书。

固态继电器 SSR 的内部电子元件均具有一定的漏电流，其值通常在 5 ~ 10mA。因此，它的输出回路不能实现电气隔离，这一点在使用中应特别注意。

四、接近开关

接近开关是一种无接触式物体检测装置，是当某一物体接近某一信号机构时，信号机构发出"动作"信号的开关，接近开关又称为无触点行程开关。当检测物体接近它的工作面并达到一定距离时，不论检测体是运动的还是静止的，接近开关都会自动地发出物体接近而"动作"的信号，而不像机械式行程开关那样需施以机械力。

接近开关是一种开关型传感器，它既有行程开关、微动开关的特性，同时又具有传感器的性能，且动作可靠、性能稳定、频率响应快、使用寿命长、抗干扰能力强，而且具有防水、防震、耐腐蚀等特点。它不但有行程控制方式，而且根据其特点，还可以用于计数、测速、零件尺寸检测、金属和非金属的探测，无触点按钮，液面控制等电与非电量检测的自动化系统中，还可以同微机、逻辑元件配合使用，组成无触点控制系统。

接近开关的种类很多，但不论何种形式的接近开关，其基本组成都是由信号发生机构（感测机构）、振荡器、检波器、鉴幅器和输出电路组成。感测机构的作用是将物理量变换成电量，实现由非电量向电量的转换。图 1-68 是接近开关基本组成方框图。

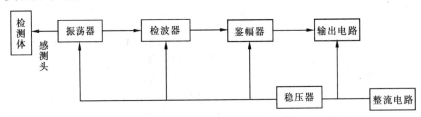

图 1-68 接近开关结构组成方框图

接近开关的产品有电感式、电容式、霍尔式、交直流型。图 1-69 为接近开关原理图，它采用了变压器反馈式振荡器。

在电路中，L1、C3 组成并联振荡回路，反馈线圈 L2 把信号反馈到晶体管 VT1 的基

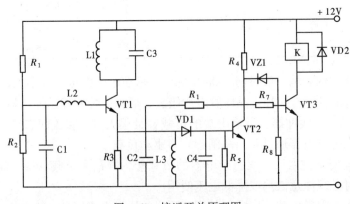

图 1-69 接近开关原理图

极，从而使振荡器产生高频振荡。输出线圈 L3 获得高频信号，由二极管 VD1 整流，经 C4 滤波后，在 R_5 上产生直流电压，使 VT2 饱和导通，此时 VT3 的基极电位接近于零，使 VT3 截止，继电器 K 不动作。R_1、R_2 为振荡电路的基极提供直流电压，C1 为滤波电容，起到抗干扰的作用。

当有金属接近感测头时，由于涡流去磁，使振荡器停振。此时 L3 没有高频电压，VT3 截止，VT3 的基极电压升高，使 VT3 获得基极电流而饱和导通，继电器 K 动作，VD2 为续流二极管，用以保护晶体管 VT3。VZ1 的作用是快速起振，当 VT2 截止时，它为 VT1 的发射极提供一个较低电位，从而使 VT1 在 VT2 由截止变导通时，振荡器的起振更为迅速。

该电路上设置了正反馈电阻 R_4，实现了后级电路对振荡器的正反馈作用。当金属体接近时，VT2 由饱和导通向截止转化，升高电位通过 R_4 反馈到 VT1 的发射极，使振荡器迅速停振。当金属离去时，振荡恢复、VT2 导通，VT2 的集电极电位降低。R_4 的存在缩短了接近开关的动作时间。

目前市场上接近开关的产品很多，型号各异，但功能基本相同，外形有 M6-M34 圆柱型、方型、普通型、分离型、槽型等，适用于工业生产自动化流水线，定位检测、记数等配套使用。

接近开关的图形符号如图 1-70 所示。

五、光电开关

光电开关又称为无接触检测和控制开关。它是利用物质对光束的遮蔽、吸收或反射等作用，对物体的位置、形状、标志、符号等进行检测。

光电开关能非接触、无损伤检测各种固体、液体、透明体、烟雾等。它具有体积小、功能多、寿命长、功耗低、精度高、响应速度快、检测距离远和抗光、电、磁干

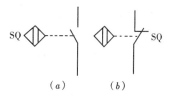

图 1-70　接近开关的图形
符号及文字符号
（a）常开触点；（b）常闭触点

扰性能好等优点。它广泛应用于各种生产设备中作为物体检测、液位检测、行程控制、产品计数、速度监测、产品精度检测、尺寸控制、宽度鉴别、色斑与标记识别、自动门、人体接近开关和防盗警戒等，成为自动控制系统和生产线中不可缺少的重要元件。

光电开关是新兴的控制开关。在光电开关中最重要的是光电器件，是一种把光照强弱的变化转换为电信号的传感元件。光电器件主要有发光二极管、光敏电阻、光电晶体管、光电耦合器等，它们构成了光电开关的传感系统。

光电开关的电路一般是由投光器和受光器组成，光传感系统根据需要有的是投光器和受光器相互分离，也有的是投光器和受光器合在一体。投光器的光源有的用白炽灯，而现在普遍采用以磷化镓为材料的发光二极管作为光源。受光器中的光电元件既可用光电三极管也可用光电二极管。

图 1-71 为光电开关原理电路图，它的投光器为白炽灯，受光器为光电晶体管。白炽灯的电源直接由变压器 T 的副边所得，而开关电路的工作电源是在变压器降压后，通过整流桥 BR 整流、电容 C1 滤波后提供的。光电开关的门限电压是由电阻 R_3、R_4 分压所得，即 $U_{db} = R_4 U / (R_3 + R_4)$，其中 U 为图中 E 点的电压值。

当无被测体接近时，白炽灯 HL 照射光电晶体管 VT1，此时光电晶体管 VT1 饱和导通，

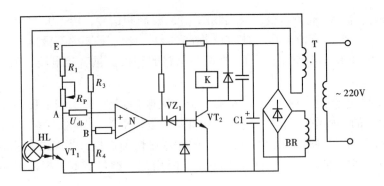

图 1-71 光电开关原理电路图

A 点电位低于门限电压 U_{db}，比较器 N 输出低电平，稳压二极管 VZ1 截止，使得三极管 VT2 无基极电流流入，VT1 截止，继电器 K 不动作；当有被测体接近或经过时，白炽灯的光线被遮挡，照射光电晶体管的光强度减弱，光电晶体管 VT1 由导通状态转变为截止状态，使得 A 点电位升高接近电源电压值，$U_A > U_{db}$。比较器 N 输出高电平，使稳压管 VZ1 击穿导通，给三极管 VT2 提供基极电流，三极管 VT2 由截止状态转变为饱和导通状态，继电器 K 动作。如果将光电三极管 VT1 和电阻 R_1 及电位器调换位置，则光电开关的工作过程与上述相反。

目前市场上的光电开关型号很多，但功能基本相同，需要注意的是并非所有的光电开关都能用作人身安全保护。

本 章 小 结

本章首先介绍了电磁式低压电器的基础知识，包括电磁机构和触点系统及其故障原因和预防措施，然后介绍了电流较大的主电路中常用的刀开关、组合开关、低压断路器、熔断器、接触器等电器的结构、基本工作原理、作用、应用场合、主要技术参数、典型产品、图形符号和文字符号以及选择、整定、使用和维护方法等。

主要介绍了继电器（电磁式继电器器、时间继电器、热继电器、速度继电器、固态继电器等）和主令电器（按钮、行程开关、接近开关、光电开关、万能转换开关、主令控制器等）的结构、基本工作原理、作用、应用场合、主要技术参数、典型产品、图形符号和文字符号以及选择、整定、使用和维护方法等。电气元件的技术参数是选用的主要依据，需要时可查阅有关产品样本和电工手册。

随着电气技术的迅速发展，各种新型的控制电器如接近开关、固态继电器等电子电器不断出现，掌握电气元件的发展动态是改进和优化控制线路的基础。

思 考 题 与 习 题

1. 继电器与接触器有什么区别？中间继电器在什么情况下可以代替接触器？
2. 如何调整空气阻尼式时间继电器的延时整定时间？
3. 能否用熔断器作为过载保护？为什么？
4. 电磁式电流继电器、时间继电器、信号继电器和中间继电器在保护系统中各起什么作用？它们的文字符号和图形符号分别是什么？

    5. 一台交流接触器，通电后没有反应，不能动作，试分析可能出现什么问题？如果通电后，噪声很大，再分析什么原因。

    6. 一台 DZ 系列低压断路器，不能复位再扣，试从结构上分析原因。

    7. 电动机的启动电流很大，但是电动机在启动时，热继电器不会动作，为什么？

第二章 继电接触控制线路的组成

本章首先介绍电气图的类型、国家标准及电气原理图的绘制原则，然后介绍组成电气控制线路的基本规律以及交直流电动机启动、运行、制动、调速和生产机械的行程控制线路，介绍电气联锁、保护环节以及电气控制线路的操作方法。本章内容是电气控制线路分析和设计的基础。

第一节 电气图形符号及控制线路绘制规则

一、电气控制系统图

为了方便电气元件的安装、接线、运行与维护，将电气控制系统中各电器元件的关系用一定的图形表示出来，这种图就是电气控制系统图。按用途和表达方式的不同，电气控制系统图分为以下几种：

（1）电气系统图和框图。用符号与有注释的框图概略表示系统的组成、相互关系及其主要特征的图样。

（2）电气原理图。为了便于阅读和分析控制线路，根据简单、清晰的原则，采用元件展开的形式绘制而成的图样。

（3）电器布置图。表明电路中各电气元件的位置的图样，为设备的制造、安装提供必要的资料。

（4）电气安装接线图。用规定的图形与符号，按各元件的相对位置绘制的实际接线图样。通常与电器布置图组合在一起。

（5）功能图。是表示理论的或理想的电路关系而不涉及实现方法的一种图。

（6）电气元件明细表。将成套设备中的各组成元件的名称、型号、规格数量列成表格，供准备材料及维修使用。

二、电气图的图形符号和文字符号

电气系统图中，电气元件的图形符号和文字符号必须有统一的标准，我国规定：自1990年1月1日起统一采用国家新标准，不准使用旧的标准。但是由于旧标准不能立即取消，因此在表2-1中列出了电气图中常用的图形符号及文字符号新旧对照。

下面将对图形符号和文字符号做一简要介绍。

（一）图形符号

通常用于图样或其他文件以表示一个设备或概念的图形、标记或字符，统称为图形符号。它由一般符号、符号要素、限定符号等组成。

（1）一般符号。用以表示一类产品或此类产品特征的一种通常很简单的符号，称为一般符号，如电机的一般符号为"⊛"，"＊"号用 M 代替可表示电动机，用 G 代替时表示发电机。

（2）符号要素。一种具有确定意义的简单图形，必须同其他图形组合以构成一个设备或概念的完整符号。

（3）限定符号。用以提供附加信息的一种加在其他符号上的符号，称为限定符号。限定符号不能单独使用，它可使图形符号更具多样性。

（二）文字符号

文字符号适用于电气技术领域中文件的编制，也可表示在电气设备、装置和元器件上或其近旁，以标明电气设备、装置和元器件的名称、功能和特征。文字符号分为基本文字符号（单字母或双字母）和辅助文字符号。文字符号用大写正体拉丁字母。

（1）基本文字符号　基本文字符号有单字母与双字母符号两种。

单字母符号是按拉丁字母将各种电气设备、装置和元器件划分为 23 个大类，每一大类用一个专用单字母符号表示。如"C"表示电容器类，"R"表示电阻器类。

双字母符号是由一个表示种类的单字母符号与另一字母组成。其组合形式是单字母符号在前，另一个字母在后的次序列出。如"F"表示保护器件类，而"FU"表示熔断器。

（2）辅助文字符号　辅助文字符号是用以表示电气设备、装置和元器件以及线路的功能、状态和特征的。基本由英语单词前面的字母组成，如"E"（Earthing）表示接地，"DC"（Direct current）表示直流，"OUT"（Output）表示输出等。辅助文字符号也可放在表示种类的单字母符号后边组成双字母符号。如"YB"表示电磁制动器，"SP"表示压力传感器等。为简化文字符号起见，若辅助文字符号由两个以上字母组成时，允许只采用其第一位字母进行组合，如"MS"表示同步电动机等。辅助文字符号还可以单独使用，如"ON"表示接通，"PE"表示保护接地，"M"表示中间线等。

（3）补充文字符号的原则　如基本文字符号和辅助文字符号不能满足使用要求，可按国家标准的符号组成规则予以补充。

1）在不违背国家标准原则的条件下，可采用国际标准中规定的电气技术文字符号。

2）在优先采用标准中规定的单字母符号、双字母符号和辅助文字符号的前提下，可补充标准中未列出的双字母符号和辅助文字符号。

3）文字符号应按有关电气名词术语国家标准或专业标准中规定的英文术语缩写而成。基本文字符号不得超过两个字母，辅助文字符号一般不能超过三个字母。

4）因拉丁字母"I"和"O"易同阿拉伯数字"1"和"0"混淆，不允许单独作为文字符号使用。

表 2-1 是电气图中常用的图形符号及文字符号新旧对照表。

（三）线路和三相电气设备端标记

线路采用字母、数字、符号及其组合标记。三相交流电源采用 L1、L2、L3 标记，中性线采用 N 标记。电源开关之后的三相交流电源主电路分别按 U、V、W 顺序标记。分级三相交流电源主电路采用三相文字代号 U、V、W 前加上阿拉伯数字 1、2、3 等来标记，如 1U、1V、1W 及 2U、2V、2W 等。各电动机分支电路各接点标记，采用三相文字代号后面加数字来表示，数字中的个位数表示电动机代号，十位数表示该支路各接点的代号，从上到下按数字大小顺序标记。如 U11 表示 M1 电动机第一相的第一个接点代号，U21 为第一相的第二个接点代号，依此类推。电动机绕组首端分别用 U、V、W 标记，尾端分别用 U′、V′、W′标记，双绕组的中点用 U″、V″、W″标记。

名　称	新标准 图形符号	文字符号	旧标准 图形符号	文字符号	名　称	新标准 图形符号	文字符号	旧标准 图形符号	文字符号
一般三极电源开关		QS		K	转换开关		SA	与新标准相同	HK
低压断路器		QF		UZ	熔断器		FU		FD
位置开关 常开触头		SQ		XK	热继电器 热元件		KR 或 FR		RJ
位置开关 常闭触头					热继电器 常闭触头				RJ
位置开关 复合触头					时间继电器 线圈		KT		SJ
按钮 启动		SB		QA	时间继电器 常开延时闭合触头				
按钮 停止				TA	时间继电器 常闭延时断开触头				
按钮 复合				AN	时间继电器 常闭延时闭合触头				
接触器 线圈		KM		C	时间继电器 常开延时断开触头				
接触器 主触头					继电器 中间继电器线圈		KA		ZJ
接触器 常开触头					继电器 欠压继电器线圈				QYJ
接触器 常闭触头					继电器 过电流继电器线圈		KI		GLJ
速度继电器 常开触头		KS		SJ	继电器 欠电流继电器线圈				QLJ
速度继电器 常闭触头				SJ					

名称		新标准		旧标准	
		图形符号	文字符号	图形符号	文字符号
继电器	常开触头		相应继电器符号		相应继电器符号
	常闭触头				
电位器			RP	与新标准相同	W
制动电磁铁			YB		DT
电磁离合器			YC		CH
照明灯			EL	EL	ZD
信号灯			HL		XD
桥式整流装置			VC		ZL
电阻器		或	R		R
接插器			X		CZ
电磁吸盘			YH		DX
串励直流电动机			M		ZD
并励直流电动机					ZD

名称	新标准		旧标准	
	图形符号	文字符号	图形符号	文字符号
他励直流电动机		M		ZD
复励直流电动机				
直流发电机	G	G	F	ZF
三相笼型异步电动机	M	M		D
三相绕线转子异步电动机				
单相变压器		T		B
整流变压器				ZLB
照明变压器				ZB
控制变压器		TC		B
三相自耦变压器		T		ZOB
半导体二极管		V		D
PNP三极管				T
NPN三极管				T
晶闸管				SCR

控制电路采用阿拉伯数字编号，一般由三位或三位以下的数字组成。标记方法按"等电位"原则进行。在垂直绘制的电路中，标号顺序一般由上而下编号，凡是被线圈、绕组、触点或电阻、电容元件所间隔的线段，都应标以不同的线路标记。

三、电气原理图的绘制规则

系统图和框图，对于从整体上理解系统或装置的组成和主要特征无疑是十分重要的。然而要达到详细理解电气作用原理，进行电气接线，分析和计算电路特性，还必须有另外一种图，这就是电气原理图。下面以图 2-1 所示的电气原理图为例介绍电气原理图的绘制原则、图幅分区以及标注方法。

（一）电气原理图的绘制原则

（1）电气原理图一般分主电路（主回路）和辅助电路（辅助回路）两部分：主电路就是从电源到电动机大电流通过的路径，由熔断器、接触器主触点、热继电器、制动器等组成；辅助电路包括控制电路、照明电路、信号电路及保护电路等，由继电器和接触器的线圈、继电器的触点、接触器的辅助触点、按钮、照明灯、信号灯、控制变压器等电器元件组成。

（2）控制系统内的全部电机、电器和其他器械的带电部件，都应在原理图中表示出来。

（3）原理图中各电气元件不画实际的外形图，而采用国家规定的统一标准图形符号，文字符号也要符合国家标准规定。

（4）原理图中，各个电气元件和部件在控制线路中的位置，应根据便于阅读的原则安排，同一电气元件的各个部件可以不画在一起。例如，接触器、继电器的线圈和触点可以不画在一起。

（5）图中元件、器件和设备的可动部分，都按没有通电和没有外力作用时的状态画出。

（6）原理图的绘制应布局合理、排列均匀，为了便于看图，可以水平布置，也可以垂直布置。

（7）电气元件应按功能布置，并尽可能按工作顺序排列，其布局顺序应该是从上到下，从左到右。电路垂直布置时，类似项目宜横向对齐；水平布置时，类似项目应纵向对齐。

（8）电气原理图中，有直接联系的交叉导线连接点，要用黑圆点表示；无直接联系的交叉导线连接点不画黑圆点。

（二）图幅分区及符号位置索引

为了便于确定图上的内容，也为了在用图时查找图中各项目的位置，往往需要将图幅分区。图幅分区的方法是：在图的边框处，竖边方向用大写拉丁字母，横边方向用阿拉伯数字，编号顺序应从左上角开始。图幅分区式样如图 2-2 所示。

图幅分区以后，相当于在图上建立了一个坐标。项目和连接线的位置可用如下方式表示：

（1）用行的代号（拉丁字母）表示；

（2）用列的代号（阿拉伯数字）表示；

（3）用区的代号表示。区的代号为字母和数字的组合，且字母在左，数字在右。

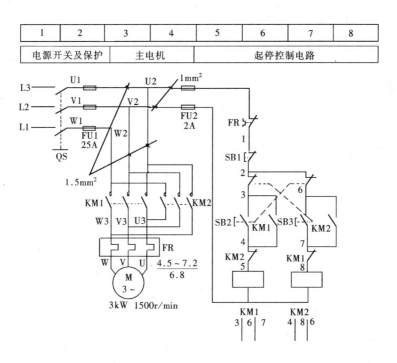

图 2-1　三相笼型异步电动机可逆运行电气原理图

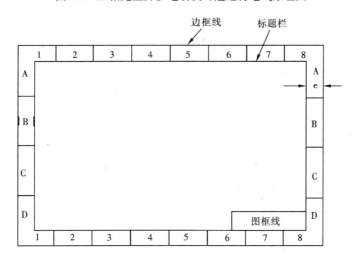

图 2-2　图幅分区示例

在具体使用时，对水平布置的电路，一般只需标明行的标记；对垂直布置的电路，一般只需标明列的标记；复杂的电路需标明组合标记。例如图 2-1 中，只标明了列的标记。

图 2-1 中，图区编号下方的"电源开关及保护"等字样，表明它对应的下方元件或电路的功能，使读者能清楚地知道某个元件或某部分电路的功能，以利于理解全电路的工作原理。

电气原理图中，接触器和继电器线圈与触点的从属关系应用附图表示，即在原理图中相应线圈的下方，给出触点的文字符号，并在其下面注明相应触点的索引代号，对未使用的触点用"X"表明，有时也可省略。

对接触器，上述表示法中各栏的含义如下：

左栏——主触点所在的图区号；中栏——辅助常开触点所在图区号；右栏——辅助常闭触点所在图区号。

对继电器，上述表示法中各栏的含义如下：

左栏——常开触点所在图区号；右栏——常闭触点所在图区号。

（三）电气原理图中技术数据的标注

电气元件的数据和型号，一般用小号字体注在电器代号下面。例如图 2-1 中，FR 下面的数据表示热继电器动作电流值的范围和整定值的标注；图中的 $1.5mm^2$、$1mm^2$ 字样表明该导线的截面积。

第二节 基本控制线路

任何一个复杂的控制电路，仔细分析后就会发现，它们总是由一些最基本的控制环节组成。因此，掌握了这些基本环节，在组成复杂的电气控制系统时，只需要按设备环境及设备要求，合理选择不同的基本环节，再对基本环节进行有机地组合和完善即可。下面介绍一些基本的常用的控制环节。

1. 点动控制

小型电动机启动时可直接使用闸刀开关控制即可，然而电动机容量较大时，不但操作不便，灭弧困难，而且往往因为闸刀片不能同步动作而使熔丝烧熔。解决这一问题的方法就是使用接触器，利用接触器的主触头控制电动机主回路。这样对电动机的控制也就转化为对接触器线圈的控制了。

接触器线圈容量很小，且为单相负荷，因此可适当选取线圈电压，使之与电源电压相等，以便线圈回路电源可使用电动机主回路电源。

据此，可构成如图 2-3 所示控制电路。图的左侧为主回路：KM 为接触器，FU 为熔断器，SB 为启、停按钮，M 为电动机。

动作过程分析：合上电源开关 QS，按下按钮 SB，按钮常开触头闭合，接触器 KM 线圈得电，铁芯中产生磁通，接触器 KM 的衔铁在电磁吸力的作用下，迅速带动常开触头闭合，三相电源接通，电动机启动。当按钮 SB 松开时，按钮常开触头断开，接触器 KM 线圈失电，在复位弹簧的作用下接触器主触点断开，电动机停止转动。由于在按钮按下时电动机才转动，按钮松开时电动机停止，因此称该电路为点动电路。

点动控制的使用场所：点动控制电路常用于短时工作制电气设备或需精确定位场合，如门窗的启闭控制或吊车吊钩移动控制等。点动控制基本环节一般是在接触器线圈中串接常开控制按钮，在实际控制线路中有时也用继电器常开触头代替按钮控制。

2. 自锁控制

点动控制电路设备在连续工作时就显得十分不便，为此应该设计一种能自动保持按钮动作状态的电路，这就是自锁（自保）电路。

如何保持按钮的状态呢？最简单的方法是采用机械自锁的按钮，按钮按下时，依靠机械动作将按钮锁在按下状态。但在电气线路中，常用电气联锁的方法。由于常开按钮按下时，按钮两端电路接通，因此；如果在按钮按下后，能将按钮两端短接，而在按钮没按下前，按钮两端保持不短接状态即可。要满足这一要求，只需在按钮两端并接一随按钮同时动作的接触器常开辅助触头 KM 即可。

　　按钮松开后，电源经接触器 KM 常开辅助触头，经接触器线圈 KM 构成回路，因此接触器仍保持吸合状态。接触器的吸合为接触器自身线圈回路提供了通路，相当于锁定了按钮的闭合状态，故称为自锁。

　　自锁解决了电动机长期运行的问题，若要停止运行，通过上面的分析有两种方法，一是直接把开关 QS 拉开，将主回路电源切断；第二是想办法将线圈回路中电源切断，解除自锁状态。为此可在线圈回路中串接一平时导通、按下时断开的按钮，即串接一常闭按钮。如图 2-4 所示。

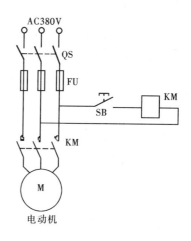

图 2-3　电动机的点动控制电路

　　习惯上，以 b 图、c 图为标准接法，这是因为启动按钮与停止按钮一般采用组装在一起的组合按钮。d 图接法中，将引起电源短路。而 b 图、c 图接法则只会引起误动作，不致于使电源短路。

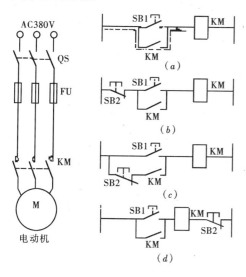

图 2-4　电动机的自锁控制电路
(a) 没有停止按钮；(b) 停止优先；
(c) 启动优先；(d) 另一种停止优先

　　自锁控制的使用实例：图 2-5 是三相笼型异步电动机直接启动、自由停车的电气控制线路。主电路刀开关 QS 起隔离作用，熔断器 FU 对主电路进行短路保护，热继电器 FR 用作过载保护，控制电路中的 FU1 作短路保护，按钮 SB1 和 SB2 通过接触器 KM 的触点控制电动机启动运行和停车。

　　启动时，合上刀开关 QS 引入三相电源。按下启动按钮 SB2，KM 的吸引线圈通电动作。KM 的衔铁吸合，其中 KM 的主触点闭合使电动机接通电源启动运转；与 SB2 并联的 KM 常开辅助触点闭合，使接触器的吸引线圈经两条线路供电。一条线路是经 SB1 和 SB2，另一条线路是经 SB1 和接触器 KM 已经闭合的常开辅助触点。这样，当手松开启动按钮 SB2 自动断开后，接触器 KM 的吸引线圈仍可通过其常开辅助触点继续供电，从而保证电动机的连续运行。

　　停车时，按下停止按钮 SB1，这时接触器 KM 线圈断电，主触点和自锁触点均恢复到断开状态，电动机脱离电源停止运转。当手松开停止按钮 SB1 后，SB1 在复位弹簧的作用下恢复闭合状态，但此时控制电路自锁已解除，线路已断开，只有再按下启动按钮 SB2，电动机才能重新启动运转。

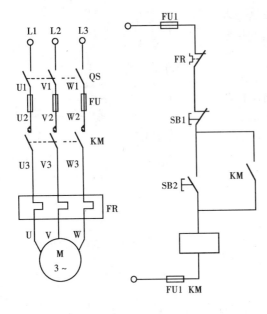

图 2-5 电动机的直接控制电路

在电动机运行过程中，当电动机出现长期过载而使热继电器 FR 动作时，接在控制回路中常闭触点断开，接触器 KM 线圈断电，电动机停止运转，实现电动机的过载保护。

实际上，上述所说的自锁控制并不局限在接触器上，在控制线路中电磁式中间继电器也常用自锁控制。自锁控制的另一个作用是实现欠压和失压保护。在图 2-5 中，当电网电压消失（如停电）后又重新恢复供电时，电动机及其拖动的机构不能自行启动，因为不重新按启动按钮，电动机就不能启动，这就构成了失压保护。它可防止在电源电压恢复时，电动机突然启动而造成设备和人身事故。另外，当电网电压低于额定电压 70% 时，线圈吸引力小于接触器复位弹簧的作用力，接触器的衔铁释放，主触点和辅助触点均断开，电动机停止运行，它可以防止电动机在低压下运行烧毁，实现欠压保护。

3. 异地控制

在大型设备中，为了操作方便，常常要求能在多个地点进行控制。图 2-6 所示为一台三相异步电动机的两地控制线路。图中两个启动按钮是并联的，当按下任一处启动按钮，接触器线圈都能通电并自锁；各停止按钮是串联的，当按下任一处停止按钮后，都能使接触器线圈断电，电动机停转。

由此可以得出普遍结论：欲使几个电器都能控制接触器通电，则几个电器的常开触点应并联接到该接触器的启动按钮；欲使几个电器都能控制某个接触器断电，则几个电器的常闭触点应串联接到该接触器的线圈电路中。

4. 互锁控制

各种生产机械常常要求具有上下、左右、前后等相反方向的运动，这就要求电动机能够正、反向运转。对于三相交流电动机将三相交流电的任意两相对换即可改变定子绕组相序，实现电动机反转。图 2-7 是三相笼型异步电动机正、反转控制线路，

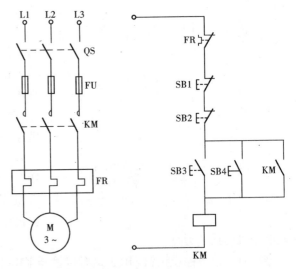

图 2-6 三相电动机的异地控制电路

图中 KM1、KM2 分别为正、反转接触器，其主触点接线的相序不同，KM1 按 U—V—W 相

序接线，KM2 按 V—U—W 相序接线，即将 U、V 两相对调，所以两个接触器分别工作时，电动机的旋转方向不一样，实现电动机的可逆运转。

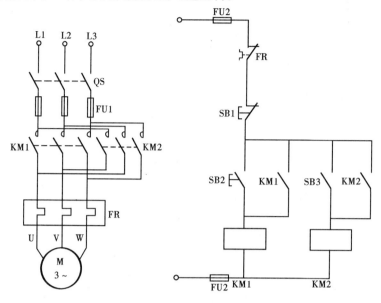

图 2-7　电动机的正反转控制电路

互锁控制的使用实例：图 2-7 所示控制线路虽然可以完成正反转的控制任务，但这个线路有重大缺陷，按下正转按钮 SB2 后，KM1 通电并且自锁，接通正序电源，电动机正转。若发生错误操作，在电动机正转时按下反转按钮 SB3，KM2 通电并自锁，此时在主电路中将发生 U、V 两相电源短路事故。

为了避免上述事故的发生，就要求保证两个接触器不能同时工作。必须相互制约，这种在同一时间里两个接触器只允许一个工作的制约控制作用称为互锁或联锁。图 2-8 为带互锁保护的正、反转控制线路，两个接触器的常闭辅助触点串入对方线圈，这样当按下正转启动按钮 SB2 时，正转接触器 KM1 线圈通电，主触点闭合，电动机正转，与此同时，由于 KM1 的常闭辅助触点断开而切断了反转接触器 KM2 的线圈电路。此时再按反转启动按钮 SB3，也不会使反转接触器的线圈通电工作。同理，在反转接触器 KM2 动作后，也保证了正转接触器 KM1 的线圈电路不能再工作。

这种由接触器常闭辅助触点构成的互锁线路称为电气互锁。

但是，图 2-8 所示的接触器联锁正反转控制线路也有个缺点，即是在正转过程中要求反转时必须先按下停止按钮 SB1，让 KM1 线圈断电，联锁触点 KM1 闭合，这样才能按反转按钮使电动机反转，这给操作带来了不方便。为了解决这个问题，在生产上常采用复式按钮触点构成的机械互锁线路，如图 2-9 所示。

图 2-9 中，保留了由接触器常闭触点组成的电气互锁，并添加了由按钮 SB2 和 SB3 的常闭触点组成的机械联锁。这样，当电动机由正转变为反转时，只需按下反转按钮 SB3，便会通过 SB3 的常闭触点先断开 KM1 电路，KM1 失电，互锁触点复位闭合，继续下按 SB3，KM2 线圈回路接通，实现了电动机反转，当电动机由反转变为正转时，按下 SB2，原理与前一样。

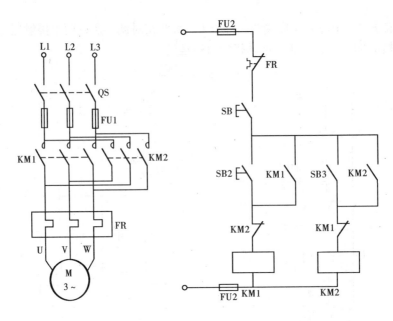

图 2-8　带互锁保护的正、反转控制线路

注意：机械互锁与电气互锁不能互相代替。当主电路中正转接触器的触点发生熔焊（即静触点和动触点烧蚀在一起）现象时，即使接触器线圈断电，触点也不能复位，机械互锁不能动作，此时只能靠电气互锁才能避免反转接触器通电使主触点闭合而造成电源短路。

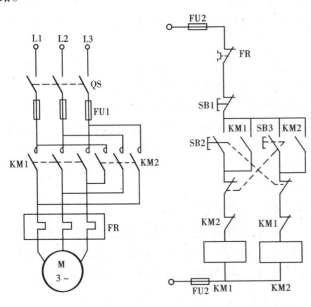

图 2-9　双重联锁的电动机正反转控制电路

这种线路既能实现电动机直接正反转的要求，又保证了电路可靠地工作，因此，这种电路广泛应用在电力拖动控制系统中。

5. 顺序控制

车床主轴转动时，要求油泵先给润滑油，主轴停止后，油泵方可停止润滑，即要求油泵电动机先启动，主轴电动机后启动，主轴电动机停止后，才允许油泵电动机停止，实现这种控制功能的电路就是顺序控制电路。在生产实践中，根据生产工艺的要求，经常要求各种运动部件之间或生产机械之间能够按顺序工作，图 2-10 所示就是车床的顺序控制电路。

图中，M1 为油泵电动机，M2 为主轴电动机，分别由 KM1、KM2 控制。SB1、SB2 为 M1 的停止、启动按钮，SB3、SB4 为 M2 的停止、启动按钮。由图可见，将接触器 KM1 的常开辅助触点串入接触器 KM2 的

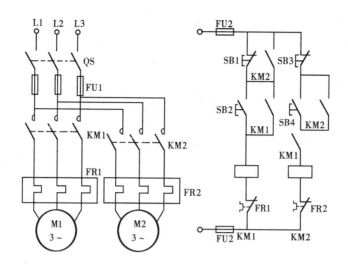

图 2-10 三相电动机的顺序控制电路

线圈电路中，只有当接触器 KM1 线图通电，常开触点闭合后，才允许 KM2 线圈通电，即电动机 M1 先启动后才允许电动机 M2 启动。将主轴电动机接触器 KM2 的动合触点并联接在油泵电动机的停止按钮 SB1 两端，即当主轴电动机 M2 启动后，SB1 被 KM2 的常开触点短路，不起作用；直到主轴电动机接触器 KM2 断电，油泵停止按钮 SB1 才能起到断开 KM1 线圈电路的作用，油泵电动机才能停止。这样就实现了按顺序启动、按顺序停止的联锁控制。

6. 行程控制

常用的行程控制有以下两种：

（1）在图 2-11 中安装了行程开关 SQ_F 和 SQ_R，将它们的常闭触点串接在电动机正反转接触器 KM_F 和 KM_R 的线圈回路中。当按下正转按钮 SB_F 时，正转接触器 KM_F 通电，电动机正转，此时吊车上升，到达顶点时吊车撞块顶撞行程开关 SQ_F，其常闭触点断开，使接触器线圈 KM_F 断电，于是电动机停转，吊车不再上升（此时应有抱闸将电动机转轴抱住，以免重物滑下）。此时即使再误按 SB_R，接触器线圈 KM_R 也不会通电，从而保证吊车不会运行超过 SQ_F 所在的极限位置。

当按下反转按钮 SB_R 时，反转接触器 KM_R 通电，电动机反转，吊车下降，到达下端终点时顶撞行程开关 SQ_R，电动机停转，吊车不再下降。

这种限位控制的方法并不局限于吊车的上下运动，它也适用于有同类要求的其他生产机械，例如建筑工地上的行走式塔式起重机，在铁轨的两端安装行程开关可以防止起重机行走时超出极限位置而出轨。

（2）自动往复行程控制。某些生产机械如万能铣床要求工作台在一定距离内能自动往复运动，以便对工件连续加工。为实现这种自动往复行程控制，可将行程开关 SQ_F 和 SQ_R 安装在机床床身的左右两侧，将撞块装在工作台上，并在图 2-11 的基础上再将行程开关 SQ_F 的常开触点与反转按钮 SB_F 并联，将行程开关 SQ_R 的常开触点与正转按钮 SB_F 并联，如图 2-12 所示。

当电动机正转带动工作台向右运动到极限位置时，撞块 a 碰撞行程开关 SQ_F，一方面

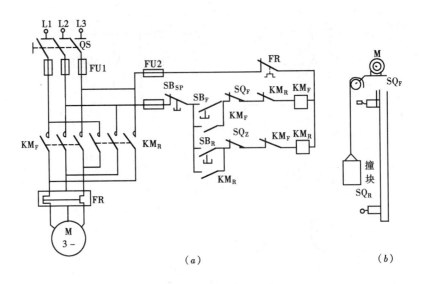

图 2-11 用于限位的行程控制

(a) 控制线路；(b) 限位开关位置

使其常闭触点断开，使电动机先停转，另一方面也使其常开触点闭合，相当于自动按了反转按钮 SB_R，使电动机反转带动工作台向左运动。这时撞块 a 离开行程开关 SQ_F，其触点自动复位，由于接触器 KM_R 自锁，故电动机继续带动工作台左移；当移动到左面极限位置时，撞块 b 碰到行程开关 SQ_R，一方面使其常闭触点断开，使电动机先停转，另一方面其常开触点又闭合，相当于按下正转按钮 SB_F，使电动机正转带动工作台右移。如此往复不已，直至按下停止按钮 SB_{stp} 才会停止。

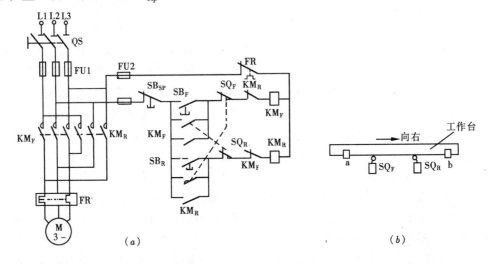

图 2-12 自动往复的行程控制

(a) 电路；(b) 行程开关位置

7. 时间控制

在生产中经常需要按一定的时间间隔来对生产机械进行控制，例如电动机的降压启动需要一定的时间，然后才能加上额定电压；在一条自动线中的多台电动机，常需要分批启动，在第一批电动机启动后，需经过一定时间，才能启动第二批等等。这类自动控制称为时间控制。时间控制通常是利用时间继电器来实现的。

8. 速度控制

在生产中有时需要按电动机或生产机械的转轴的转速变化来对电动机进行控制，例如在电动机的反接制动中，要求在电动机转速下降到接近零时，能及时地将电源断开，以免电动机反方向转动。这类自动控制称为速度控制。速度控制通常是利用速度继电器来实现的。

第三节　几种典型的电动机控制线路

在各种生产机械中，电动机的控制电路有启动、停止和调速，本节重点讲述电动机的各种启动、停止和调速电路。

一、三相异步电动机启动控制线路

（一）直接启动

直接启动亦称为全电压启动，电动机容量在 10kW 以下者，一般采用全电压直接启动方式。普通机床上的冷却泵、小型台钻和砂轮机等小容量电动机可直接用开关启动，见图 2-13（a）。

图 2-13（b）是采用接触器直接启动的电动机单向全电压启动控制线路，主电路由刀开关 QS、熔断器 FU、接触器 KM 的主触点、热继电器 FR 的热元件与电动机 M 组成。

控制电路由启动按钮 SB2、停止按钮 SB1、接触器 KM 的线圈及其常开辅助触点、热继电器 FR 的常闭触点和熔断器 FU2 组成，用自锁完成电动机启动运行。

（二）降压启动

对于大容量的电动机，为了限制电动机的启动电流，在电动机启动时必须采取措施。常用的电动机的降压启动电路有以下几种：

1. 星—三角降压启动控制电路

凡是正常运行时定子绕组接成三角形的笼型异步电动机可采用星—三角的降压启动方法来达到限制启动电流的目的。Y 系列的笼型异步电动机 4.0kW 以上者均为三角形接法，都可以采用星—三角启动的方法。

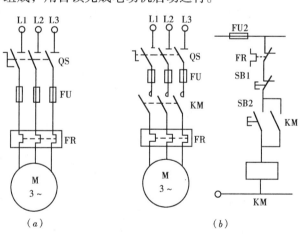

图 2-13　单向全电压启动控制线路
（a）开关直接启动；（b）接触器直接启动

（1）降压启动的工作原理。在启动过程中，将电动机定子绕组接成星形，使电动机每相绕组承受的电压为额定电压的 $1/\sqrt{3}$，启动电流为三角形接法时启动电流的 1/3。图 2-14 中，UU′、VV′、WW′为电动机的三相绕组，当 KM3 的常开触点闭合，KM2 的常开触点断开时，相当于 U′、V′、W′连在一起，为星形接法，线路如图 2-14（b）所示；当 KM3 的常开触点断开，KM2 的常开触点闭合时，相当于 U 与 V′、V 与 W′、W 与 U′连在一起，三相绕组头尾相连，为三角形接法，线路如 2-14（c）所示。

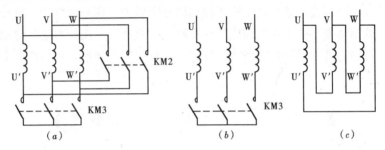

图 2-14　电动机定子绕组星—三角接线示意图
（a）星—三角接法；（b）星形接法；（c）三角形接法

（2）星—三角（Y—△）降压启动控制线路的工作情况。

图 2-15 为笼型异步电动机星—三角（Y—△）降压启动的控制线路。当合上刀开关 QS 以后，按下启动按钮 SB2，接触器 KM1 线圈、KM2 线圈以及通电延时型时间继电器 KT 线圈通电，电动机接成星形启动；同时通过 KM1 的常开辅助触点自锁，时间继电器开始定时。当电动机接近于额定转速，即时间继电器 KT 延时时间已到，KT 的延时断开常闭触点断开，切断 KM2 线圈电路，KM2 断电释放，其主触点和辅助触点复位。同时，KT 的延时常开触点闭合，使 KM3 线圈通电并自锁，主触点闭合，电动机接成三角形运行。时间继电器 KT 线圈也因 KM3 常闭触点断开而失电，时间继电器复位，为下一次启动做好准备。图中的 KM2、KM3 常闭触点是互锁控制、防止 KM2、KM3 线圈同时得电而造成电源短路。

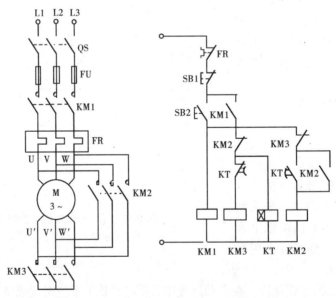

图 2-15　电动机的星—三角（Y—△）降压启动控制电路

62

图 2-15 所示的控制线路适用于电动机容量较大（一般为 13kW 以上）的场合。

本线路的主要特点是：由于本线路只用了两个接触器和一个时间继电器，所以线路简单。另外，在由星形接法转换为三角形接法时，线圈是在不带负载的情况下吸合的，这样可以延长使用寿命。

本线路在设计时充分利用了电器联动的常开、常闭功能，触点在动作时，动断（常闭）触点先断开，常开（动合）触点后闭合，中间有时间差。例如，KT 延时时间已到，常闭延时触点先断开，常开延时触点后闭合；同理，在 KM3 线圈得电后，常闭触点先断开，切断 KT 线圈线路，然后才完成自锁。理解和掌握控制电器触点动作的这一特点，对阅读、设计电气控制线路非常重要。

三相笼型异步电动机星——三角降压启动具有投资少，线路简单的优点。但是，在降低了启动电流的同时，启动转矩也为三角形直接启动时转矩的三分之一。因此，它只适用于空载或轻载启动的场合。

2．自耦变压器降压启动控制电路

图 2-16 所示为自耦变压器降压启动控制线路。在启动时将自耦变压器接入降压，以降低启动电流，当电动机转速达到正常值后，再将自耦变压器切除。KM1、KM2 为降压接触器，KM3 为正常运行接触器，KT 为时间继电器，KA 为中间继电器。

线路的工作情况如下：

合上电源开关 QS，按下启动按钮 SB2，KM1、KM2 的线圈及 KT 的线圈通电并通过 KM1 的常开辅助触点自锁，KM1、KM2 的主触点将自耦变压器接入，电动机定子绕组经自耦变压器供电作降压启动。同时，时间继电器 KT 开始延时。当电动机转速上升到接近额定转速时，对应的 KT 延时结束，其延时闭合的常开触点闭合，中间继电器 KA 通电动作并自锁，KA 的常闭触点断开使 KM1、KM2、KT 的线圈均断电，将自耦变压器切除，KA 的常开触点闭合使 KM3 线圈通电动作，主触点接通电动机主电路，电动机在全压下运行。

自耦变压器降压启动方法适用于电动机容量较大，正常工作时接成星形或三角形的电动机。启动转矩可以通过改变自耦变压器抽头的连接位置得到改变。它的缺点是自耦变压器价格较贵，而且不允许频繁启动。

3．定子串电阻降压启动控制电路

图 2-17（a）是根据启动所需时间，利用时间继电器控制切除降压电阻的，当合上刀开关 QS，按下启动按钮 SB2 时，KM1 立即通电吸合，使电动机定子在串接电阻 R 的情况下启动，与此同时，时间继电器 KT 通电开始计时，当达到时间继电器的整定值时，常开触点闭合，使 KM2 通电吸合，KM2 的主触点闭合，将启动电阻短接，电动机在额定电压下进入稳定正常运转。图 2-17（b）的不同之处是在完成启动后 KM1 和 KT 退出工作，节能同时也延长了器件的使用寿命。

定子串电阻降压启动的方法由于不受电动机接线形式的限制，设备简单，所以在中小型生产机械上应用广泛。但是这种启动方法能量损耗较大。为了节能可采用电抗器代替，但其成本较高。

4．延边三角形降压启动控制电路

延边三角形降压启动是既不增加启动设备，又能适当增加启动转矩的一种降压启动方法，它适用于定子绕组特别设计的三相异步电动机，这种电动机的定子绕组共有九个出线

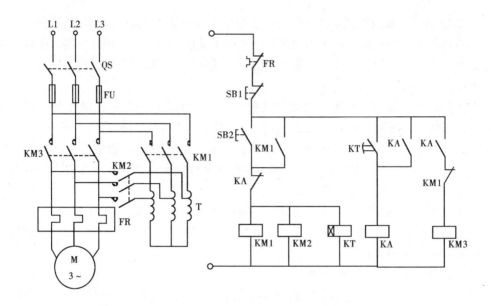

图 2-16　自耦变压器降压启动控制电路

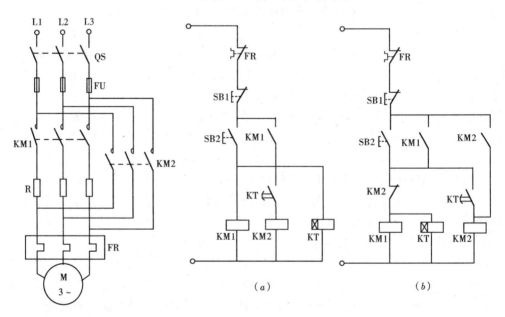

图 2-17　定子串电阻降压启动控制线路

端，如图 2-18（a）所示。在电动机启动过程中将定子绕组一部分接成星形，一部分接成三角形，即延边三角形接法，如图 2-18（b）所示。待启动结束时，再将定子绕组接成三角形进入正常运行，如图 2-18（c）所示。电动机定子绕组作延边三角形接线时，每相绕组承受的电压比三角形接法时低，又比星形接法高，介于二者之间。这样既可实现降压启动，又可提高启动转矩。

　　图 2-19 是延边三角形降压启动控制电路，KM1 为线路接触器，KM2 为三角形联结接触器，KM3 为延边三角形联结接触器。

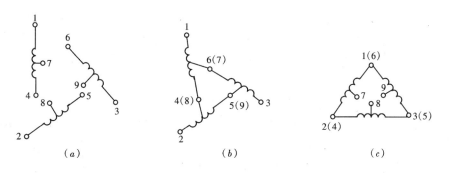

图 2-18 延边三角形定子绕组接线

（a）原始状态；（b）启动时；（c）正常运转

启动时，合上电源开关后，按下启动按钮 SB2 后，KM1、KM3 线圈通电并自锁，此时通过 KM3 的主触点将电动机定子绕组的 6 与 7、5 与 9、4 与 8 连在一起，电动机定子绕组的 1、2、3 接线端接电源，此时电动机按延边三角形接线，同时时间继电器 KT 线圈通电，经过一段延时，当电动机转速接近额定转速时，KT 常闭触点断开，KM3 线圈断电，主触点断开，同时 KT 常开触点闭合，接触器 KM2 通电并自锁，KM2 的主触点及 KM1 的主触点将电动机定子绕组的 1 与 6、2 与 4、3 与 5 连在一起，电动机接成三角形正常运转。

延边三角形降压启动要求电动机有 9 个出线端，使电机制造工艺复杂，同时给控制系统的安装接线带来了麻烦，因此没有被广泛的使用。

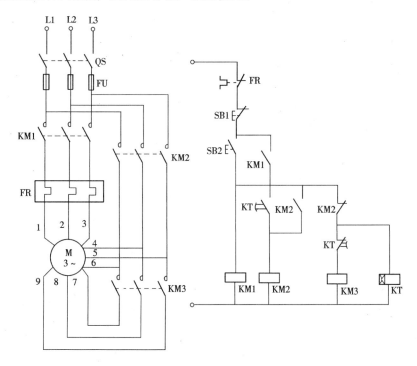

图 2-19 延边三角形降压启动控制电路

（三）软启动

软启动是近年来随着电子技术的发展而出现的新技术，启动时通过软启动器（一种晶闸管调压装置）使电压从某一较低值逐渐上升至额定值，启动后再用旁路接触器 KM（一种电磁开关）使电动机投入正常运行，如图 2-20 所示。图中 FU1 是普通熔断器，而 FU2 是快速熔断器，用于保护软启动器。

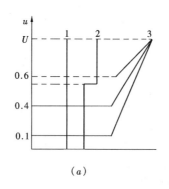

图 2-20　软启动电路

图 2-21 对直接启动、Y-△启动、软启动三种启动方法进行了比较。图 2-21（a）中软启动从额定电压的 10%至 60%开始沿斜坡逐渐上升至全压，斜坡曲线除起始点可调外，上升的时间也是可调（例如从 0.5～60s 之间）的，这样可以根据应用场合选择最合适的斜坡曲线。从图 2-21（b）中则可看出，在软启动启动过程中，电磁转矩的变化比较平稳，因而这种启动方式不仅降低了电网的负担，同时也减小了对机械设备的冲击，可延长机械设备的使用寿命。此外，软启动器一般还具有节能功能和保护功能，可将电动机电压调节至与实际负载相适应，使功率因数和效率得到改善；其内部的电子保护器能防止电动机因过载而发热。由于软启动器具有这些优点，所以它虽然出现的时间不长，却已在水泵、鼓风机、压缩机、传送带等设备中得到大量应用，并有取代其他降压启动的趋势。

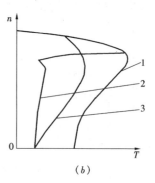

图 2-21　不同启动方式下电动机电压和转矩的比较
（a）电压图；（b）转矩图
1—直接启动；2—Y—△启动；3—软启动

国产的软启动器有 JKR 软启动型和 JQ、JQZ 等交流电动机固态节能启动器。进口的软启动器有瑞典 GE 公司生产的 ASTAT 系列；美国罗克伟尔公司生产的 STC 系列；西门子公司生产的 3RW22 型等。不同的软启动器接线也不同，但都比较简单。GE 公司生产的 AS-TAT 系列基本接线如图 2-22 所示。

（四）绕线式电动机的启动

三相绕线型异步电动机较直流电动机结构简单，维护方便，调速和启动性能比笼型异步电动机优越。有些生产机械虽不要求调速，但要求较大的启动力矩和较小的启动电流，笼型异步电动机不能满足这种启动性能的要求，在这种情况下可采用绕线型异步电动机启动，通过滑环在转子绕组中串接外加设备达到减小启动电流，增大启动转矩及调速的目

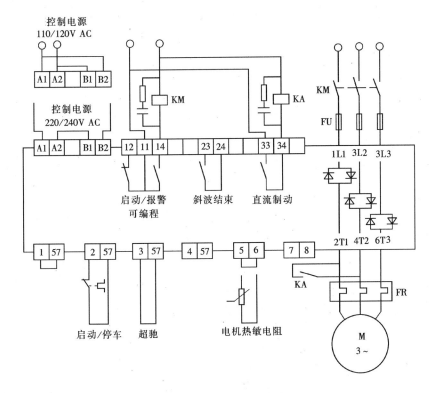

图 2-22　软启动器基本接线图

的。

1. 转子电路串接电阻启动

图 2-23 所示为转子电路串电阻启动控制线路，为了可靠控制电路采用直流操作。在启动、停止和调速采用主令控制器 SA 控制，触点闭合表见表 2-2。KC1、KC2、KC3 为过电流继电器，KT1、KT2 为断电延时型时间继电器。电路的工作过程如下：

（1）启动前的准备　合上自动开关 QF1、QF2，将主令控制器手柄置到"0"位，则触点 S0 接通。零位继电器 KA 得电，常开触点闭合自锁，此时时间继电器 KT1、KT2 已得电，常闭触点瞬时打开，控制线路做好启动准备。

触 点 闭 合 表　　　　　　　　　　　　　　　　　　表 2-2

触点＼档位	电 动 机 正 转			零 位
	Ⅲ	Ⅱ	Ⅰ	0
S0				×
S1	×	×	×	
S2	×	×		
S3	×			

（2）启动　将主令控制器 SA 推向"Ⅲ"档位，触点 S1、S2、S3 闭合，KM1 得电，主触点闭合，电动机在转子每相串两段电阻的情况下启动，同时 KM1 的常闭触点断开，KT1 失电。当 KT1 经过一段时间后，触点闭合，KM2 得电，一方面 KM2 的主触点闭合，切除

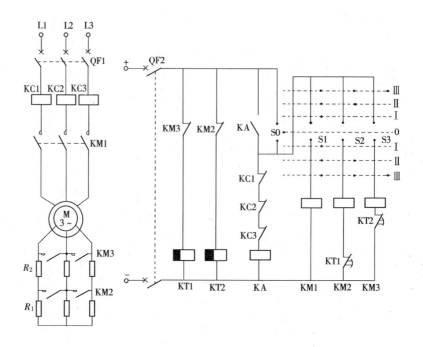

图 2-23 绕线式异步电动机转子串电阻启动控制电路

电阻 R_1，电动机得到加速，另一方面 KM2 的辅助常闭触点断开，KT2 线圈断电，当 KT2 经过一段时间后，触点闭合，KM3 线圈通电，主触点闭合，切除电阻 R_2，电动机进入全速运转。

本线路采用了时间继电器，可以在启动时将主令控制器 SA 直接推向"Ⅲ"档位。线路按设定时间自动分段切除转子电路的电阻，达到限制启动电流的目的。

（3）电动机调速控制 当要求调速时，可将主令控制器手柄推向"Ⅰ"或"Ⅱ"位。当主令控制器的手柄推向"Ⅰ"位时，主令控制器的触点只有 S1 接通，接触器 KM2、KM3 均不能得电，电阻 R_1、R_2 将接入转子电路中，电动机低速运行；当主令控制器的手柄推向"Ⅱ"位时，主令控制器的触点只有 S1、S2 接通，接触器 KM2 切除一段电阻，电动机中速运行，实现了调速控制。

（4）电动机停车控制 当要求电动机停车时，将主令控制器手柄拨回到"0"位，接触器 KM1、KM2、KM3 均断电，电动机断电停车。

（5）保护环节 线路中的零位继电器 KV 起失压保护的作用，电动机每次启动前必须将主令控制器的手柄扳回到"0"位，否则电动机无法启动。KC1、KC2、KC3 作过流保护，正常时继电器不动作，常闭触点闭合；若出现过流时，其动断触点断开，KA 线圈断电，使 KM1、KM2、KM3 线因断电，起到保护作用。

2. 转子电路串接频敏变阻器启动

绕线型异步电动机转子串电阻的启动方法，由于在启动过程中逐渐切除转子电阻，在切除的瞬间电流及转矩会突然增大，产生一定的机械冲击力。如果想减小电流的冲击，必须增加电阻的级数，这将使控制线路复杂，工作不可靠，而且启动电阻体积较大。

频敏变阻器的阻抗能够随着电动机转速的上升、转子电流频率的减小而自动减小，所以它是绕线型异步电动机较为理想的一种启动装置，常用于较大容量的绕线型异步电动机的启动控制。

（1）频敏变阻器简介。频敏变阻器实质上是一个铁芯损耗非常大的三相电抗器。它的铁芯是由几片或十几片较厚的钢板或铁组组成，并制成开启式，三个绕组按星形联结，将其串联在转子电路中，如图 2-24（a）所示。转子一相的等效电路如图 2-24（b）所示。图中 R_b 为绕线电阻，R 为频敏变阻器的铁损等值电阻，X 为电抗，R 与 X 并联。

当电动机启动时，频敏变阻器通过转子电路得到交变电动势，产生交变磁通，其电抗为 X，而频敏变阻器铁芯由较厚的钢板制成，在交变磁通作用下，产生很大的涡流损耗和较小的磁滞损耗（涡流损耗占总损耗的 80% 以上），此涡流损耗在电路中以一个等效电阻 R 表示。

由于电抗 X 和电阻 R 都是由交变磁通产生的，所以其大小都随转子电流频率变化而变化。在电动机启动过程中，转子电流频率 f_2 与电源频率 f_1 的关系为：$f_2 = S \cdot f_1$，其中 S 为转差率。当电动机转速为零时，转差率 $S = 1$，即 $f_2 = f_1$；当 S 随着转速上升而减小时，f_2 便下降。频敏变阻器的 X、R 与 f_2 的平方成正比的。由此可见，启动开始，频敏变阻器的等效阻抗很大，限制了电动机的启动电流，随着电动机转速的升高，转子电流频率降低，等效阻抗自动减小，从而达到了自动改变电动机转子阻抗的目的，实现了平滑无级启动。当电动机正常运行时，f_2 很低（为 f_1 的 5% ~ 10%），其阻抗很小。另外，在启动过程中，转子等效阻抗及转子回路感应电动势都是由大到小，所以实现了近似恒转矩的启动特性。

（2）转子绕组串频敏变阻器启动控制线路。图 2-25 所示为绕线型异步电动机转子串频敏变阻器启动控制线路。图中 RF 是频敏变阻器，KM1 为线路接触器，KM2 为短接切除频敏变阻器的接触器，KT 为控制启动时间的通电延时型时间继电器，KA 为中间继电器，由于是大电流系统，所以，热继电器 FR 接在电流互感器 TA 的二次侧。

线路的工作情况如下：

合上电源开关 QS，按下启动按钮 SB2，接触器 KM1 线圈得电自锁，电动机接通三相交

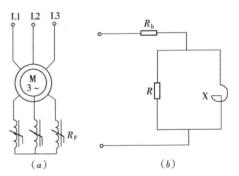

图 2-24　频敏变阻器等效电路
（a）接线图；（b）等效电路

流电源，电动机转子串频出变阻器启动；同时，时间继电器 KT 得电，常开触点延时闭合，中间继电器 KA 得电并自锁，KA 的常闭触点断开，热继电器 FR 投入电路作过载保护；KA 的两个常开辅助触点闭合，一个用于自锁，另一个接通 KM2 线圈电路，KM2 主触点闭合将频敏变阻器切除，电动机进入正常运转状态。

在启动过程中，为了避免启动时间过长而使热继电器误动作，用 KA 的常闭触点将热继电器 FR 的发热元件短接。

（3）频敏变阻器的调整。我国目前生产的频敏变阻器系列主要依据电动机功率、负载特性、启动运行方式等为设计、计算依据。例如 BPI-200、300 适用于偶而轻载或轻重载启动的电动机，BP1-500、BP2-700 用于重复短时工作制或重载启动电动机等。因此，当频

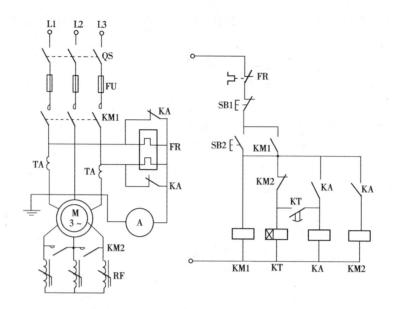

图 2-25　绕线式异步电动机转子串频敏变阻器启动控制电路

敏变阻器选用得当时，就可以得到恒转矩的启动特性。反之，则会出现特性过硬或过软而导致变阻器线圈过热、电动机长时间受大电流冲击以及启动困难等现象。

由于频敏变阻器是针对一般使用要求设计的，因使用场合不同、负载不同、电动机参数的差异，其启动特性往往不太理想。所以对购置的频敏变阻器就需要结合现场实际情况做必要的调整，使之充分发挥产品的作用，满足生产的需要。调整主要包括如下两点：

1）改变线圈匝数　频敏变阻器线圈大多留有几组抽头，增加或减少匝数将改变频敏变阻器的等效阻抗，可起到调整电动机启动电流和启动转矩的作用。如果启动电流过大，使启动太快，应增加匝数；反之应减少匝数。

2）磁路调整　刚启动时，启动转矩过大，对机械有冲击；启动完毕后，稳定转速低于额定转速较多，短接频敏变阻器时电流冲击大。遇到这些情况时，调整磁路，增加上轭板与铁芯间的气隙。

二、三相异步电动机制动控制线路

电动机断电后，如果不采取措施，由于惯性作用，停车时间较长。有时根据需要，我们经常要求电动机能迅速而准确地停车，这就要求对电动机进行强迫制动。制动停车的方式有机械制动和电气制动两种，机械制动是机械抱闸制动（包括电磁抱闸）；电气制动有反接制动、耗能制动等。制动的原理是产生一个与原来转动方向相反的制动力矩，使电动机迅速停车。无论哪种制动方式，在制动过程中，电流、转速、时间三个参量都在变化，因此可以取某一变化参量作为控制信号，在制动结束时及时取消制动力矩。

以电流为变化参量进行制动控制，由于受负载变化和电网电压波动影响较大，所以一般不被采用。如果取时间作为控制制动过程的变化参量，其控制线路简单，价格便宜，这是它的优点。但是，按时间原则控制的制动时间是整定值，只适合于负载不变或负载变化不大，制动时间可以准确设定的场合。而实际工作中负载随时变动，要求制动时间应该动态对应，否则必然出现要么制动时间不够，要么制动时间过长的现象。

如果取转速为变化参量，用速度继电器检测转速，能够正确地反应转速变化，不受外界因素的影响。

（一）机械制动

电动机在断电后，利用机械装置使电动机迅速停转的措施称为机械制动。在建筑电气设备的电动机中（如建筑工地的起重机、卷扬机等）使用较多的是电磁抱闸。

1. 电磁抱闸的基本组成

主要由制动电磁铁和闸瓦制动器组成。制动电磁铁用于接受制动信号，其组成与普通的电磁机构相同。闸瓦制动器由闸轮、闸瓦、杠杆和弹簧等组成，闸轮与电动机同轴联接，当制动电磁铁接受到制动信号，产生电磁吸力带动闸瓦制动器动作，使电动机迅速停转。

2. 机械制动控制电路分析

电磁抱闸的动作分为通电制动型和断电制动型两种。所谓通电制动就是当电磁抱闸断电时，闸瓦制动器处在松弛状态，闸轮可以自由转动，当电磁抱闸通电时，闸瓦抱紧闸轮，闸瓦制动器处在制动状态；而断电制动与通电制动正好相反，即通电时，制动器处于松弛状态，断电时，制动器处在制动状态。图 2-26、图 2-27 分别给出了断电制动与通电制动的控制电路。

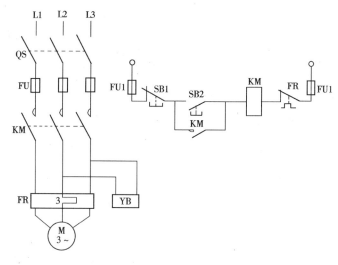

图 2-26　电磁抱闸断电制动控制电路

断电制动控制电路如图 2-26 所示。YB 为电磁抱闸的控制线圈。当接触器 KM 通电时，电动机与电磁抱闸同时接通电源，电磁抱闸松开，电动机转动。当接触器 KM 断电时，电动机与电磁抱闸同时断电，电磁抱闸在弹簧的作用下，闸轮被闸瓦紧紧抱住，电动机被迅速制动停转。这种控制方式在建筑工地的起重机、卷扬机等起重设备广泛使用。当重物被吊到空中时，按下 SB1，电动机断电，电磁抱闸立即动作，使电动机迅速制动停转，重物被准确定位。此外，断电制动方式不会在工作过程中因中途停电或电气故障的影响而造成事故。

通电制动控制电路如图 2-27 所示。该电路使用两个接触器控制，其中 KM1 控制电动机，KM2 控制电磁抱闸。当 KM1 通电，KM2 不通电时，电动机可以转动。当按下 SB1 时，

KM1 断电，电动机脱离电源，而 KM2 会通电，电磁抱闸通电动作，使电动机立即制动停转。松开 SB1 后，电磁抱闸又断电，制动结束。

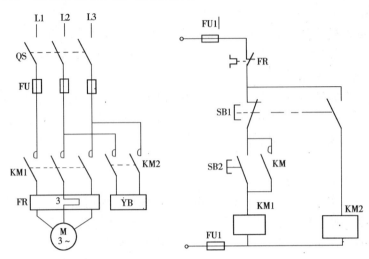

图 2-27　电磁抱闸通电制动控制电路

（二）能耗制动

电动机能耗制动就是把在运动过程中储存在转子中的机械能转变为电能，又消耗在转子电阻上的一种制动方法。将正在运转电动机切断交流电源，向定子绕组通入直流电流，产生静止的磁场，此时电动机转子因惯性而继续运转，切割磁感应线，产生感应电动势和转子电流，转子电流与静止磁场相互作用，产生制动力矩，使电动机迅速减速停车。

按时间原则控制的能耗制动线路，在转速未到零时若取消能耗制动，此时电动机转矩已很小，影响不大。当转速为零时，若仍未取消制动，电动机也不会反转。所以，以时间为变化参量进行控制，对能耗制动是合适的。

图 2-28 为按时间原则控制的笼型异步电动机能耗制动控制线路。线路的工作情况如下：

启动时，合上电源开关 QS，按下启动按钮 SB2，则接触器 KM1 动作并自锁，其主触点接通电动机主电路，电动机在全压下启动运行。

停车时，按下停止按钮 SB1，其常闭触点断开使 KM1 失电，切断电动机电源，SB1 的常开触点闭合，接触器 KM2、时间继电器 KT 得电，并经 KM2 的辅助触点和 KT 的瞬动触点自锁；同时、KM2 的主触点闭合，给电动机两相定子绕组送入直流电流，进行能耗制动。经过一定时间后，KT 常闭触点延时断开，KM2 失电，切断直流电源，并且 KT 失电，为下次制动做好准备。显然，时间继电器 KT 的整定值即为制动过程的时间。线路中 KM1 和 KM2 互锁，目的是防止交流电和直流电同时加入电动机定子绕组。

图 2-29 为按速度原则控制的正反转耗制动控制线路。图中 KM1、KM2 分别为正、反转接触器，KM3 为制动接触器，KS 为速度继电器，KS1、KS2 分别为正、反转时对应的常开触点。

线路的工作情况如下：启动时，合上电源开关 QS，根据需要按下正转按钮或反转按钮，相应的接触器 KM1 或 KM2 线圈通电并自锁，电动机正转或反转，此时速度继电器触

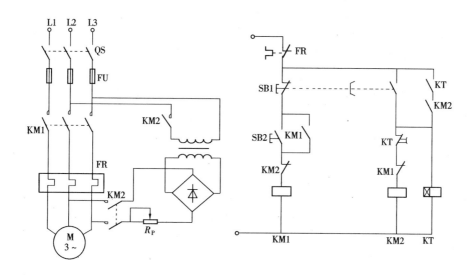

图 2-28　按时间原则控制的电动机能耗制动控制电路

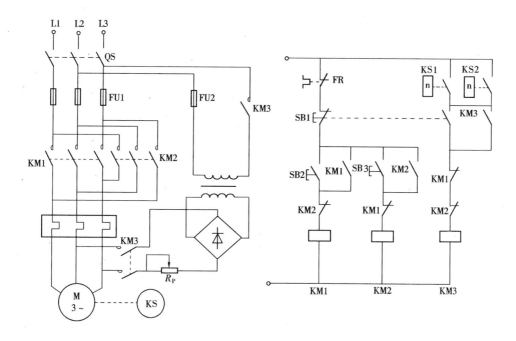

图 2-29　按速度原则控制的可逆能耗制动控制电路

点 KS1 或 KS2 闭合。

　　停车时，按下停车按钮 SB1，使 KM1 或 KM2 线圈断电，SB1 的常开触点闭合，接触器 KM3 线圈通电动作并自锁，电动机定子绕组接入直流电源进行能耗制动，转速迅速下降。当转速下降到 100r/min 时，速度继电器 KS 的常开触点 KS1 或 KS2 断开，KM3 线圈断电，能耗制动结束，以后电动机自由停车。

　　能耗制动的特点是制动电流较小，能量损耗小，制动准确，但它需要直流电源，制动速度较慢，所以它适用于要求平稳制动的场合。

（三）反接制动

三相笼型异步电动机反接制动是依靠改变定子绕组中的电源相序，使定子绕组旋转磁场反向，转子受到与旋转方向相反的制动力矩作用而迅速停车。因此它的控制要求是制动时使电源反相序，制动到接近零转速时，电动机电源自动切除。反接制动的优点是制动能力强，制动时间短，缺点是能量损耗大、制动时冲击力大、制动准确度差。反接制动常采用以转速为变化参量进行控制，用速度继电器检测转速信号，适用于生产机械的迅速停车或迅速反向。

在反接制动时，电动机定子绕组流过的电流相当于全电压直接启动时电流的两倍，为了限制制动电流对电动机转轴的机械冲击力，往往在制动过程中在定子电路中串入电阻。

1. 单向反接制动控制线路

图 2-30 为三相笼型异步电动机单向运转、反接制动的控制线路。图中 KM1 为电动机启动运转接触器，KM2 为反接制动接触器，KS 为速度继电器，R 为反接制动电阻。

线路的工作过程如下：合上电源开关 QS，按下启动按钮 SB2，接触器 KM1 得电并自锁，电动机在全压下启动运行，当转速升到某一值（通常为大于 120r/min）以后，速度继电器 KS 的常开触点闭合，为制动接触器 KM2 的通电做好准备。

停车时，按下停车按钮 SB1，KM1 断电释放，KM2 线圈通电动作并自锁，KM2 的常开主触点闭合，改变了电动机定子绕组中电源的相序，电动机在定子绕组串入电阻 R 的情况下反接制动，电动机转速迅速下降，当转速低于 100r/min 时，速度继电器 KS 复位，KM2 线圈断电释放，制动过程结束。

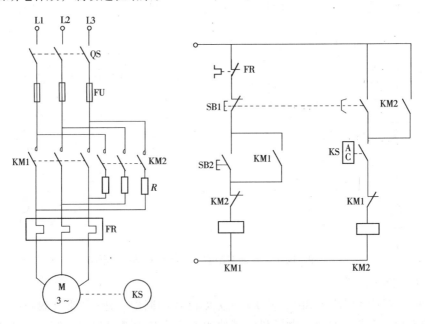

图 2-30　按速度原则控制的单向运行反接制动控制电路

2. 电动机双向运转、反接制动控制线路

图 2-31 为笼型异步电动机降压启动可逆运行反接制动控制线路。图中 KM1、KM2 为正、反转接触器，KM3 为短接电阻用接触器，KA1-KA4 为中间继电器，电阻 R 既能限制

反接制动电流，也能限制启动电流。

线路的工作过程如下：

（1）正向启动控制过程按下启动按钮 SB2，中间继电器 KA3 线圈通电动作并自锁，KA3 的常开触点闭合使接触器 KM1 得电，KM1 的主触点闭合，电动机在定子绕组串电阻的情况下降压启动。当转速上升到一定值时，速度继电器 KS 动作，常开触点 KS1 闭合，中间继电器 KA1 得电并自锁，KA1 的常开触点闭合，KM3 得电，主触点闭合，切除电阻 R，电动机在全压下正转运行。

（2）停车控制过程按停车按钮 SB1，KA3 及 KM1 线圈相继断电，触点复位，电动机正向电源被断开，由于电动机转速还较高，速度继电器的常开触点 KS1 仍闭合，中间继电器 KA1 线圈保持着通电状态。KM1 断电后，常闭触点复位使反转接触器 KM2 的线圈通电，接通电动机反向电源，进行反接制动。同时，由于中间继电器 KA3 线圈断电，接触器 KM3 断电，电阻 R 串入主电路，限制了反接制动电流。电动机转速迅速下降，当转速下降到小于 100r/min 时，KS 的常开触点 KS1 断开复位，KA1 失电，KM2 失电，反接制动结束。

（3）反向启动的制动过程按反向启动按钮 SB3，其启动和制动停车过程与正转时相似，这里不再详细分析。

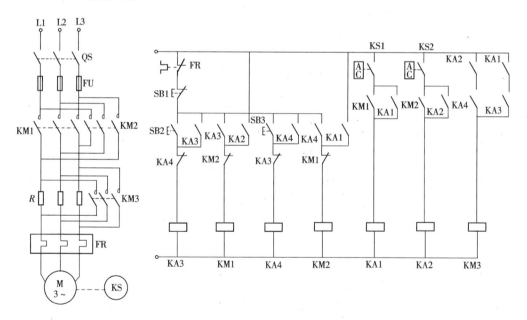

图 2-31　电动机的可逆运行反接制动控制电路

本 章 小 结

本章首先介绍电气图纸的类型、国家标准及电气原理图的绘制原则，然后介绍组成电气控制线路的基本规律以及交直流电动机启动、运行、制动、调速和生产机械的行程控制线路，介绍电器联锁、保护环节以及电气控制线路的操作方法。本章内容是电气控制线路设计和分析的基础。

本章介绍了常用的低压电器及继电器接触器控制线路的基本环节。

（1）电气控制系统图主要有电气原理图、电气元件布置图、电气安装接线图等，为了正确绘制和阅读分析这些图纸，必须掌握各类图纸的规定画法及国家标准。

（2）电动机在启动控制中，应注意避免过大的启动电流对电网及传动机械的冲击作用，小容量电动机（通常在 10kW 以内）允许采用全电压直接启动控制方式，大容量或启动负载大的场合应采用减压启动（星形——三角形连接、自耦变压器减压启动等方式）。启动过程中的状态换接通常采用时间继电器控制。

（3）电动机运行中的点动、连续运转、正反转、自动循环以及变极变速控制等单元线路，通常是采用各种主令电器、各种控制电器及控制触点按一定逻辑关系的不同组合来实现的。

（4）常用的制动方式有能耗制动和反接制动，制动控制线路设计应考虑限制制动电流和避免反向再启动。前者是通入直流电流产生制动转矩，采用时间继电器进行控制的，后者是在主电路中串入限流电阻采用速度继电器进行控制的。

思 考 题 与 习 题

1.控制电路图共有几种？它们之间有什么区别？结合实际说明每种电路图的用途？

2.电气原理图的绘制有哪些原则？

3.电动机共有哪些基本的控制环节？

4.分析下列控制电路的工作情况：

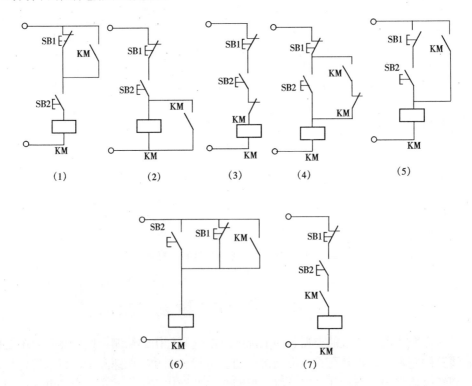

第三章　常用生产及施工设备控制线路

第一节　简单施工生产设备控制线路

一、识读电气控制图的基本方法

（1）熟悉设备的结构、工作特点，了解生产工艺对设备的动作要求和顺序要求，掌握操作规定、安全规定等；

（2）首先阅读主电路电气图，了解电动机数量和型号，各电动机的作用，电动机的运行特点、启动方法、制动方式、有无正反转、采用哪些保护措施等；

（3）对应电动机分步阅读控制线路，分清哪些动作是由电气控制或电器机械联动控制。明确每个电器元件的安装位置，特别是行程开关和限位开关的位置和动作方式必须十分清楚；

（4）弄清电气图中每一个元件的作用，对于时间继电器要清楚延时动作的方式和目的；

（5）对于比较复杂的控制线路，可化繁为简，根据设备动作的过程，步骤将线路分解阅读；

（6）从始到终（从启动—运行）读熟之后，再从终到始对每个元件动作过程复验；

（7）对每一种保护功能逐一验证。

二、几种简单生产施工设备控制线路

1. 混凝土震捣器控制线路

混凝土震捣器震动原理有两种，一种是机械方式，震动棒电动机接 50Hz 交流电转动后带动机械震动装置产生约 10000Hz 的振动频率；第二种是由频率为 200Hz 的变频机组供电，其线路见图 3-1。

图（a）工作原理为合上开关 QS1，电动机 M 启动带动发电机 G 产生 200Hz 交流电，合上 QS2 按下 SA1，震捣器开始工作。在图（b）线路中，开关 Q 类似拉线开关，由电磁铁 T 控制，按一下震捣器手把上的按钮 SB，电磁铁动作使 Q 闭合 KM1 得电，电动机 M 启动带动发电机 G 产生 200Hz 交流电，KM1 常开触点闭合使时间继电器 KT 得电，经过一段时间，发电机完成启动，常开触点闭合 KM2 得电，主触点闭合，震捣器开始工作。停车时再按一下 SB，电磁铁动作，Q 断开 KM1、KT、KM2 相继失电，震捣器停止工作。

2. 卷扬机控制线路

在小型建筑工地和底楼层建筑施工中，经常使用卷扬机解决垂直运输需要，控制线路见图 3-2，是典型的正反转控制线路，按下 SB2 上升，按下 SB1 下降，YB 为断电抱闸（通电松闸）式电磁制动器，SQ 是防雨型上升限位开关，安装在铁架顶端，防止提升过位造成拉垮铁架吊或笼坠落的严重事故发生。

3. 电动葫芦控制线路

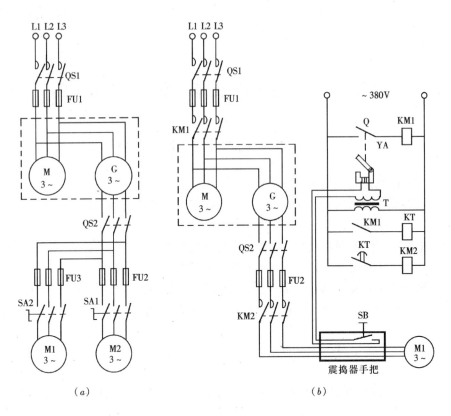

图 3-1　混凝土震捣器控制线路
（a）手动；（b）自动

电动葫芦是一种使用广泛，结构简单、但起重量不大的起重机械。控制线路见图 3-3，由图可见，这是一种典型的点动线路，电源经熔断器、开关再由软电缆送到控制线路，M1 是提升电动机，由接触器 KM1、KM2 控制升降，YB 为断电抱闸（通电松闸）式电磁制动器，与提升电动机同步动作，SQ1 是提升限位开关，KM3、KM4 控制电动葫芦前后行走，SQ2、SQ3 是安装在轨道两端的限位开关。

4. 混凝土搅拌机控制线路

混凝土搅拌机是建筑工地使用最多的施工机械，典型线路见图 3-4。

混凝土搅拌机主电路有两台电动机，电动机 M1 负责搅拌混凝土，按下 SB1，电动机正转搅拌，按下 SB2 电动机反转出料；M2 是料斗电动机，按下 SB3 电动机正转料斗上升，按下 SB4 料斗下降为下一次送料准备。YB 为断电抱闸（通电松闸）式电磁制动器，与料斗电动机同步动作，防止突然停电料斗重荷下落，QS1、QS2 是料斗升、降限位开关，QS3 是极限开关，当因意外料斗上升到规定位置而电动机 M2 未停车（如 QS1 失效，接触器 KM4 不能复位等），利用 QS3 断开，KM5 失电，主触点断开使 M2 停车。YA 为进水电磁阀，由 SB7 点动控制。

5. 混凝土送料和称量控制线路

混凝土根据强度等级要求必须按一定配比的水泥、骨料、沙进行搅拌，水泥每袋是 50kg，因此只需对沙和骨料称重。

混凝土上料和称量控制线路如图 3-5 所示，M1 是沙料传送带电动机，按下 KM1 和电动机正转将沙斗向上送至备料仓，YA1 是沙料称量斗的门控电磁铁，由安装在磅秤秤杆上的限位开关 SQ1 控制，空载时秤杆下落 SQ1 常开触点闭合，中间继电器 KA1 得电，接触器 KM3 得电并自锁，电磁铁 YA1 通电动作使料斗门关闭，当装料达到重量要求后秤杆抬起使 SQ1 常闭触点复位，指示灯亮，按下卸料按钮 SB5，接触器 KM3 失电，电磁铁 YA1 断电料斗门打开，沙料进入搅拌机，秤杆落下，SQ1 常开触点闭合，料斗门关闭，准备下一次称量。同理，骨料控制过程与此完全一样。

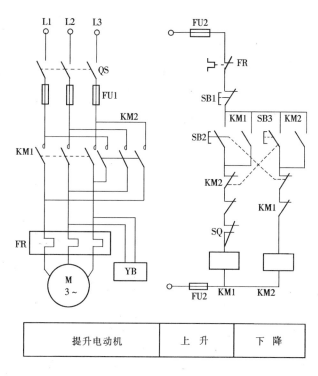

图 3-2　卷扬机控制线路

混凝土上料和称量控制线路常应用在现场搅拌站，根据环保要求大量使用散装水泥，因此还需增加水泥输送称量系统，为了防止扬尘，水泥采用真空管道泵送，线路要求也较复杂。目前工地上使用的搅拌

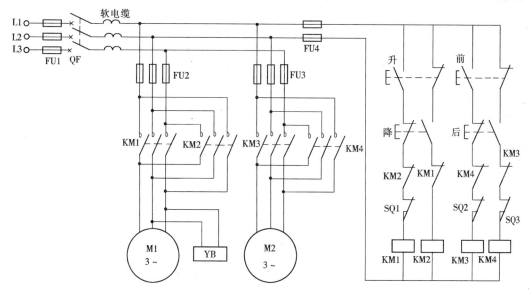

电源保护	电源开关	提升电动机		移动电动机		升降控制		移动控制	
		上升	下降	向前	向后	提升	下降	向前	向后

图 3-3　电动葫芦控制线路

79

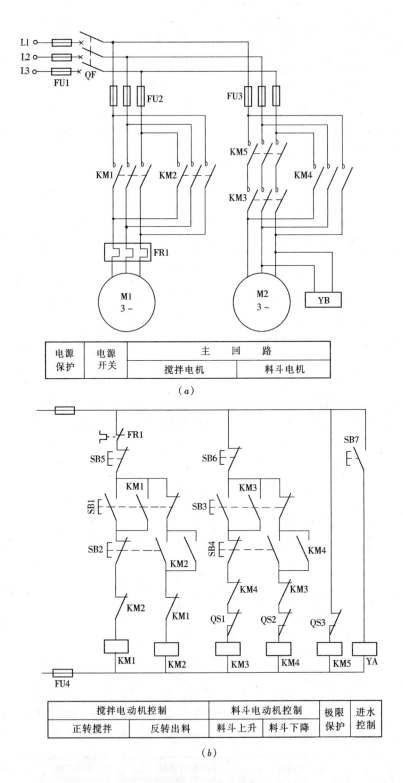

电源保护	电源开关	主 回 路	
		搅拌电机	料斗电机

（a）

搅拌电动机控制		料斗电动机控制		极限保护	进水控制
正转搅拌	反转出料	料斗上升	料斗下降		

（b）

图 3-4　混凝土搅拌机控制线路

（a）主电路；（b）控制线路

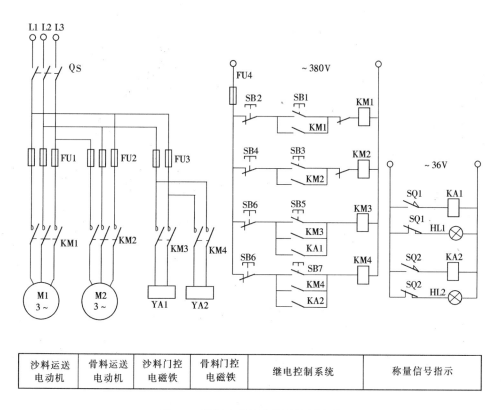

沙料运送 电动机	骨料运送 电动机	沙料门控 电磁铁	骨料门控 电磁铁	继电控制系统	称量信号指示

图 3-5 混凝土送料和称量控制线路

成套装置基本已采用了计算机集中控制。

第二节 施工垂直运输设备控制线路

一、塔式起重机电气控制线路

塔式起重机简称塔机，具有回转半径大、提升高度高、操作简单、装卸容易等优点，是建筑工地普遍使用的一种起重机械。

塔机外型示意图见图 3-6，由金属结构部分、机械传动部分、电气系统和安全保护装置组成。电气系统由电动机、控制系统、照明系统组成。通过操作控制开关完成重物升降、塔臂回转和小车行走操作。

塔机又分为轨道行走式、固定式、内爬式、附着式、平臂式、动臂式等，目前建筑施工和安装工程中使用较多的是上回转自升固定平臂式。下面以 QTZ80 型塔式起重机为例，对电气控制原理进行分析。

（一）主回路部分

QTZ80 型塔式起重机电气主线路见图 3-7，M1 是塔机自升系统液压顶升电动机，M3 是 YZR225-4/8 滑环变级（$P = 2、4$）涡流制动电动机，用于起升重物，M2、M4 为涡流制动电动机，M5、M6 分别为塔臂回转电动机和小车行走电动机，型号为 YD132-4/8/16，YB 为直流制动器。电源总开关 QF1 为 DZ20-100 型低压断路器，可对主回路进行短路及过载保护。QF2、QF3、QF4、QF5 分别为液压顶升电动机、起升电动机、旋转电动机、小车

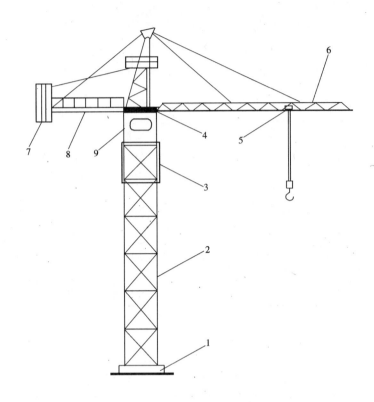

图 3-6　塔式起重机外型示意图

1—机座；2—塔身；3—顶升机构；4—回转机构；5—行走小车；

6—塔臂；7—配重；8—平衡臂；9—驾驶室

电动机主回路低压断路器，可分别对该回路进行短路及过载保护。FA 为限流保护器，当起升电动机电流超过额定值时动作，切断起升控制回路电源。

（二）控制线路总启动部分

QTZ80 型塔式起重机电气控制线路见图 3-8。

总启动回路由总启动按钮 1SB1、总停车按钮 1SB2、紧急停车按钮 1SB3、起升、回转、小车控制开关 SA1、SA2 、SA3 的零位触点，电源接触器 1KM1，力矩保护控制开关 1SQ1，力矩保护接触器 1KM2 组成。

当控制开关 SA1、SA2 、SA3 手柄处于零位，零位触点闭合，合上控制线路总开关 QS1，按下总启动按钮 1SB1，接触器 1KM1 得电吸合并自锁，主回路和控制回路电源分别接通，塔机处于工作状态，可进行起升、回转、小车变幅行走操作。

电网断电时，1KM1 失电，主回路和控制回路电源被切断。当恢复供电后，必须先将各控制开关返回零位，再按下总启动按钮 1SB1 方可重新启动，实现了零电压保护。

如果力矩保护开关 1SQ1 处于正常闭合状态，总启动按钮 1SB1 按下后力矩保护接触器 1KM2 吸合并自锁，小车行走（向前）和起升（上升）控制线路接通。当力矩超限时，1SQ1 断开，1KM2 失电，这时增大力矩（小车向前或起吊向上）操作被停止，只能进行减小力矩（小车向后或起吊向下）操作，直至力矩减小到额定值范围内，1SQ1 复位，可恢复小车向前或起吊向上操作，实现了力矩超限保护。

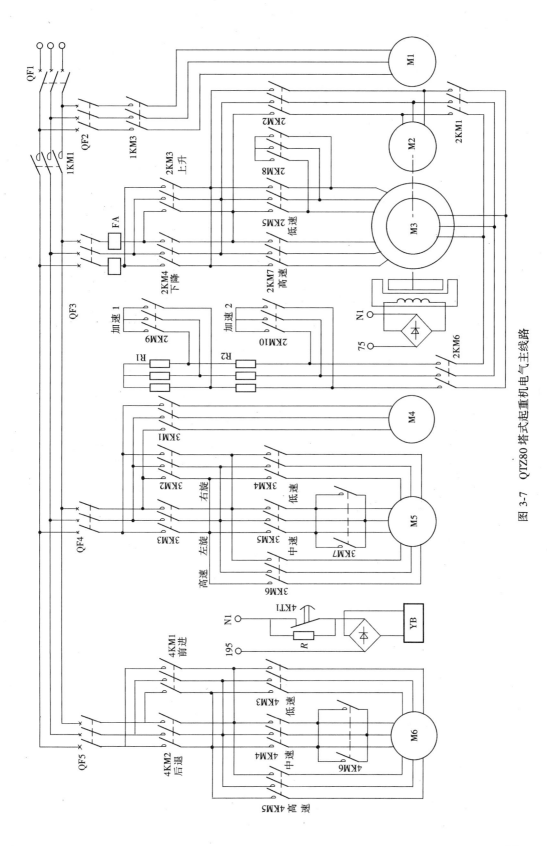

图 3-7 QTZ80 塔式起重机电气主线路

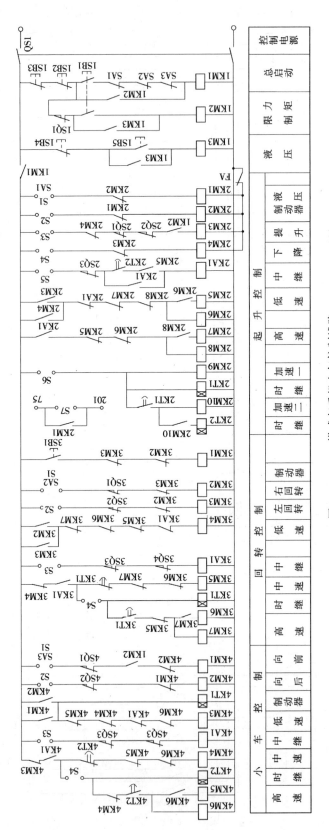

图 3-8 QTZ80 塔式起重机电气控制线路

1SB5、1SB4 分别为顶升控制启停按钮，按下 1SB5 电动机 M1 运转。

（三）小车行走控制

小车行走控制线路见图 3-9，操作小车控制开关 SA3，可控制小车以高、中、低三种速度向前、向后行进。

小车控制开关 SA3 触点闭合表见表 3-1。

小车控制开关 SA3 触点闭合表 表 3-1

触点编号	向 后			停 车	向 前		
	Ⅲ	Ⅱ	Ⅰ		Ⅰ	Ⅱ	Ⅲ
S0				×			
S1					×	×	×
S2	×	×	×				
S3	×	×				×	×
S4	×						×

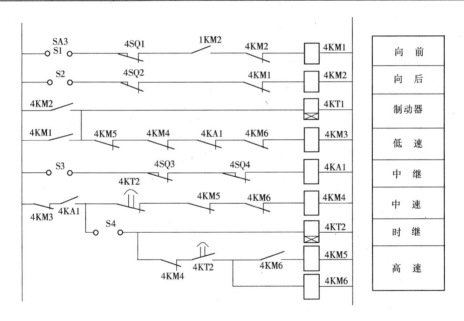

图 3-9 小车行走控制线路

控制原理如下：

（1）小车向前行走：当控制开关 SA3 拨至向前Ⅰ档，S1 闭合，若力矩未超限 1KM2 闭合，4KM1 得电，互锁向后支路，低速支路 4KM1 闭合，4KM3 得电，主电路 4KM1、4KM3 闭合，电动机按△16 级接法低速运转。

当对小车进行控制时，直流电磁制动器 YB 通过 195 号线从线间变压器加有 48V 交流电，制动器松闸，当 4KM1 吸合后时间继电器 4KT1 得电，常闭触头延时断开，电阻 R 串入分压，直流电磁制动器保持工作电压 20V。

当控制开关 SA3 拨至向前Ⅱ档，S1、S3 闭合，中间继电器 4KA1 得电，中速支路 4KA1 闭合，接触器 4KM4 得电，互锁高、底速支路，主电路 4KM3 触头断开，4KM4 触头闭合，4KM1 继续闭合，电动机按 Y8 级接法中速运转。

当控制开关 SA3 拨至向前Ⅲ档，S1、S3、S4 闭合，中间继电器 4KA1 继续得电，时间继电器 4KT2 得电，延时后切断中速支路并接通高速支路，4KM6、4KM5 相继得电，主回路 4KM4 触头断开，4KM6、4KM5 触头相继闭合，电动机按 2△4 级接法高速运转。

当小车需要向后行走时，控制开关手柄先回零位，线路恢复原态，再将控制开关拨至向后支路相应档位，其控制原理与向前行走一样。

（2）线路保护，终点极限保护：当小车前进（后退）到终点时，终点极限开关 4SQ1（4SQ2）断开，控制线路中前进（后退）支路被切断，小车停止行进。

临近终点减速保护：当小车行走临近终点时，限位开关 4SQ3、4SQ4 断开，中间继电器 4KA1 失电，中速支路、高速支路同时被切断，低速支路接通，电动机低速运转。

力矩超限保护：力矩超限保护接触器 1KM2 常开触头接入向前支路，当力矩超限时，1KM2 失电，向前支路被切断，小车只能向后行进。

（四）塔臂回转控制

塔臂回转控制线路见图 3-10，操作回转控制开关 SA2，可控制塔臂以高、中、低三种速度向左、向右旋转。回转控制开关 SA2 触点闭合表见表 3-2。

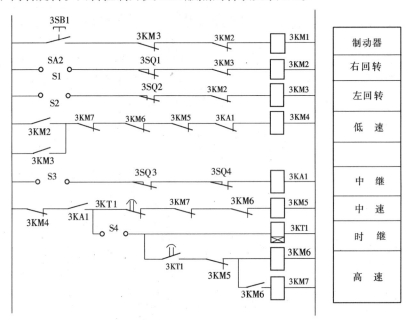

图 3-10 塔臂回转控制线路

控制原理如下：

（1）右（左）回转控制　操作回转控制开关 SA2 于右回转Ⅰ档，S1 闭合，接触器 3KM2 得电，互锁左回转支路，低速支路接触器 3KM4 得电。主电路 3KM2、3KM4 触头闭合，电动机正转塔臂右旋。

操作回转控制开关 SA2 于左回转Ⅰ档，S2 闭合，接触器 3KM3 得电，低速线路接触器 3KM4 得电，互锁右回转线路。主电路 3KM3、3KM4 触头闭合，电动机反转塔臂左旋。

当回转控制开关 SA2 置于Ⅱ档或Ⅲ档时，回转电动机工作于中速或高速，控制原理与小车电动机调速一样。

回转控制开关 SA2 触点闭合表   表 3-2

触点编号	左 回 转			停 车	右 回 转		
	Ⅲ	Ⅱ	Ⅰ		Ⅰ	Ⅱ	Ⅲ
S0				×			
S1					×	×	×
S2	×	×	×				
S3	×	×				×	×
S4	×						×

（2）制动器控制　M4 是定位制动器，由接触器 3KM1 控制，当塔臂旋转到恰当位置时，控制开关 SA2 回到停车档，3KM2、3KM3 恢复常闭，按下控制按钮 3SB1，接触器 3KM1 得电，制动器 M4 动作。在线路中串入 3KM2、3KM3 常闭触头是为了保证只有在回转电动机停止工作时制动器才能动作。

（3）线路保护　1）回转角度限位保护：当向右（左）旋转到极限角度时，限位器 3SQ1（3SQ2）动作，3KM2（3KM3）失电，回转电动机停转，只能做反向旋转操作；

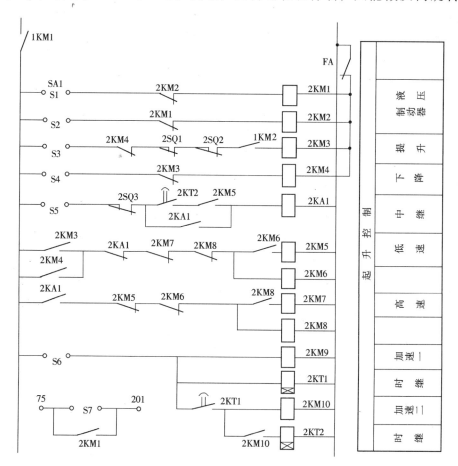

图 3-11　起升控制线路

87

2）回转角度临界减速保护：当向右（左）旋转接近极限角度时，减速限位开关 3SQ3
（3SQ4）动作断开，3KA1、3KM5、3KM6、3KM7 失电，3KM4 得电，回转电动机低速运行。

（五）起升控制

操作起升控制开关 SA1 分别置于不同档位，可用低、中、高三种速度起吊。

起升控制开关 SA1 触点闭合见表 3-3。

起升控制开关 SA1 触点闭合表　　　　　　　　　　　　表 3-3

编号	下　　　降					停　车	上　　　升				
	V	Ⅳ	Ⅲ	Ⅱ	Ⅰ		Ⅰ	Ⅱ	Ⅲ	Ⅳ	V
S0						×					
S1				×			×				
S2	×	×	×					×	×	×	×
S3							×	×	×	×	×
S4	×	×	×	×	×						
S5	×										×
S6	×	×								×	×
S7				×			×				

起升控制线路如图 3-11 所示，为了便于分析电气控制过程，现将提升状态五个档位

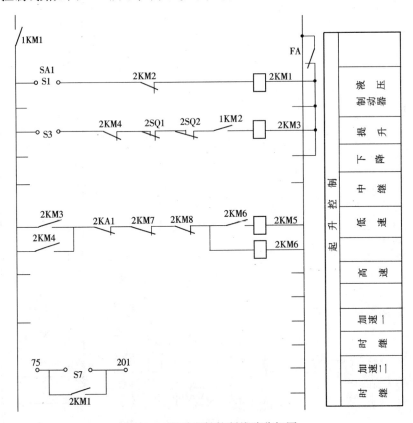

图 3-12　起升Ⅰ档控制线路分解图

对应控制线路分解叙述,见图 3-12 ~ 图 3-15。

(1) 控制开关拨至上升第Ⅰ档,S1、S3 闭合,控制线路分解为图 3-12。接触器 2KM1 得电、力矩限制接触器 1KM2 触头处于闭合状态,2KM3 得电使低速支路长开触头闭合,2KM6、2KM5 相继得电,对应主线路 2KM6 闭合,转子电阻全部接入,2KM1 闭合,转子电压加在液压制动器电机 M2 上使之处于半制动状态,2KM5 闭合,滑环电动机 M3 定子绕组 8 级接法,2KM3 闭合,电动机得电低速正转(上升)。通过线间变压器 201 抽头 110 伏交流电经 2KM1 触头再经 75 号线接入桥堆,涡流制动器启动。

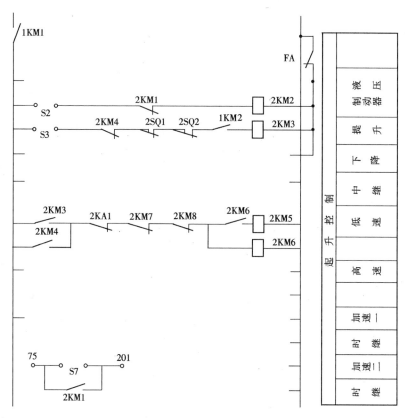

图 3-13　起升Ⅱ、Ⅲ控制线路分解图

(2) 当控制开关拨至第Ⅱ档,S2、S3、S7 闭合,S1 断开使 2KM1 失电,制动器支路 2KM1 常闭触头复位。S2 闭合使 2KM2 得电,S3 闭合使 2KM3 继续得电,控制线路分解为图 3-13。主电路 2KM1 断开 2KM2 闭合使三相交流电直接加在液压制动器电机 M2 上,制动器完全松开。S7 闭合使涡流制动器继续保持制动状态,2KM5、2KM6 依然闭合,电动机仍为 8 级接法低速正转(上升)。

(3) 当控制开关拨至第Ⅲ档,S2、S3 闭合,除 S7 断开使涡流制动器断电松开而外,电路状态与Ⅱ档一样。

(4) 当控制开关拨至第Ⅳ档,S2、S3、S6 闭合,S6 闭合使 2KM9 得电,时间继电器 2KT1 得电,触头延时闭合使 2KM10 得电继而使时间继电器 2KT2 得电。主电路电动机转子因 2KM9 和 2KM10 相继闭合使电阻 R_1、R_2 先后被短接,使电动机得到两次加速。

中间继电器控制支路触头 2KT2 延时闭合，为下一步改变电动机定子绕组接法高速运转做好准备。见图 3-14。

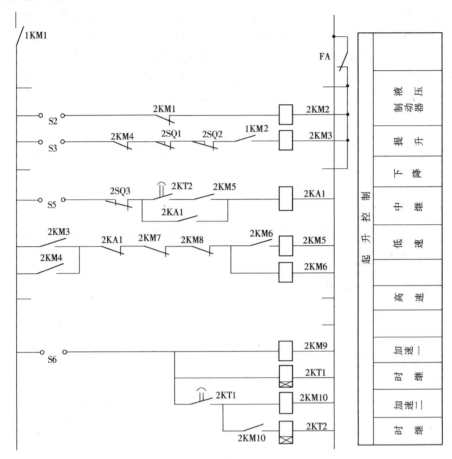

图 3-14 起升Ⅳ档控制线路分解图

（5）当控制开关拨至第Ⅴ档，S2、S3、S5、S6 闭合，S5 闭合使中间继电器 2KA1 得电自锁（触头 2KM5 在Ⅰ档时完成闭合），其常闭触头动作切断低速支路，2KM5 失电，常闭触头复位接通高速支路，接触器 2KM8、2KM7 相继得电，见图 3-15。

主回路转子电阻继续被短接，触头 2KM5 断开、2KM8 闭合，电动机定子绕组接为 4 级，触头 2KM7 闭合，电动机高速运转。

（6）线路保护，提升控制线路中设有力矩超限保护 2SQ1、提升高度限位保护 2SQ2、高速限重保护 2SQ3，保护原理如下：

力矩超限保护：力矩超限时 2SQ1 动作，切断提升线路，2KM3 失电，提升动作停止。

同时总电源控制线路中单独设置的力矩保护接触器常开触头 1KM2 再次提供了力矩保护。

高度限位保护：当提升高度超限，高度限位保护开关 2SQ2 动作，提升线路切断，2KM3 失电，提升动作停止。

高速限重保护：当控制开关在第Ⅴ档，定子绕组 4 级接法，转子电阻短接，电动机高速运转，若起重量超过 1.5 吨时，超重开关 2SQ3 动作，2KA1 失电，2KM7、2KM8 相继失

90

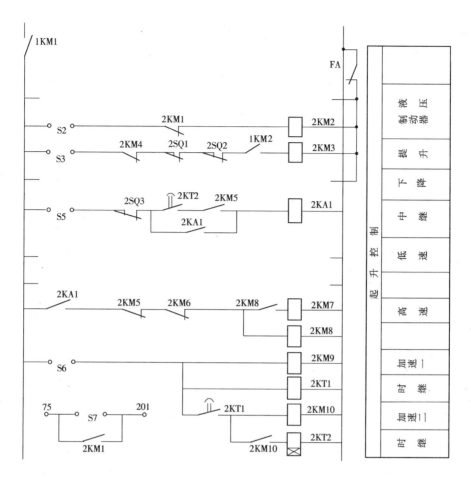

图 3-15　起升 V 档控制线路分解图

电，2KM6、2KM5 相继得电，电动机定子绕组由 4 级接法变为 8 级接法，转子电阻 R_1、R_2 接入，电动机低速运转。

提升控制线路中接有瞬间动作限流保护器 FA 常闭触头，当电动机定子电流超过额定电流时 FA 动作，切断提升控制线路中相关控制器件电源，电动机停止运转。

如遇突然停电，液压制动器 M2 失电对提升电动机制动，避免启吊物体荷重下降。

二、附墙式升降机控制线路

随着高层建筑增多，附墙式升降机被大量使用，成为了高层建筑施工中必不可少的垂直运输机械，典型控制线路见图 3-16。采用绕线式电动机驱动，主令开关 SA 触点闭合见表 3-4，表中"×"表示触点闭合。

工作原理如下：涡流制动器 WE 利用转子反馈电流进行调速。利用两个交流电流继电器 KC1 和 KC2 交替动作，切换电动机转子回路的电阻实现电动机调速。KC1 和 KC2 的电流线圈接入主回路中电流互感器 TA 的二次侧，电压线圈和加速接触器辅助触点串接在控制回路中，电流继电器的电压线圈无电压时触点断开，当电压线圈有电压但电流线圈电流大于整定值时，触点也断开，只有当电压线圈有电压且电流线圈电流小于整定值或为零时，触点才闭合。

主令开关 SA 触点闭合表　　　　表 3-4

手柄 / 触点	下降 IV	V	VI	III	II	I	零位 0	上升 I	II	III	VI	V	IV
1							×						
2								×	×	×	×	×	×
3	×	×	×	×	×								
4	×	×	×	×	×	×		×					
5	×	×	×							×	×	×	×
6				×	×	×		×	×				
7	×	×										×	×
8	×											×	×

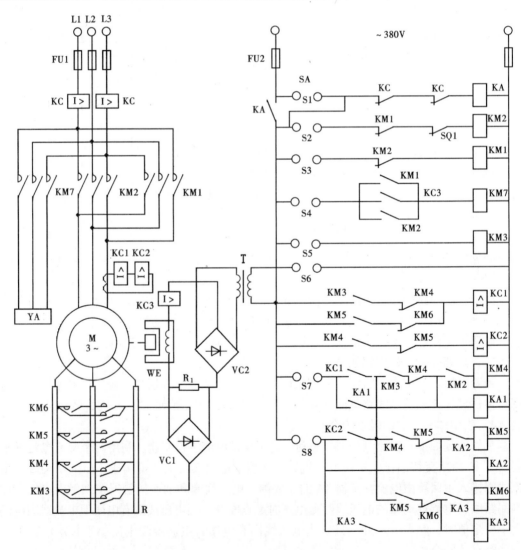

图 3-16　附墙式升降机控制线路

控制过程如下：

（1）主令开关 SA 置于零位，零压继电器 KA 得电，控制回路电源接通。

（2）Ⅰ档或档Ⅱ，接触器 KM2 得电，在整个启动电阻 R 接入情况下启动，同时由于 KM2 常开辅助触点和 SA 的触点 4、6 闭合，接触器 KM7 得电，常开触点闭合，电磁制动器 YA 接通，同时涡流制动器 WE 接通产生制动力矩。

（3）主令开关 SA 置于上升Ⅲ、Ⅵ、Ⅴ、Ⅳ档时，触点 6 断开涡流制动器 WE 电源，涡流制动器不产生制动力矩，触点 8 闭合，接触器 KM3 得电，触点闭合将启动电阻第一级切除，电流继电器 KC1 的电压线圈励磁，由于电流线圈有很大的启动电流，故 KC1 的触点断开，接触器 KM4 不吸合。

（4）随着电动机加速，启动电流逐步减小，当通过继电器 KC1 电流线圈的电流降低到整定值以下时，电流线圈的吸引力小于弹簧反力，衔铁释放，继电器 KC1 的触点闭合。

（5）继电器 KC1 触点及 SA 触点 7 闭合后，接触器得电吸合，常开触点闭合，启动电阻 R 第二级被切除，电动机再次有大电流通过，进一步加速，而接触器 KM4 的常闭触点断开，继电器 KC1 失电释放，触点断开。由于接触器 KM4 通过中间继电器 KA1 触点而吸合，启动电阻继续被切除。

（6）由于 KM4 的常开辅助触点的闭合，而使继电器 KC2 电压线圈接通，其动作过程与继电器 KC1 相同，随着电动机启动电流的减少，KC2 常闭触点闭合，接触器 KM5 得电吸合，第三级电阻被切除。

（7）因继电器 KC1 电压线圈得电而恢复到起始状态，故第四级电阻由 KC1 使接触器 KM6 得电吸合而被切除。

由两个电流继电器交替动作，使启动电阻依次短接而完成启动过程。

下降过程与上升过程相似，只是下降的第一档先经过涡流制动器再接通电磁制动器，以实现低速下降。

本 章 小 结

本章介绍了几种建筑施工设备控制线路，这些线路都是基本控制线路的组合，其中有些具有一定的难度，阅读时应本着先机后电，先主线路后控制线路的原则，弄清每一个控制元件的作用、动作特点、动作顺序，然后按分解阅读法阅读，对于复杂控制线路，反复阅读是惟一有效的学习方法。

思 考 题 与 习 题

1. 根据图 3-8 分析塔式启重机下降控制过程。
2. 根据图 3-16 分析附墙式升降机下降控制过程。

第四章　楼宇常用设备电气控制线路

现代智能建筑楼宇的迅速发展，楼宇设备的电气控制从单一控制向系统集成控制过渡，涉及的领域起来越广泛，要求建筑楼宇电气从业者具有丰富的电气控制的读图、设计、原理分析能力，为楼宇设备的安装、调试、运行和维护打下基础。

本章的任务是：进一步加强对各种复杂的楼宇设备的电气控制线路的识读，在对电路充分理解的基础上，掌握电气控制与机械的配合，了解设备运行的全过程。

第一节　电梯控制线路

电梯是运送乘客和货物的固定式提升设备。它具有运送速度快、安全可靠、操作简便的优点。电梯的电气控制系统决定着电梯的性能、自动程度和运行可靠性。

本节主要内容是介绍电梯的基本结构，电气控制要求和电气控制线路的原理分析。

一、电梯的基本结构与工作原理

电梯主要由机房、曳引机、轿厢、对重以及安全保护设备等组成，如图4-1所示。电梯的轿厢在建筑物的电梯井道中上、下运行。井道上方设有机房。机房内有曳引机和电梯电气控制柜。

曳引机由交流电动机或直流电动机拖动，通过曳引钢丝绳和曳引轮之间的摩擦力（曳引力），驱动轿厢和对重装置上、下运行。为了提高电梯的安全可靠性和平层准确度，曳引机上装有电磁式制动器。

轿厢用来运送乘客或货物。对重是对轿厢起平衡作用的装置。轿门设在轿厢靠近厅门的一侧，厅门与轿门一样供司机、乘用人员和货物出入，轿、厅设有开关门系统。

按电梯构件在电梯中所起的作用，可分为驱动部分、运动部分、安全设施部分、控制操作部分和信号指示等五部分。

控制操作部分由控制柜20、操纵箱8、平层感应器6和自动开门机7等组成，这是电梯的控制中心。

信号指示部分包括轿内指层灯和厅外指层灯等。用于指示电梯运行方向、所在层位的指示和厅外乘客呼梯情况的显示等。

电梯的安全保护尤为重要，其主要由门限位开关、上下行限位开关、极限开关、轿顶安全栅栏、安全窗、底坑防护栅栏、限速器、安全钳和缓冲器等组成。

二、电梯的分类

按用途分有：乘客电梯、载货电梯、客货电梯、病床电梯、杂物电梯、住宅电梯、特种电梯等。

按运行速度分有：低速电梯(速度 $v \leqslant 1.0\text{m/s}$)、快速电梯（速度 $1.0\text{m/s} < v < 2.0\text{m/}$

s)、高速电梯（速度 $v \geqslant 2m/s$）。

按曳引电动机的供电电源分：采用交流异步双速电动机拖动，简称交流双速电梯，为低速电梯；采用交流异步电动机拖动，为交流调速电梯，多为快速电梯；直流电动机拖动，简称为直流电梯，为高速电梯。

三、电梯电气控制系统

电梯的电气控制设备由控制柜、操纵箱、选层器、换速平层器、自动开关门装置、指层灯箱、召唤箱、超速保护、上下限位保护、轿顶检修箱等部件组成。

1. 操纵箱

操纵箱：一般位于轿厢内，是司机、乘客控制电梯运行的指令装置。其上配有控制电梯的控制按钮，选择电梯工作状态的钥匙开关、急停按钮、应急按钮、点动开关门按钮，轿内照明灯开关、电风扇开关、蜂鸣器、选层按钮、厅外呼梯人员所在位置指示灯和厅外呼梯人员要求前往方向信号灯等。

选层按钮：操纵箱面板上装有带指示灯的层站按钮组，数量由楼层数决定，用于发出停层指令。当按下一个或几个按钮时，相应层楼指令继电器通电并自锁，指示灯亮，轿厢停层指令被登记，电梯关门启动后轿厢按登记的层站停靠。

启动按钮：操纵箱面板上左右各装一个启动按钮，分别用于上行启动、下行启动。

直驶按钮：按下该按钮，厅外招呼停层无效，电梯只按轿厢内指令停层。

应急按钮：只在检修时，按下应急按钮，轿厢可在轿门、厅门开启状态下移动。

开、关门按钮：作开关轿门使用。此开关在轿厢运行中不起作用。

急停按钮（安全开关）：按下此按钮，切断电梯控制电源，电梯立即停止运行。

警铃按钮：当电梯在运行中突然发生事故停车，轿厢内乘客可按下此按钮向外报警，以便及时解除困境。

钥匙开关：用来控制电梯运行、检修状态或有无司机状态，司机用钥匙将开关旋至停止位置时，电梯则无法启动。

检修开关（慢车开关）：在检修电梯时用来

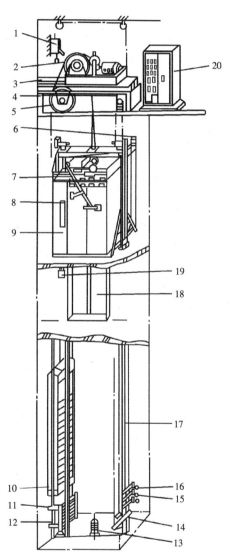

图 4-1　电梯基本结构示意图

1—极限开关；2—曳引机；3—承重梁；4—限速器；5—导向轮；6—换速平层感应器；7—开门机；8—操纵箱；9—轿厢；10—对重装置；11—防护栅栏；12—对重导轨；13—缓冲器；14—限速器涨紧装置；15—基站厅外开关门开关；16—限位开关；17—轿厢导轨；18—厅门；19—招呼按钮箱；20—控制柜

获得低速运行的开关。

照明开关：控制轿厢内照明，由机房专用电源供电，不受电梯主电路供电控制。

风扇开关：控制轿内电风扇。

呼梯楼层和呼梯方向指示灯：当电梯层站外乘客发出呼梯指令时，使相应的层楼继电器通电动作，相应的呼层楼层指示灯和呼梯方向指示灯亮。当电梯轿厢应答到位后，其指示灯自行熄灭。

2. 指层灯厢

指层灯箱上装有电梯上行方向灯、下行方向灯、各层楼指示灯。

厅外指示灯箱，设置在各层楼厅门上方，给乘梯人员提供电梯运行方向和电梯运行所在位置的指示；轿厢内指示灯箱，设置在轿门上方，给轿厢内乘客显示轿厢运行方向和轿厢所在楼层位置。轿内指层灯箱的结构与厅外指层灯箱相同。

3. 召唤按钮箱

召唤按钮箱装在电梯各停靠站的厅门外侧，给厅外乘梯人员召唤电梯使用。

电梯上端站，召唤按钮箱只装设一只下行召唤按钮。电梯下端站，其召唤按钮箱只装设一只上行召唤按钮，若下端站还作为基站时，还应加装一只厅外控制自动开关门的钥匙开关。对于中间层站，召唤按钮箱上都装设一只上行、一只下行的召唤按钮。

4. 轿顶检修箱

轿顶检修箱位于轿厢顶，检修箱上装有控制电梯慢上、慢下的按钮、点动开关门按钮、急停按钮、轿顶检修转换开关、轿顶检修灯及其开关等。供检修人员安全、可靠、方便地检修电梯用。

5. 平层装置

平层装置是指轿厢接近停靠站时，能自动使轿厢地坎与层门地坎准确平层的装置。电梯的平层装置多采用由轿厢导轨上装设的隔磁板、轿厢顶上装设的平层感应器组成。

平层感应器：由干簧管和永久磁铁组成，图4-2为平层感应器结构原理图。干簧管由三片铁镍合金片组成一对常闭、一对常开触头，将其密封在玻璃管内。图4-2（a）为未放入永久磁铁时，干簧管的触头处于原始闭合与断开状态。图4-2（b）为永久磁铁放入感应器后，在磁场作用下，管内的常开触头闭合、常闭触头断开，相当于电磁继电器通电动作。图4-2（c）为隔磁铁板插入永久磁铁与干簧管之间时，由于永久磁铁产生的磁场被隔磁铁板旁路，管内的动触头失去磁力作用，触头恢复初始状态，相当于电磁继电器的断电释放。

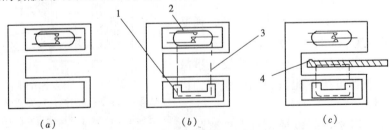

图 4-2 平层感应器结构原理图

（a）永久磁铁置入前；（b）永久磁铁置入后；（c）隔磁板插入后；

1—永久磁铁；2—干簧管；3—磁力线；4—隔磁板

平层装置动作原理：平层装置分为具有平层功能的、具有提前开门功能的与具有自动平层功能的三种平层器。以自动平层功能的平层器为例来说明平层动作原理。

在轿厢顶设置了三个垂直安放的干簧感应器，由上至下分别为上平层、门区与下平层三个感应器，其间距 500mm 左右。在轿厢导轨上，井道内每一层站分别装有一块长约 600mm 的平层隔磁铁板。当电梯轿厢上行，接近预选的层楼时，电梯由快速变慢速运行；当轿厢顶上的上平层感应器进入该层站的平层隔磁板后，使已慢速运行的电梯进一步减速，轿厢仍上行；当门区感应器进入隔磁板时，电路就准备延时断电；而当下平层感应器进入隔磁板时，电梯就停止，此时已完全平好层。若电梯因某种原因超过平层位置时，上平层感应器离开了隔磁板，使相应的继电器动作，电梯反向平层，最后达到较好的平层精度。

6. 选层器

选层器放置在机房内，它模拟电梯运行状态，发出显示轿厢位置信号，根据内外指令登记信号确定电梯运行方向，自动消除厅外召唤记忆指示灯信号及轿内指令登记信号，在到达预定停靠站前发出减速及开门信号，有些发出到站平层停靠信号。目前，多采用机械选层器。图4-3为选层器示意图。选层器内有一组与电梯层站数相同的固定板，其上装有电触头用来模拟各层站。与轿厢同步运动的滑动板，其上装有电触头模拟轿厢的运动，当电梯上下运动时带动钢带，钢带牙轮带动链条，经减速箱通过链条传动，带动选层器上的动滑板运动，这样就把轿厢运动模拟到动滑板上。根据运动情况，动滑板与选层器机架上的层站固定板的接触和离开，完成触头的接通与断开，起到电气开关作用，从而发出各种信号。

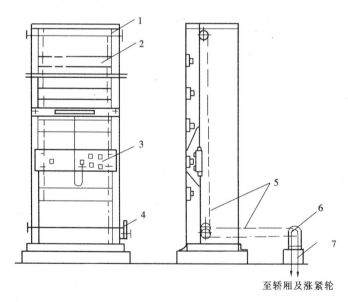

图 4-3 选层器

1—机架；2—层站固定板；3—滑动板；4—减速箱；5—传动链条；

6—钢带牙轮；7—冲孔钢带

7. 控制柜

控制柜安装在机房内，是电梯电气控制系统实现各种性能的控制中心。其内装有起控制作用、执行作用的各种电气元件。它通过专用线槽与机房内、井道中和厅门外的电气设备连接，并通过随梯电缆和轿厢的电气设备相连接。

一般电梯主电路控制电器元件安装在一个控制柜中，其他控制电路元件安装在一个柜中；对于电阻启制动交流双速电梯，启制动电阻安装在一个柜中。

8. 限位开关与极限开关装置

在电梯的上、下端站，设置有限制电梯运行区域的限位开关。在交流电梯中，当限位开关失灵，或其他原因造成轿厢超越端站楼面 100~150mm 距离时，通过极限开关装置切断电梯主电源。

四、对电梯的各种控制要求

1. 安全要求

(1) 机械安全保护系统

轿顶安全窗：设在轿厢顶部向外开启的封闭窗。为便于发生事故或故障时，司机或检修人员上轿顶检修井道内的设备，必要时乘梯人员可以由此安全撤离轿厢。窗上装有安全窗开关，当安全窗打开时，开关断开控制电路电源，电梯无法运行。

轿顶安全栅栏：检修人员上轿顶检修和保养时，为确保电梯维护人员安全在轿顶装设的安全防护栏。

底坑防护栏：在底坑内，轿厢、对重的正对下方的范围内设有安全防护栏和底坑安全开关，无人进入底坑，防护栏合上，底坑开关闭合控制电路通电，才可启动电梯。

限速器与安全钳：当轿厢运行速度达到额定运行速度的 115%~140% 时，限速器开关动作，其常闭触头打开，控制电路电源切断，曳引电动机停车制动。同时，限速器通过连杆机构使安全钳动作，将轿厢夹持在轿厢导轨上，其常闭触头断开，切断控制电路电源。

缓冲器：为对电梯轿厢冲顶或蹾坑时起缓冲作用，在底坑内轿厢的正下方设置了两个缓冲器，对重的正下方设置有一个缓冲器。低速电梯采用弹簧缓冲器，快速与高速电梯采用液压缓冲器。

(2) 电气安全保护系统

门开关保护：在轿厢门及各层厅门的关门终端处都装有行程开关，这些开关的常开触头串联在控制电路中，所有门全部关闭后控制电路才接通电源，曳引电动机才能启动，电梯才得以运行。

电梯终端超越保护装置：由强迫减速开关、终端限位开关和极限开关组成。

强迫减速开关：由上、下强迫减速开关组成，分别安装在井道的顶部和底部，对应的撞板分别安装在轿厢的顶部和底部。当电梯失控，轿厢已到顶层或底层楼层时仍不减速停车，撞板压下相应的减速开关，相应触头断开，控制电路断电，曳引电动机抱闸制动停车。

终端限位开关：由上、下终端限位开关组成。当强迫减速开关失灵，未能使电梯减速停驶，轿厢越出顶层或底层位置后，撞板使上限位或下限位开关动作，迫使电梯停止运行。终端限位开关动作使电梯停驶后，电梯仍可应答层楼呼梯信号，向相反方向继续运行。

终端极限开关：由极限开关的上、下碰轮及铁壳开关、传动钢丝绳等组成。钢丝绳一端绕在装于机房内的铁壳开关闸柄的驱动轮上，另一端与上、下碰轮架相接。当电梯失控时，经过强迫减速开关、终端限位开关、未使轿厢减速停驶，此时轿厢的撞板与碰轮相碰，经杠杆牵动与铁壳开关相连的钢丝绳运动，配合重锤，带动铁壳开关动作切断主电路电源，迫使轿厢停止运动，防止轿厢冲顶或蹾坑。

超载保护装置：载重量超过额定载荷的110%时超载保护装置开关动作，切断电梯控制电路，使电梯不能启动。对于集选电梯，当载重量达到额定负载的80%～90%时，便接通电梯直驶电路，运行中的电梯将不应答厅外呼梯信号，直驶预定楼层。

2. 电梯对电机要求

电梯用交流电动机：电梯能准确地停止于楼层平面上，须使停车前的速度愈低愈好，这就要求电动机有多种转速。交流双速电动机的变速是利用变极的方法实现，变极调速只应用在鼠笼式电动机上。专用于电梯的交流双速电动机分为双绕组双速（JTD系列）和单绕组双速（YTD系列）两种。前一种电动机是在定子内安放两套独立绕组，极数一般为6极和24极，后一种电动机是通过改变定子绕组的接线来改变极数进行调速。它们具有启动转矩大，启动电流小的特点。

电梯双速电动机的高速绕组是用于启动、运行。为了限制启动电流，通常在定子电路中串入电抗或电阻来改变启动速度的变化；低速绕组用于电梯减速、平层过程和检修时的慢速运行。电梯减速时，电动机由高速绕组切换成低速绕组的初始时，电动机转速高于低速绕组的同步转速而处于再生发电制动状态，转速将迅速下降。为了避免过大的减速度，在切换时应串入电抗或电阻并分级切除，直至以慢速绕组速度进行低速稳定运行到平层停车。

开关门电动机：现代电梯一般都要求能自动开、关门。开、关门电动机多采用直流它激式电动机作动力，并利用改变电枢回路电阻的方法，来调节开关门过程中的不同速度要求。轿门的开闭由开关门电动机直接驱动，厅门的开闭则由轿门间接带动。

为使轿厢门开闭迅速而又不产生撞击。开门过程中应快速开门，最后阶段应减速，门开到位后，门电机应自动断电。在关门阶段应快速，最后阶段分两次减速，直到轿门全部关闭，门电机自动断电。开关门速度变化过程是：

开门：低速启动运行 → 加速至全速运行 → 减速运行 → 停机靠惯性运行使门全开。

关门：全速启动运行 → 第一级减速运行 → 第二级减速运行 → 停机靠惯性使门全闭。

门在开关过程中速度的变化，是改变开关门直流电动机电枢电压实现的，而电枢电压的改变是由开、关门减速开关控制。开关门的停止由开关门限位开关控制。

为了防止电梯在关门过程中夹人或物，带有自动门的电梯常设有关门安全装置。在关门过程中只要受到人或物的阻挡便能自动退回。

3. 电气控制要求

（1）对专职司机可有可无：交流集选控制电梯操纵箱上设有钥匙开关，其上设"有、无、检"三个工作状态。管理人员或司机根据实际情况，用专用钥匙扭动钥匙开关，使电梯分别处在"有、无司机控制（乘用人员自行控制）、检修慢速运行控制"三种运行状态下。

（2）到达预定停靠的中间层站时，可提前自动换速和自动平层。

（3）自动开、关门。

（4）到达上下端站时，提前自动强迫电梯换速和自动平层。

（5）厅外有召唤装置，召唤时厅外有记忆指示灯，轿内有音响信号和指示灯信号。

（6）厅外有电梯运行方向和位置指示信号。

（7）召唤要求执行完毕后，自动消除轿内、厅外原召唤记忆指示信号。

（8）司机可接收多个乘客要求作指令登记，然后通过点按启动或关门启动按钮启动电梯，直到完成运行方向的最后一个内、外指令为止。若相反方向有内、外指令，电梯自动换向，点按启动或关门启动按钮后启动运行。运行前方出现顺向召唤信号时，电梯能到达顺向召唤层站自动停靠开门。司机可通过直驶按钮使电梯直驶。

五、交流双速电梯控制线路分析

交流双速电梯电气控制系统由拖动电路部分、直流控制电路部分、交流控制电路部分、照明电路部分、厅外召唤电路部分，以及指示灯信号指示电路等六部分组成。采用不同控制方式的交流双速电梯电气控制系统，除直流控制电路部分有较大的区别外，其余五部分基本相同，而交流双速控制电梯电气控制系统具有较完善的性能、较高的自动化程度，多被用在速度 $V \leqslant 1.0\text{m/s}$ 以下的乘客电梯上。

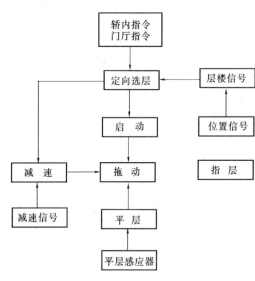

图 4-4　电梯各部分电路的控制关系

交流双速控制电梯电气控制系统按电路功能分为自动门的开关电路、轿厢指令控制与厅外召唤控制电路、指层电路与定向控制电路、电梯的启动加速与减速平层电路等。各电路之间的控制关系如图 4-4 所示。正是上述电路的相互配合，曳引电动机按指令启动、正转、反转，加速、等速，调速、制动、停止，实现电梯各种工作状态的运行。

图 4-5 为五层站 KTJ-□□/1.0-XH 型交流双速信号控制电梯电气原理图。电路可分为主拖动电路、开关门电路、启动运行电路、层楼分向电路、自动定向电路、停层与平层电路，停层指令记忆及复位电路、呼梯电路及层楼、升降指示电路和轿内信号指示电路等。表 4-1 为该电梯主要电器元件文字符号。

1. 主电路分析

由图 4-6 可知，五层站交流双速信号控制电梯有一台主拖动电动机 M，一台开关门电动机 MD。前者是交流双速异步电动机，其定子绕组极数为 6/24 极，同步转速为 1000r/min 与 250r/min。后者是直流并励电动机，额定功率 120W，额定电压 110V，额定转速 1000r/min。

主拖动电动机的主电路分析在图 4-6 中，M 为交流双速异步电动机，KM1 为上升接触器，KM2 为下降接触器，用以控制电动机 M 的正、反转，实现轿厢的上升与下降。KM3 为快速接触器，KM4 为慢速接触器，KM5 为快加速接触器，KM6、KM7、KM8 为慢速一、二、三级减速接触器。

电梯启动时，由 KM3 主触头接通 M 电动机快速绕组，串入电抗 X1 与电阻 R1 进行减压启动，然后 KM5 主触头短接阻抗，使电动机 M 在全压下加速启动，直至以快速稳定运行。

在停层时，由 KM4 主触头接通慢速绕组，经串接的电抗 X2 和电阻 R2 进行再生发电制动，然后由 KM6、KM7、KM8 主触头分级将阻抗短路，实现减速运行。

KTJ-□□/1.0-XH 电梯主要电器元件文字符号　　　　　　　表 4-1

文字符号	名称	文字符号	名称
QS	电源总开关	SB1 ~ SB5	停层指令按钮
QS1	极限开关	SB6、SB7	点动关门、开门按钮
SA1	厅外开门钥匙开关	SB8	应急按钮
SA2	安全开关	SB9、SB10	向上、向下启动按钮
SA3	检修开关	SB11 ~ SB14	向上呼梯按钮
SA4	指示灯开关	SB22 ~ SB25	向下呼梯按钮
SA5	轿内照明开关	KT1	快加速时间继电器
SA6	轿内风扇开关	KT2 ~ KT4	慢加速时间继电器
KM1、KM2	上升、下降接触器	KT5	快速时间继电器
KM3	快速接触器	KT6	停站时间继电器
KM4	慢速接触器	KT7	停站触发时间继电器
KM5	快加速接触器	SQ1	安全窗开关
KM6 ~ KM8	慢加速接触器	SQ2	断绳开关
KA1	电压继电器	SQ3	安全钳开关
KA2、KA3	关门、开门继电器	SQ4	厅外开门行程开关
KA4	门锁继电器	SQ5	开门减速开关
KA5	运行继电器	SQ6	开门行程开关
KA6	检修继电器	SQ7、SQ8	关门减速开关
KA7	向上平层继电器	SQ9	关门行程开关
KA8	向下平层继电器	SQ10	轿门行程开关
KA9	开门控制继电器	SQ11 ~ SQ15	梯门行程开关
KA11 ~ KA15	楼层继电器	SQ16、SQ18	上升行程开关
KA21 ~ KA25	楼层控制继电器	SQ17、SQ19	下降行程开关
KA26	向上方向继电器	KR1 ~ KR5	楼层感应器
KA27	向上辅助继电器	KR6、KR7	上、下平层感应器
KA28、KA29	向上、向下启动继电器	KR8	开门控制感应器
KA30	向下辅助继电器	HL1 ~ HL5	楼层指示灯
KA31	向下方向继电器	HL6、HL7	上、下方向箭头灯
KA32	启动关门继电器	HL8、HL9	向上、向下指示灯
KA33	启动继电器	HL11 ~ HL15	停层指令记忆灯
KA41 ~ KA45	停层指令继电器	HL16、HL17	向上、向下呼梯方向灯
KA46	蜂鸣继电器	HL18、HL19	轿内照明灯
KA51 ~ KA54	向上呼梯继电器	HA1	蜂鸣器
KA62 ~ KA65	向下呼梯继电器	HA2	轿内电铃

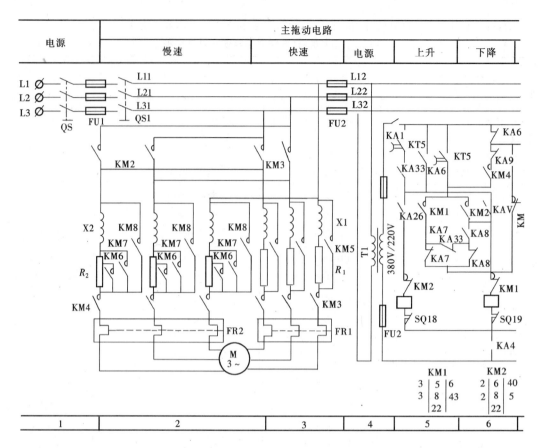

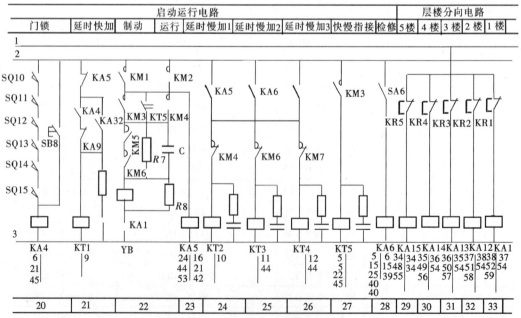

图 4-5 五层站交流双速信号控制电梯电气原理图（a）（一）

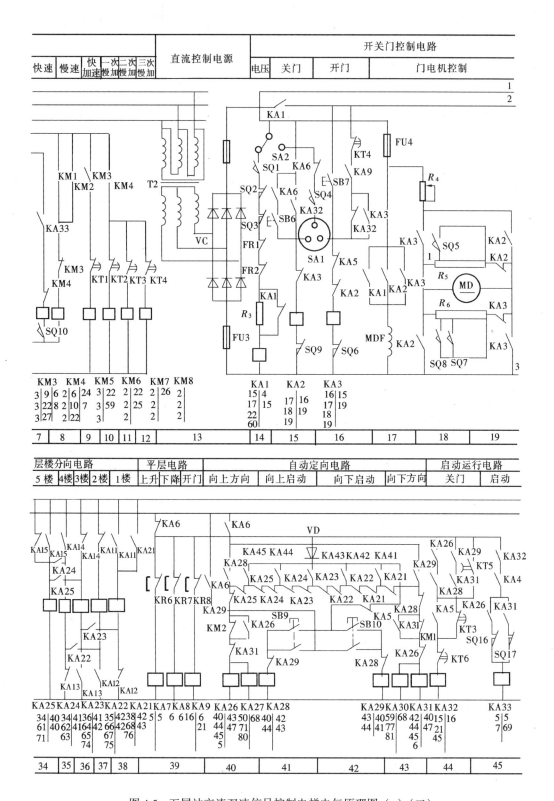

图 4-5　五层站交流双速信号控制电梯电气原理图（a）（二）

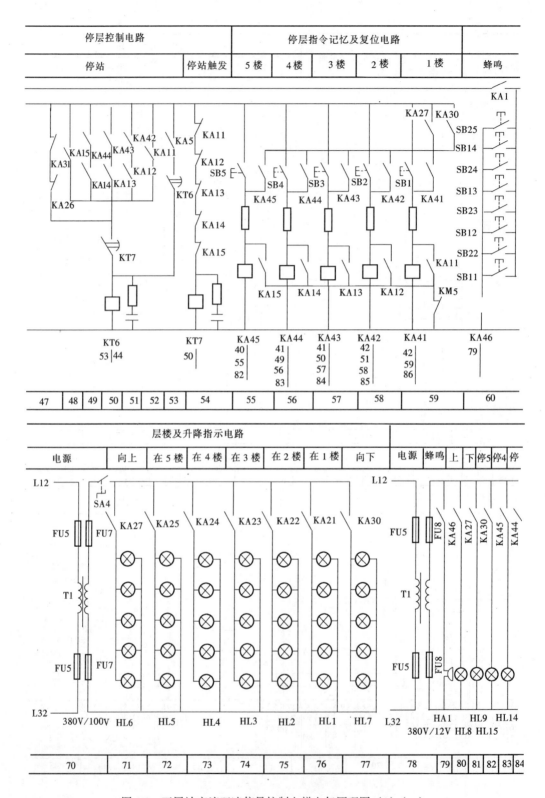

图 4-5　五层站交流双速信号控制电梯电气原理图（b）（一）

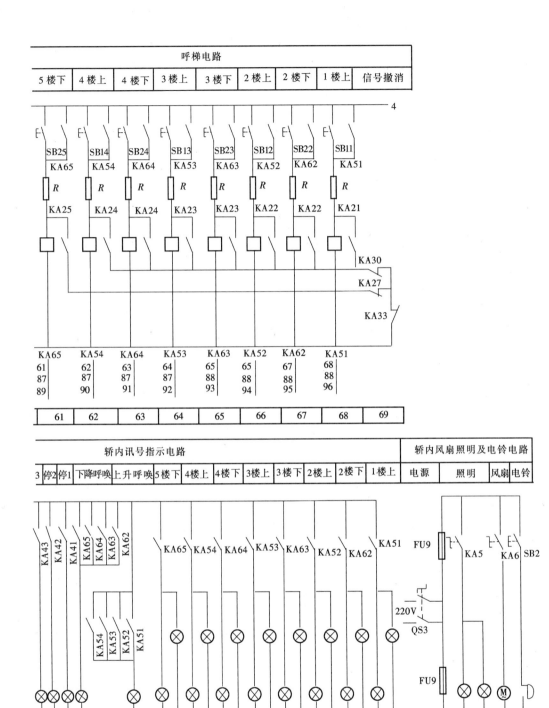

图 4-5 五层站交流双速信号控制电梯电气原理图（b）（二）

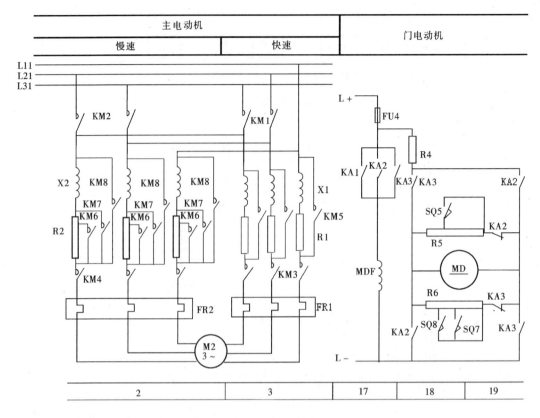

图 4-6 主电路图

开关门电动机 MD 的主电路分析：开关门电动机 MD 是一台直流并励电动机，MDF 为其励磁绕组。改变电枢电压的极性可改变 MD 的旋转方向，从而实现轿门与厅门的开启与关闭。图 4-6 中，KA3 为正转开门继电器，KA2 为反转关门继电器。而改变电枢绕组串并联电阻可实现对电动机速度的调节。图 4-6 中 R4 为电枢的串联电阻，R5、R6 分别为开门与关门时的电枢并联电阻，其上又分别由行程开关 SQ5 与 SQ7、SQ8 来实现开门与关门时的速度调节。电枢串联电阻阻值越大，电枢电压越低，电动机转速就越低，开关门速度就越低。所以，调节电枢串联电阻 R4 可改变开关门的速度，而改变位于轿门顶上的行程开关 SQ5 与 SQ7、SQ8 的安装位置可进一步单独改变开门与关门减速的位置，因为 SQ5 与 SQ7、SQ8 行程开关分别是当轿门开启与关闭过程中碰压才动作的。

电梯的轿门是由开关门电动机经轿厢顶上的自动开关门机构来带动的，厅门的开闭又是由轿门通过轿门上的机构来带动的，所以，厅门与轿门是同步进行的。

2. 控制电路分析

电梯交流控制电路、层楼及上升、下降方向指示电路与轿内信号指示电路的电源，是由图 4-5（a）中控制变压器 T1，将 380V 降为 220V、110V、12V 供给的。直流控制电路电源是由图 4-5（a）中整流变压器 T2 降压，经三相桥式整流电路 VC 供出直流 110V 电压获得的。

（1）电梯的启用和停用。图 4-7 为轿厢位于基站时感应器的状态。这时轿厢顶上的上平层感应器 KR6、开门感应器 KR8 和下平层感应器 KR7 已进入位于井道内 1 层的平层隔磁板内。同时位于 1 层的楼层感应器 KR1 已进入轿厢顶部的停层隔磁板中，所以 KR1、KR6、KR8、KR7 中的干簧管内的常闭触头都因隔磁板的隔磁作用而恢复闭合状态，为相应的继电器线圈通电作好准备。但此时 1 楼层继电器 KA11 及 1 楼层控制继电器 KA21 保持通电状态。

只有电梯停在基站时，才可以对电梯作停用或启用操作，见图 4-8。司机在上次下班时，将轿厢开至基站，使井道内的厅外开门行程开关 SQ4 压下，层楼与升降指示灯开关 SA4 断开，安全开关 SA2 扳到右边位置，接通厅外开门钥匙开关 SA1 作准备，再用钥匙将 SA1 开关转向左边，关门继电器 KA2 通电，将电梯门关闭。

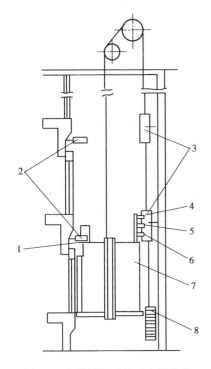

图 4-7 电梯平层时的感应器状态
1—停层隔磁板；2—楼层感应器 KR1；3—平层隔磁板；4—上平层感应器 KR6；5—开门控制感应器 KR8；6—下平层感应器 KR7；7—轿厢；8—对重

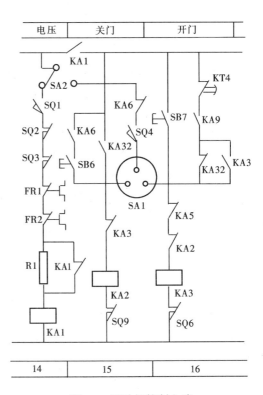

图 4-8 开关门控制电路

启用电梯时，司机将钥匙插入 SA1 中并转向右侧，经过继电器 KA3 经 SA2 右触头、KA6 检修继电器常闭触头，SQ4 厅外开门行程开关（已压下，其常开触头闭合），SA1 右触头、KA5 运行继电器、KA2 关门继电器常闭触头，SQ6 常闭触头，形成回路，开关门电动机 MD 正向启动旋转，拖动厅门与轿门同时开启，当门开启至三分之二行程时，轿厢门上的撞块压下 SQ5 行程开关，短接了 R5 上的大部分电阻，开关门电动机 MD 减速运转，门减速开启。当门完全开启后，压下行程开关 SQ6，开门继电器 KA3 断电，开关门电动机 MD 断开电枢电压，经电阻 R5 和 R6，进行能耗制动至停转，如图 4-8 所示。

司机进入轿厢后，首先合上层楼及升降指示电路开关 SA4。由于 KA11、KA21 早已通

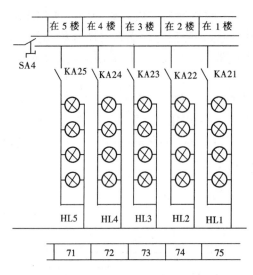

图 4-9　层楼指示电路

电吸合，故 SA4 开关闭合使各层楼的指层灯 HL1 亮，如图 4-9 层楼指示电路所示。各层厅门上方的指层灯箱上显示"1"，表明轿厢位于一层楼。

再将安全开关 SA2 扳向左侧位置，电压继电器 KA1 线圈经 SA2 左触头、安全窗开关 SQ1、限速器断绳开关 SQ2、安全钳开关 SQ3、热继电器 FR1、FR2 常闭触头、电阻 R3 通电，交、直流控制电路接通电源。使上下平层继电器 KA7、KA8，开门继电器 KA9 线圈通电。控制电路处于运行前的正常状态。

根据进入轿厢乘客的停层要求及各层楼厅外呼梯要求，司机按下相应的选层按钮 SB2 ~ SB5。如要求在 3 层停靠，可按下 SB3 停层按钮，见图 4-10。停层指令继电器 KA43 线圈通电并自锁。轿内指示灯 HL13 亮，表明停站信号已被登记。此时由于 1 楼层控制继电器 KA21 常闭触头切断了定向电路中向下继电器 KA31 的通路，所以 KA43 触头只能接通定向电路中向上方向继电器 KA26、KA27。如图 4-11 所示，KA27 触头又使 KA43 自锁，并点亮了位于启动按钮 SB9 内的指示灯 HL8，指示司机按下 SB9 向上启动按钮使电梯向上；KA27 触头也接通了向上方向指示灯 HL6，各层楼厅门顶上的"向上"箭头灯均亮，表示准备向上运行。

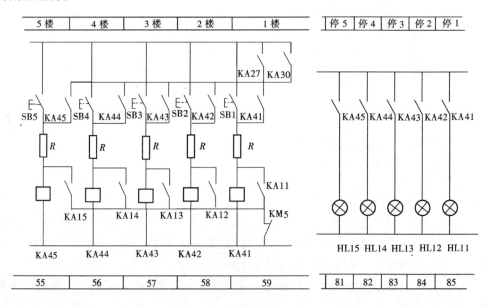

图 4-10　停层指令记忆及指示电路

（2）自动关门和开门。

关门：按下向上启动按钮 SB9 或在关门全过程中要一直按下 SB9。向上启动继电器

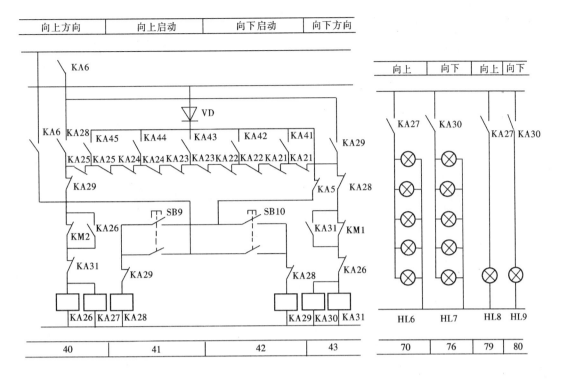

图 4-11　自动定向电路和指示电路

KA28 通电，其通电路径是 KA6 常闭触头、VD、KA5 常闭触头、SB9 按钮、KA29 常闭触头、KA28 线圈。相继 KA26、KA27 线圈通电，使启动关门继电器 KA32 通电，如图 4-12 启动控制电路所示，通电路径为 KA6 常闭触头、KA26、KA28 已闭合、KT3 常闭触头、KT6 常闭触头、KA32 线圈。KA32 常开触头闭合，接通关门继电器 KA2，KA2 使开关门电动机 MD 反转，电枢在串联电阻 R，和并联电阻 R6 全部阻值下运转，将轿门和厅门同时关闭并逐渐减速，当门完全关闭时，压上关门限位开关 SQ9，使 KA2 断电释放，MD 停转。

关门过程中的反向开启：在关门过程中，若门卡住人体或物件时，司机应立即释放向上启动按钮 SB9，使 KA28、KA32、KA2 线圈相继断电，由于 KA9 线圈早已通电，所以开门继电器 KA3 线圈经 KA1 常开触头（已闭合），KT4 常闭触头，KA9 常开触头已闭合。KA32 常闭触头、KA5、KA2 常闭触头、KA3 线圈、SQ6 常闭触头通电（见图 4-5），MD 正转使电梯门反向开启，直至压下开门限位开关 SQ6 停止。

（3）启动、加速和满速运行。

启动：当厅门和轿门关闭后，相应的轿门行程开关 SQ10，1 楼层厅门行程开关 SQ11 压下，门锁继电器 KA4 线圈通电。由于向上方向继电器 KA26、启动关门继电器 KA32 早已通电，所以此时启动继电器 KA33 线圈经 KA32、KA4、KA26 常开触头均已闭合，上升行程开关 SC116 常闭触头闭合，见图 4-12。快速接触器 KM3 和快速时间继电器 KT5 线圈相继通电。KT5 触头闭合，一方面使上升接触器 KM1 线圈由 KT5、KA33、KA26 常开触头已闭合、KM2 常闭触头而通电吸合，并由另一对 KT5 常开触头已闭合与 KM1 自锁触头构成自锁电路；另一方面 KT5 又一常开触头闭合增加了 KA32 启动关门继电器又一通电路

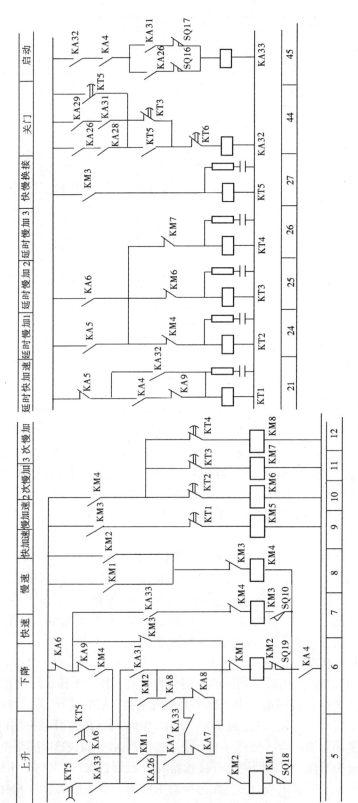

图 4-12 主拖动与启动控制电路

径。KM3 和 KM1 主触头接通曳引电动机 M 定子电路，串入电抗器 X1 和电阻 R1；同时 KM3、KM1 辅助触头接通制动器线圈 YB 以及运行继电器 KA5 线圈电路，于是电磁抱闸松开，M 电动机减压启动。

运行继电器 KA5 通电有三个作用：

1）KA5 常闭触头断开了开门继电器 KA3 线圈的电源，使电梯在运行中不能开门。

2）KA5 另一常闭触头断开了启动按钮 SB9 及 SB10 的电源（见图 4-11），保证了运行中不致于发生反向启动的误操作。

3）KA5 常开触头闭合使时间继电器 KT2-KT4 线圈通电，以便实现慢加速。

在图 4-12 中，由于 KT5 常开触头闭合且并联在 KA26 常开触头与 KA28 常开触头串联电路两端，这就为松开向上启动按钮 SB9，KA28 线圈断电不会引启其他动作作好了准备。

加速和满速运行：在关门时，启动关门继电器 KA32 通电，其常开触头 KA32 闭合已使快加速时间继电器 KT1 线圈通电，其延时触头立即断开，使快加速接触器 KM5 线圈不能通电。但当 KA5 通电后，其常闭触头断开 KT1 线圈电路，其延时触头经延时 2s 后闭合，接通快加速接触器 KM5 线圈电路，KM5 主触头短接了图 4-6 主电路中的 X1 和 R1，电动机在全电压下加速至满速运行。

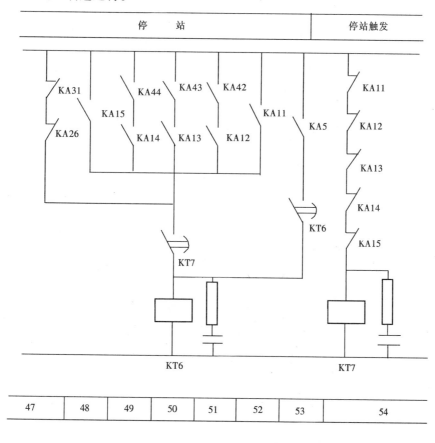

图 4-13　停站控制电路

轿厢上升离开一楼时，一楼平层隔磁板离开 KR7、KR8、KR6，停层隔磁板离开一楼

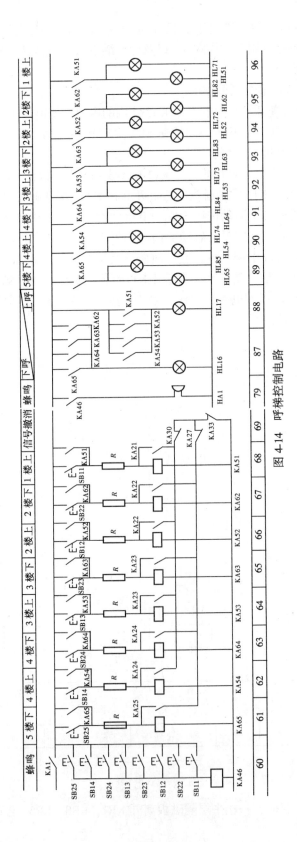

图 4-14 呼梯控制电路

层感应器 KR11，继电器 KA7、KA8、KA9 和 KA11 线圈断电，KA11 断电释放其常闭触头使停站触发时间继电器 KT7 线圈通电。KA9 断电释放，其常开触头断开了开门继电器 KA3 线圈电路，使在运行中开门继电器不得通电，保证运行的安全。电梯在途经二楼时，平层隔磁板和停层隔磁板又分别插入 KR6、KR7、KR8 和 KR2 感应器中，KA7、KA8、KA9 和 KA12 线圈又分别通电。KA12 吸合，其常闭触头断开 KT7 线圈电路，另一常闭触头断开 KA21 线圈电路，KA12 常开触头闭合接通 KA22 线圈电路，使 KA22 通电并自锁。KA21 断电，其常开触头的回路切断指示一楼的指层灯 HL1 熄灭，KA22 通电，其常开触头接通了指示二楼的指示灯 HL2，在各层厅门上方显示"2"字，表示轿厢已抵达二楼，当轿厢超过二楼时，隔磁板又离开 KR6、KR7、KR8 和 KR2 感应器，使 KA7、KA8、KA9 和 KAl2 又断电释放，KT7 又通电为停站作准备，电梯经过二楼继续上升。

（4）制动减速和平层停车。

制动减速：当轿厢上升到所需停站的三楼时，停层隔磁板插入三楼的层楼感应器 KR3 的空隙中，KA13 通电，使 KT7 与 KA22 线圈断电，三楼控制继电器 KA23 线圈通电并自锁，指层灯 HL2 熄灭，指示三楼的指层灯 HL3 亮，厅门上方显示"3"字，表示轿厢已在三楼。此时如果没有向上停层的登记信号，KA23 通电还使向上方向继电器 KA26 及 KA27 线圈断电。KA27 的常开触头断开各层楼向上方向箭头灯 HL6 及轿厢内"向上"指示灯 HL8 使其熄灭，表示电梯不再向上，还使停层记忆继电器 KA43 线圈与指示灯 HL13 相继断电。由于 KT7 断电后经 0.3～0.5s 后，延时触头才动作，在这过程中，停站时间继电器 KT6 已通电并自锁，见图 4-13。图中 KA11～KA15 为楼层继电器，KA26 向上方向继电器常闭触头与 KA31 向下方向继电器常闭触头串联，用以防止上、下端站 KA11 和 KA15 继电器触头接触不良而产生冲顶或蹾坑事故。

KT6 线圈通电使 KA32、KA33、KM3、KT5 线圈相继断电，KA33 断电又使 KM1 线圈电路断开，见图 4-12；而 KT5 断电，其延时打开触头又使 KM1 线圈电路延时断开，暂时维持 KM1 线圈通电；KM3 断电使 KM5 断电。

KM3 断电释放后，慢速接触器 KM4 随即通电，为上升接触器 KM1 提供了又一条通路。见图 4-6，电动机 M 在串接 X2 和 R2 情况下进行再生发电制动，使其减速。在 KA5 线圈通电时，慢加速时间继电器 KT2～KT4 已经通电，其触头断开了慢加速接触器 KM5～KM8 线圈通路。现在，KM4 线圈通电引启 KT2 断电，其延时闭合触头闭合，延时接通 KM6，短接 R2 的部分电阻，轿厢第一次减速，依靠 KT3、KT4 和 KM7、KM8 的作用，将 R2 和 X2 逐级短路而使电动机 M 进行低速爬行。

快慢速接触器 KM3、KM4 换接过程中，制动器 YB 是由 KT5 延时断开触头来维持通电的。

平层停车：当电梯继续低速爬行时，平层隔磁板逐渐插入 KR6、KR7、KR8 三个感应器，见图 4-7。首先，位于轿顶上的上平层感应器 KR6 插入装于三楼井道内的平层隔磁板，KR6 触头复位，上平层继电器 KA7 线圈通电，使上升接触器 KM1 线圈经 KA6 常闭触头、KM3 常闭触头、KA8 常闭触头、KA33 常闭触头、KA7 常开触头已闭合、KM2 常闭触头、KM1 线圈、SQl8 常闭触头、KA4 常开触头已闭合，形成又一条通路，见图 4-12。

轿厢继续上升，当开门控制感应器 KR8 进入平层隔磁板时，其触头复位使开门控制继电器 KA9 线圈通电，其常闭触头断开了 KM1 的一条通路，其常开触头闭合，为开门继电器 KA3 通电作准备。

当轿厢到达停站水平位置时，下平层感应器 KR7 进入平层隔磁板，其常闭触头复位，使向下平层继电器 KA8 通电，其常闭触头断开了上升接触器 KM1 线圈的最后一条通路，使 KM1 线圈断电，使慢速接触器 KM4、主拖动电动机 M、制动器线圈 YB 和运行继电器 KA5 同时断电，KA5 常开触头又使停层时间继电器 KT6 线圈断电，平层完毕，轿厢停止运动。

（5）自动开门。在停层的过程中，平层隔磁板已进入开门控制感应器 KR8 而使开门控制继电器 KA9 通电，在运行继电器 KA5 断电后，开门继电器 KA3 通电。开关门电动机 MD 正转带动轿门、厅门开启，其开启过程如前所述，经一次减速，最后压下开门行程开关 SQ6 使 KA3 断电，MD 断电，开门结束。

（6）电梯停用后的开门。电梯停用，应使轿厢返回基站，压下井道内的厅外开门行程开关 SQ4。打开指示灯开关 SA4，关闭层楼指示灯和上升下降指示灯。将安全开关 SA2 扳向右侧，电压继电器 KA1 线圈通电，交直流控制电路断电。司机走出轿厢，转动钥匙开关 SA1 向左转，关门继电器 KA2 线圈通电，电动机 MD 反转，将轿门和厅门同时关闭，当门完全关闭后，电梯实现关闭停用。

（7）呼梯信号的登记和消除。如图 4-14 所示，若轿厢停在一楼或二楼，三楼有人呼梯上行，三楼乘客在三楼厅门外按下行呼梯按钮 SB13，其作用是：

1）蜂鸣继电器 KA46 通电，蜂鸣器 HA1 发出蜂鸣声，松开呼梯按钮 SB13，蜂鸣声停止。

2）呼梯继电器 KA53 线圈通电并自锁，操纵箱上和按钮内呼唤灯 HL53 和 HL73 亮，实现呼梯记忆。此时司机可根据当时运行方向，用停层按钮 SB3 将停层信号登记。

当电梯接近所要停的楼层时，KA33 启动继电器线圈断电，其常闭触头和已经闭合的楼层控制继电器 KA23 和向下辅助继电器 KA30 常闭触头短接了 KA53 的线圈，使 KA53 断电释放，相应的呼梯信号灯 HL53 和 HL73 都熄灭。

（8）检修操作。检修时，将安全开关 SA2 扳向左侧，使电压继电器 KA1 线圈通电，其常开触头闭合，接通交直流控制电路。合上检修开关 SA3，检修继电器 KA6 线圈通电，KA6 的 5 对常开触头、3 对常闭触头动作，其作用如下：

1）KA6 第 1 对常闭触头打开用钥匙控制开关门电路，钥匙开关门已无效。

2）KA6 第 2 对常闭触头打开，断开快速接触器 KM3 线圈电路，确保电梯在检修时不能开快车。

3）KA6 第 3 对常闭触头打开，断开开门控制继电器 KA9 线圈电路，KA9 常开触头切断了开门继电器 KA3 的工作电路，使开门只受点动开门按钮 SB7 控制，实现检修时的点动开门。

4）KA6 第 3 对常闭触头打开，也断开了平层电路，可以实现电梯的任意升降。

5）KA6 第 1 对常开触头闭合，接通点动关门按钮 SB6，实现检修时的点动关门。

6）KA6 第 2 对常开触头闭合．接通 KT2－KT4 慢加速延时继电器电路，为慢加速作准备。

7）KA6 第 3 对常开触头闭合，为上升、下降接触器通电作准备。

8）KA6 第 4、5 对常开触头闭合，为上升启动继电器 KA8 与下降启动继电器 KA9 实现点动控制作准备。

检修时的开关门：按下点动开门按钮 SB7，开门继电器 KA3 线圈通电，开关门电动机 MD 正转，将门开启。松开 SB7 按钮，KA3 线圈断电，MD 停止转动；若要关门，按下点动关门按钮 SB6，KA2 线圈通电，MD 反转关门，松开 SB6 按钮，KA2 线圈断电，MD 停止转动。这样，可操作 SB7、SB6 点动按钮，可将门开关到所需的任何位置。

检修时的上升和下降：要电梯上升，可不必进行停层指令的登记，只要按下向上点动按钮 SB9，向上启动继电器 KA28、向上方向继电器 KA26 和向上辅助继电器 KA27 线圈被通电，KA6 与 KA26 常开触头闭合使上升接触器 KM1 线圈通电，KM4 慢速接触器、制动器线圈 YB 相继通电，主拖动电动机 M 启动，慢速运行，拖动轿厢慢速上升。KM4 常闭触头打开，KT2 慢加速时间继电器线圈断电，KT2 常闭触头延时闭合，闭合后 KM6 线圈通电，短接 M 定子电路中串接电阻 R2 的一部分电阻，相继 KT3、KM7、KT4、KM8 动作，逐级短接启动电阻 R2 和 X2，电梯慢加速上运行。松开 SB9 按钮，KA28、KA27、KA26 及有关电器全断电，电梯停止运行。

要使电梯下降，按向下启动按钮 SB10，此时 KA29、KA30、KA31、KM2、KM4、YB 相继通电，M 通电反转低速启动，KT2、KM6、KT3、KM7、KT4、KM8 相继动作，逐级短接 R2、X2，电梯慢加速下向下运行。松开 SB10，KA29 及有关电器通电，电动机 M 停止旋转，电梯停止。

应急开关 SB8 的使用：电梯在运行中或检修时，如厅门或轿门行程开关 SQ10～SQ15 中遇有损坏不能运行时，可按应急按钮 SB8 代替门行程开关作应急使用，但 SB8 为点动控制按钮，实现点动控制。

第二节　制冷与空气调节系统

空气调节是一门维持室内良好环境的技术。空气的温度、湿度、洁净度和速度简称为空气的"四度"，空气调节技术（简称空调）就是根据使用对象的具体要求，使"四度"部分或全部达到规定的指标。

制冷与空气调节作为一门专门学科，内容涉及面广、专业性强。本节仅通过实例对空调与制冷系统电气控制原理进行介绍。

一、空调系统的分类

1. 按功能分类

单冷型（冷风型）空调器：只能在环境温度 18℃以上时使用，具有结构简单的特点。

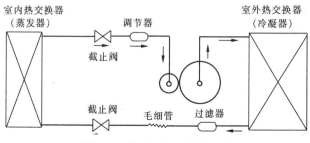

图 4-15　单冷型空调制冷系统

主要由压缩机、冷凝器、干燥过滤器、毛细管（节流阀）以及蒸发器组成，如图4-15所示。蒸发器装在室内侧吸收热量，冷凝器安在室外将室内的热量散发出去。

冷热两用型空调器：这种空调器又分为三种：1）电热型空调器：电热器安装在蒸发器与离心风扇之间，夏季将冷热转换开关拨向冷风位置，冬季开关置于热风位置。2）热泵型空调器：如图4-16所示。通过四通换向阀改变制冷剂的流向，将室内热量输送到室外（制冷）或把室外热量输送到室内（制热）。其特点是供热效率高，但当环境温度低于5℃时不能使用。3）热泵辅助电热型空调器：它是在热泵型空调器的基础上增设了电加热器，是电热型与热泵型相结合的产物。

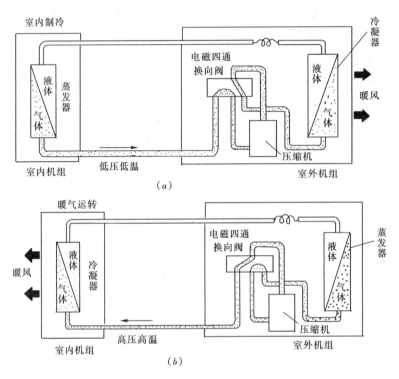

图4-16 制冷与供热运行状态

（a）制冷过程；（b）制热过程

2. 按空气处理设备的设置情况分类

集中式系统：将空气处理设备（过滤、冷却、加热、加湿设备和风机等）集中设置在空调机房内，将空气处理后，由风管送入各房间的系统。图4-17为其中的一种类型，广泛应用于需要空调的车间、科研所、影剧院、火车站、百货大楼等公共建筑中。

分散式系统（也称局部系统）：将整体组装的空调器（带冷冻机的空调机组、热泵机组等）直接放在空调房间内或放在空调房间附近，每个机组只供一个或几个房间使用。广泛应用于医院、宾馆等需要局部调节空气的房间及民用住宅。

半集中式系统：集中处理部分或全部风量，然后送往各房间（或各区），在各房间（或各区）再进行分处理的系统。广泛应用于医院、宾馆等大范围需要空调、但又需局部调节的建筑中，在高层建筑工程中，常将集中式系统和半集中式系统统称为中央空调系统。

二、空调系统设备组成

典型的空调方法是经过空调设备处理而得到一定参数的空气送入室内（送风），同时从室内排除相应量的空气（排风）。在送、排风同时作用下，能使室内空气保持要求状态。以图 4-17 为例，空调系统一般由以下几个部分组成：

空气处理设备：作用是将送风处理到一定的状态。主要由空气过滤器、表面式冷却器（或喷水冷却器）、加热器、加湿器等设备组成。

冷源和热源：热源是提供用来加热送风空气所需要的"热能"的装置。常用的热源有提供蒸汽（或热水）的锅炉或直接加热空气的电热设备。冷源则是提供冷却送风所需的"冷能"装置。目前用得较多的是蒸汽压缩式制冷装置。

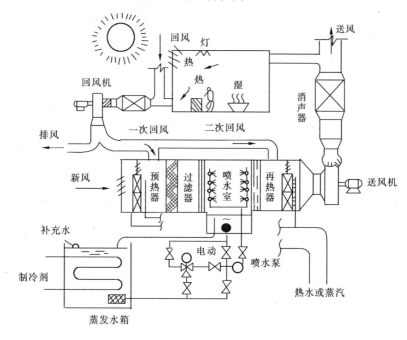

图 4-17　集中式空调系统示意图

空调风系统：将新风从空气处理设备通过风管送到空调房间内，同时将相应量的排风从室内通过另一风管送至空气处理设备再重复使用，或者排至室外。输送空气的动力设备是通风机。

空调水系统：它包括将冷水（冷冻水）从制冷装置输送至空气处理设备的水管系统和制冷装置的冷却水系统（包括冷却塔和冷却水水管系统）。系统设置有冷水泵、冷却水泵及冷却塔的风机。

控制、调节装置：由于空调、制冷系统的工作状况是随室内外空气状况的变化而变化，所以要经常对它们的有关装置进行调节。调节过程可以是人工进行的，也可以是自动控制的。

三、空调系统常用器件

空调系统运行的控制和调节是由自动调节装置来完成。一般由敏感元件、调节器、执行调节机构等组成。但各种器件种类很多，本节仅介绍与电气控制实例有联系的几种。

1. 敏感元件

用来检测被调节参数大小并输出信号的部件叫做敏感元件（或称检测元件、传感器或一次仪表）。敏感元件装在被调房间内，它把感受到的房间温度（或相对湿度）信号输送给调节器，由调节器与给定信号比较发出是否调节的指令，该指令由执行调节机构执行，从而达到调节房间温度、湿度的目的。

　　电接点水银温度计（干球温度计）：电接点水银温度计有固定接点式和可调接点式两种类型，固定接点式接点温度值是固定的，结构简单；可调接点式接点位置可通过给定机构在表的量限内调整，外形见图4-18，它和一般水银温度计不同处在于毛细管上部扁形玻璃管内装有一根螺丝杆，丝杆顶端固定着一块扁铁，丝杆上装有一个扁形螺母，螺母上焊有一根细钨丝通到毛细管内，温度计顶端装有永久磁铁调节帽，有两根导线从顶端引出，一根导线与水银相连，另一根导线与钨丝相连。它的刻度分上下两段，上段用作调整给定值，由扁形螺母指示；下段为水银柱的实际读数。进行调整时，转动调节帽，则固定扁铁被吸引而旋转，丝杆也随着转动，扁形螺母受到扁形玻璃管的约束不能转动，只能沿着丝杆上下移动。扁形螺母在上段刻度指示的是所需整定的温度值，此时钨丝下端在毛细管中的位置与扁形螺母指示位置对应。当温包受热时，水银柱上升，与钨丝接触后，即电接点接通。

　　电接点若通过稍大电流时，不仅水银柱本身发热影响到测温、调温的准确性，而且在接点断开时所产生的电弧，将烧坏水银柱面和玻璃管内壁。为此，一般通过晶体三极管的电流放大作来解决电流负荷问题。

　　湿球温度计：将电接点水银温度计的温包包上细纱布，纱布的末端浸在水里，纱布将水吸上来，使温包周围经常处于湿润状态，此种温度计称为湿球温度计。

　　当使用干、湿球温度计同时去检测空调房间空气状态时，在两温度计的指示值稳定以后，同时读出干球、湿球温度计的读数。由于湿球上水分蒸发吸收热量，湿球表面空气层的温度下降，使湿球温度一般总是低于干球温度。干球温度与湿球温度之差叫做干、湿球温度差，它的大小与被测空气的相对湿度有关，空气越干燥，其温度差就越大。当处于饱和空气中，则干、湿球温度差则为零。因此，干、湿球温度差则反映了被检测房间的相对湿度。

　　热敏电阻：半导体热敏电阻是由某些金属（如镁、镍、铜、钴等）氧化物的混合物烧结而成的。它具有很高的负电阻温度系数，即当温度升高时，其阻值急剧减小，可产生较大的信号。并具有体积小、热惯性小、坚固等优点。目前RC-4型热敏电阻较稳定，广泛应用于室温的测定。

　　湿敏电阻：湿敏电阻从机理上可分两类，第一类是随着吸湿、放湿的过程，其阻值随本身的离子发生变化而变化，属于这类的有吸湿性盐（如氯化锂）、半导体等；第二类是依靠吸附在物质表面的水分子改变其表面的能量状态，从而使内部电子的传导状态发生变化，最终也反映在电阻阻值变化上，属于这一类的有镍铁以及高分子化合物等。

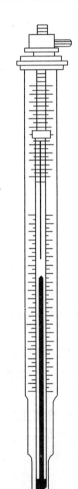

图 4-18　电接点水银温度计

氯化锂湿敏电阻是目前应用较多的一种高灵敏度的感湿元件，具有很强的吸湿性能，而且吸湿后的导电性与空气湿度之间存在着一定的函数关系。

湿敏电阻可制成柱状和梳状（板状），见图 4-19 所示。柱状是利用两根直径 0.1mm 的铂丝平行绕在玻璃骨架上，梳状是用印刷电路板制成两个梳状电路。将吸湿剂氯化锂与水溶性粘合剂混和而成的吸湿物质，均匀地涂敷在柱状（或梳状）电极体的骨架（或基板）上，做成一个氯化锂湿敏电阻测头。将测头置于被测空气中，当空气的湿度发生变化时，探头的氯化锂电阻随之发生改变，再用测量电阻的调节器测出其变化值来反映湿度值。

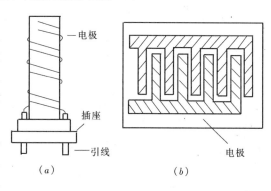

图 4-19　湿敏电阻外形
（a）柱状；（b）梳状

2. 温控器件（温度开关）

它是根据温度的变化进行调整控制的自动开关元件。根据用途不同，温度控制器可分为普通温控器和专用温控器两种。普通型温控器的作用是控制压缩机的运转和停机，专用温控器的作用是去除蒸发器盘管的霜层（又叫化霜控制器）。

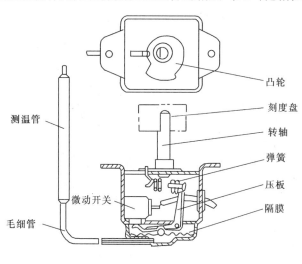

图 4-20　膜盒式温控器构造

普通温度控制器又分为机械压力式和电子式两大类。机械压力式温控器有波纹管式和膜合式温控器两种，其原理都是利用气体热胀冷缩使开关动作，这里仅介绍膜盒式温控器。

膜盒式温控器由感温系统、调节机构和执行构组成，如图 4-20 所示。感温系统由测温管、毛细管和密封的膜盒组成，调节机构由凸轮和转轴组成，执行机构则由弹簧、压板和微动开关组成。膜盒的一端通过毛细管接在测温管上，内充感温剂，另一端与压板接触。

当被调房间室内温度变化时，膜盒内部的压力也随之变化，于是压板一端的顶杆推动串联在电路中的开关触点接通或断开，从而控制压缩机的启动和停止，达到温度控制的目的。

3. 继电器

压力控制器（压力继电器）常用的有波纹管式和薄壳式两种。压力控制器又分为高压和低压控制。高压控制部分通过螺丝接口和压缩机高压排气管连接；低压控制部分通过螺丝接口和压缩机低压进气管连接。压力控制器是一种把压力信号转换为电信号，从而起控制作用的开关元件。

当外界环境温度过高、冷凝器积尘过多、制冷剂混入或充入空气量过多、冷凝器发生故障等原因使制冷系统高压压力超过设定值时，高压控制部分能自动切断空调器的压缩机电源，起到保护压缩机的作用。

当因制冷剂泄漏、蒸发器堵塞、蒸发器灰尘过多、蒸发器风扇发生故障等原因引起压缩机吸气压力过低时，低压控制部分自动切断压缩机电源。

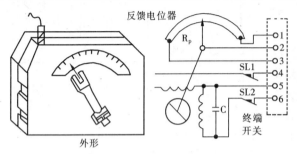

图 4-21　电动执行机构

启动继电器分为电流式启动器和电压式启动器两种。PTC 启动继电器是电流式启动继电器的一种。PTC 元件为正温度系数热敏电阻，它是掺入微量稀土元素，用特殊工艺制成的钛酸钡型的半导体。PTC 热敏元件在冷态时的阻值只有十几欧姆，在压缩机启动电路中开始呈通路状态。压缩机启动电流很大，使 PTC 热敏元件的温度很快升到居里点（一般为 $100\sim140℃$）以后，其阻值急剧上升呈断路状态。

PTC 启动继电器与启动电容器并联后再与压缩机启动绕组串联，当压缩机启动时，PTC 阻值很小，在电路中呈通路状态，压缩机完成全压启动。由于启动绕组通过很大电流，PTC 阻值急剧上升，切断启动绕组，使压缩机进入正常工作状态。

4. 执行调节机构

凡是接受调节器输出信号而动作，再控制风门或阀门的部件称为执行机构。如接触器、电动阀门的电动机等部件。而对于管道上的阀门、风道上的风门等称为调节机构。执行机构与调节机构组装在一起，成为一个设备，这种设备可称为执行调节机构。如电磁阀、电动阀等。

（1）电动执行机构：电动执行机构是接受调节器送来的信号，去改变调节机构的位置。电动执行机构不但可实现远距离操纵，还可以利用反馈电位器实现比例调节和位置（开度）指示。

现仅以 SM 型为例作介绍，它是由电容式单相异步电动机、减速箱、终端开关和反馈电位器组成。电路图4-21 中1、2、3接点接反馈电位器，将1、2、3接点再接到调节器的输入端，可以实现按比例调节规律调节。如采用双位调节时，则可不用此电位器。4、5、6端与调节器的输出触点相接，当4、5端点间加220V 交流电时，电动机正转，当5、6端点间加220 V 交流电时，电动机反转。电动机转动后，由减速箱减速并带动调节机

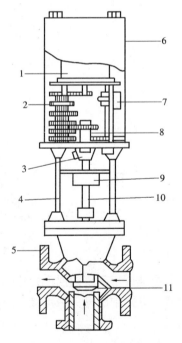

图 4-22　电动三通阀

1—电动机；2—传动机构；3—主轴；4—支柱；5—阀体；6—机壳；7—终端开关；8—主轴螺母；9—弹簧联轴节；10—阀主体；11—阀芯

构（如电动风门、电动调节阀等），另外还能带动反馈电位器中间臂移动，将调节机构移动的角度用阻值反馈回去。同时，在减速箱的输出轴上装有两个凸轮用来操纵终端开关（位置可调），限制输出轴转动的角度。即在达到要求的转角时，凸轮拨动终端开关，使电动机自动停下来，这样，既可保护电动机，又可以在风门转动的范围内，任意确定风门的终端位置。

（2）电动调节阀：电动调节阀分为电动两通阀和电动三通阀两种，三通阀结构见图4-22。与电动执行机构不同点是本身具有阀门部分，相同点是都有电容式单相异步电动机、减速器和终端开关等。

当接通电源后，电动机通过减速机构、传动机构将电动机的转动变为阀芯的直线运动，随着电动机转向的改变，使阀门开启或关闭运动。当阀芯处于全开或全闭位置时，通过终端开关自动切断执行电动机的电源，同时接通指示灯以显示阀门的终端位置。若和电动执行机构组合，可以实现按比例调节规律调节。

电动调节阀也有只能实现全开和全关两种状态的电动两通阀或电动三通阀，当阀芯全部打开时，电动机为堵转运行，是由特制的磁滞电动机拖动的，其堵转电流为工作电流。当电动机断电时，利用弹簧的反弹力而旋转关闭，此类电动调节阀只能实现按双位调节规律调节。

（3）电磁阀：电磁阀分为两通阀、三通阀和四通阀。两通电磁阀应用最广泛，两通电磁阀的结构见图4-23，其工作原理是利用电磁线圈通电产生的电磁吸力将阀芯提起，而当电磁线圈断电时，阀芯在其本身的自重作用下自行关闭。因此，两通电磁阀只能垂直安装。电磁阀的阀门只有全开和全关两种状态，没有中间状态，只能实现按双位调节规律调节。一般应用在制冷系统和蒸汽加湿系统。电磁阀与其他主阀组合，也可实现比例调节。

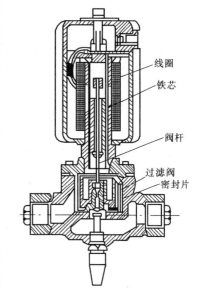

图 4-23　电磁两通阀

（图中标注：线圈、铁芯、阀杆、过滤阀、密封片）

5. 调节器

接受敏感元件的输出信号并与给定值比较，然后将测出的偏差变为输出信号，指挥执行调节机构，对调节对象起调节作用，并保持调节参数不变或在给定范围内变化的这种装置称为调节器，又称二次仪表或调节仪表。

SY 型调节器：SY 型调节器由两组电子电路和继电器组成，由同一电源变压器供电。电接点水银温度计接在输入端上。两组电子电路单独使用可实现温度的自动调节。若两组配合，可在恒温恒湿机组中实现恒温恒湿的控制。

RS 型室温调节器：RS 型室温调节器可用于控制风机盘管等末端装置，按双位调节规律控制恒温。调节器电路由测量放大电路、双稳态触发电路组成，通过继电器的触头转换而实现输出。

P 系列调节器：P 系列调节器是专为空调系统设计的比例调节器，它与电动调节阀配套使用，在取得位置反馈时，可构成连续比例调节，也可不采用位置反馈而直接控制接触器或电磁阀等，实现三位式输出。

四、制冷与空调系统电气控制实例分析

（一）制冷系统的电气控制

在空调工程中，常用的有天然冷源或人工冷源。人工制冷方法广泛使用的是利用液体在低压下汽化时需吸收热量这一特性来制冷的。属于这种类型的制冷装置有：蒸汽喷射式、溴化锂吸收式、压缩式制冷等。下面介绍压缩式制冷的基本原理和与集中式空调配套的制冷系统的电气控制。

1. 制冷系统元部件

（1）压缩机：压缩机是制冷系统的动力核心，它可将吸入的低温、低压制冷剂蒸气通过压缩提高温度和压力，并通过热功转换达到制冷目的。

压缩机有活塞式、离心式、旋转式、涡旋式等几种形式。常用的是活塞式压缩机，其工作原理是：曲轴由电动机带动旋转，并通过连杆使活塞在气缸中做上下往复运动。压缩机完成一次吸、排气循环，相当于曲轴旋转一周，依次进行一次压缩、排气、膨胀和吸气过程。压缩机在电动机驱动下连续运转，活塞便不断地在气缸中作往复运动。

（2）热交换器：蒸发器和冷凝器统称为热交换器，也称换热器。

蒸发器（冷却器）：它是制冷循环中直接制冷的器件，一般装在室内机组中。制冷剂液体经毛细管节流后进入蒸发器紫铜管，管外是强迫流动的空气。压缩机制冷工作时，吸收室内空气中的热量，使制冷剂液体蒸发为气体，带走室内空气中的热量，使房间冷却。它同时还能将蒸发器周围流动的空气冷却到低于露点温度，去除空气中的水分进行减湿。

冷凝器：空调中冷凝器的结构与蒸发器基本相同。其作用是使由压缩机送出的高温、高压制冷剂气体冷却液化。当压缩机制冷工作时，压缩机排出的过热、高压制冷剂气体由进气口进入多排并行的冷凝管后，通过管外的散热器向外散热，管内的制冷剂由气态变为液态流出。

（3）节流元件：节流元件包括毛细管和膨胀阀两种。

毛细管：毛细管是一根孔径很小的细长的紫铜管，其内径为 1 ~ 1.6mm，长度为 500 ~ 1000mm。作为一种节流元件，焊接在冷凝器输液管与蒸发器进口之间，起降压节流作用，可阻止在冷凝器中被液化的常温高压液态制冷剂直接进入蒸发器，降低蒸发器内的压力，有利于制冷剂的蒸发。当压缩机停止时，能通过毛细管使低压部分与高压部分的压力保持平衡，从而使压缩机易于启动。

膨胀阀：有热力膨胀阀和电子膨胀阀两种。1）热力膨胀阀（又称感温式膨胀阀）接在蒸发器的进口管上，其感温包紧贴在蒸发器的出口管上。根据蒸发器出口处制冷剂气体的压力变化和过热度变化来自动调节供给蒸发器的制冷剂流量。根据蒸发压力引出点不同，热力膨胀阀分为内平衡式与外平衡式两种。2）电子膨胀阀主要由步进电机和针形阀组成，针型阀由阀杆、阀针和节流孔组成。阀体中与阀杆接触处有内螺纹。电机直接驱动转轴，改变针形阀开度以实现流量调节。

2. 压缩式制冷的工作原理

压缩式制冷系统由压缩机，冷凝器、膨胀阀和蒸发器四大主件以及管路等构成，如图4-24所示。

压缩式制冷工作原理：当压缩机在电动机驱动下运行时，就能从蒸发器中将温度较低的低压制冷剂气体吸入气缸内，经过压缩后成为高温高压的气体被排入冷凝器，在冷凝器内，高温高压的制冷气体与常温条件的水（或空气）进行热交换，把热量传给冷却水（或空气），而使本身由气体凝结为液体。当冷凝后的液态制冷剂流经膨胀阀时，由于该阀的孔径极小，使液态制冷剂在阀中由高压节流至低压进入蒸发器。在蒸发器内，低压低温的制冷剂液体的状

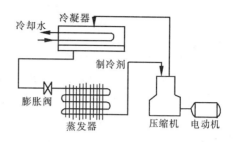

图 4-24　压缩式制冷循环图

态是很不稳定的，立即进行汽化（蒸发）并吸收蒸发器水箱中水的热量，从而使喷水室回水重新得到冷却，蒸发器所产生的制冷剂气体又被压缩机吸走。这样制冷剂在系统中要经过压缩、冷凝、节流和蒸发等过程才完成一个制冷循环。

由上述制冷剂的流动过程可知，只要制冷装置正常运行，在蒸发器周围就能获得连续稳定的冷量，而这些冷量的取得必须以消耗能量（例如电动机耗电）作为补偿。

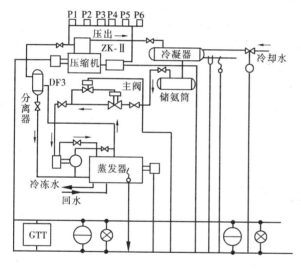

图 4-25　制冷系统组成示意图

3. 制冷系统的电气控制

活塞式制冷机组的应用比较广泛，其能量调节常用压力控制方式来实现，这里以集中式空调系统配套的制冷系统为例进行介绍。

（1）制冷系统的组成。

组成概况：在制冷装置中用来实现制冷的工作物质称为制冷剂或工质。常用的制冷剂有氨和氟利昂等。本例的制冷系统由氨制冷压缩机（一台工作，一台备用）组成，由于电动机容量较大，为了限制其启动电流，又能带一定的负载启动，选择绕线式电动机拖动。自控部分有电动机（95kW）及频敏变阻器启动设备、氨压缩机附带的 ZK-Ⅱ 型自控台（具有自动调缸电气控制装置）及新设计的自控柜，组成一个整体，满足对空调自动系统发来的需冷信号的控制要求，如图 4-25 所示。

能量调节：由压力继电器、电磁阀和卸载机构组成能量调节部分。本压缩机有六个气缸，每一对气缸配一个压力继电器和一个电磁阀。压力继电器有高端和低端两对电接点，其动作压力都是预先整定的。当冷负荷降低，吸气压力降到某一压力继电器的低端整定值时，其低端接点闭合，接通相配套的电磁阀线圈，阀门打开，使它所控制的卸载机构中的油经过电磁阀回流入曲轴箱，卸载机构的油压下降，气缸组即行卸载。当冷负荷增加，吸气压力逐渐升高到某一压力继电器高端整定值时，其高端电接点闭合，低端电接点断开，电磁阀线圈失电，阀门关闭，卸载机构油压上升，气缸组进入工作状态。氨压缩机这一吸气压力与工作缸数可用表 4-2 描述。各压力继电器整定值见表说明，压力继电器的低端整定值用 1 注脚，高端整定值用 2 注脚。

压力继电器	$P6_1$	$P2_1$	$P3_1$	$P2_2$	$P4_1$	$P3_2$	$P4_2$	$P5_2$	$P6_2$
压力（MPa）	0.28	0.3	0.32	0.33	0.34	0.35	0.37	1.2	1.4

压缩机的吸气压力与工作缸数的关系表   表4-2

系统应用仪表：本系统采用三块 XCT 系列仪表，分别作为本系统的冷冻水水温、压缩机油温和排气温度的指示与保护。

（2）系统的电气控制分析。与集中式空调系统相配套的制冷系统的电气控制如图4-26所示。图中仅需冷信号来自空调指令，其余均自成体系，因此图中符号均自行编排。下面分环节叙述其工作原理。

投入前的准备：合上电源开关 QS 和控制电路开关 SA1，将 SA2 和 SA3 放在自动位。

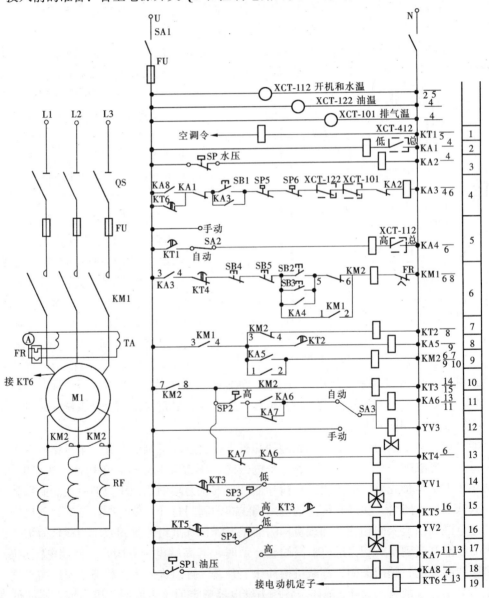

图4-26 活塞式制冷系统的电气控制电路图

仔细检查上述仪表及系统的其他仪表工作是否正常，并观查各手动阀门的位置是否符合运行要求等，检查完毕后，按下启动按钮 SB1，系统正常时，继电器 KA3 得电吸合，为机组启动做准备。

开机阶段：当空调系统送来交流 220 V 启动机组命令时，时间继电器 KT1 得电，其常开触头 KT1 经延时闭合。如此时蒸发器水箱中冷冻水温度高于 8℃时，XCT-112 仪表的总 – 高触点闭合，使继电器 KA4 得电吸合，使 KM1 线圈通电吸合，其主触点闭合，制冷压缩机电动机定子绕组接电源、转子绕组串频敏变阻器限流启动；同时，其辅助触点 KM1$_{1,2}$ 闭合，自锁；KM1$_{3,4}$ 闭合，时间继电器 KT2 得电，其常开触点 KT2 经延时闭合，使中间继电器 KA5 得电，KA5 的触点使接触器 KM2 线圈得电吸合，其主触点闭合，短接频敏变阻器；同时辅助触点 KM2$_{1,2}$ 闭合，自锁；KM2$_{3,4}$ 断开，使时间继电器 KT2 失电，为下次启动作准备；KM2$_{5,6}$ 断开，为下次启动作准备；KM2$_{7,8}$ 闭合，使时间继电器 KT3 得电，其常闭触点 KT3 延时 4 分钟断开，为 YV1 断电作准备；KT3 的常开触点延时 4 分钟闭合，为 KT5 通电作准备。

KM2$_{7,8}$ 闭合，也使时间继电器 KT4 得电，其常闭触点延时 4 分钟断开，使接触器 KM1 失电，压缩机停止，说明冷负荷较轻，不需压缩机工作，如在 4 分钟之内，压缩机的吸气压力超过压力继电器 SP2 的高端整定值时，SP2 高端触点接通，使电磁导阀 YV3 线圈得电，打开制冷剂管路的电磁阀 YV3 及主阀，由储氨筒向膨胀阀供氨液；同时，中间继电器 KA6 得电，其常闭触点断开，使时间继电器 KT4 失电；KA6 的常开触点闭合，自锁，压缩机正常运行。

压缩机启动后，润滑油系统正常时，油压上升，则在 18s 内，油压差继电器 SP1 触点闭合，KA8 通电，其触点 KA8 闭合代替 KT6 触点，使压缩机正常工作。同时，1、2 气缸自动投入运行，有利于压缩机启动初始时为轻载启动，此时的负载能力为 33％。

能量调节：当空调冷负荷增加，压缩机吸气压力超过压力继电器 SP3 的高端整定值时，SP3 低端触点断开，若此时 KT3 的常闭触点已断开，电磁阀 YV1 失电关闭，其卸载机构的 3、4 缸油压上升，使 3、4 缸投入工作状态，压缩机的负载增加，此时的负载能力为 66％。同时 SP3 高端触点闭合，使时间继电器 KT5 得电，其常闭触点 KT5 延时 4 分钟断开，为 YV2 失电作准备。

当压缩机吸气压力继续上升达到压力继电器 SP4 的高端整定值时，SP4 低端触点断开，限制 5、6 缸投入的电磁阀 YV2 失电，5、6 缸投入运行，压缩机的负载又增加，此时的负载能力为 100％。同时，SP4 高端触点闭合，中间继电器 KA7 得电吸合，其触点断开，但暂时不起作用。

当吸气压力减小时，可以自动调缸卸载。例如，吸气压力降到压力继电器 SP4 的低端整定值时，SP4 高端触点断开，而 SP4 低端触点接通，使电磁阀 YV2 线圈得电而打开，使它所控制的卸载机构中的油经过电磁阀回流入曲轴箱，卸载机构油压下降，5、6 缸即行卸载。卸载与加载有一定的压差，可避免调缸过于频繁。3、4 缸卸载也基本相同。

停机阶段：停机分长期停机、周期停机和事故停机三种情况。

长期停机是指因空调停止供冷的停机。当空调停止喷淋水后，蒸发器水箱水温下降，进而使吸气压力下降。当吸气压力下降到等于或小于压力继电器 SP2 整定的低端值时，SP2 高端触点断开，导阀 YV3 失电，使主阀关闭，停止向膨胀阀供氨液。同时，中间继电器 KA6 失电，其触点 KA6 恢复（KA7 已恢复），使时间继电器 KT4 得电，其触点 KT4 延时 4 分钟后断开，接触器 KM1 失电，压缩机停止运行。延时的目的是为了在主阀关闭后，使蒸发器的氨液面继续下降到一定高度，以避免下次开车启动时产生冲缸现象。

周期停机是指存在空调需冷信号的情况下为适应负载要求而停机。这种停机与长期停机相似，通过 SP2 触点和 KT3 实现。但由于空调系统仍送来需冷信号，蒸发器压力和冷冻水温度将随冷负荷的增加而上升，一般水温上升较慢。在水温没上升到 8℃ 以上时，XCT-112 仪表中的高-总触点未闭合，继电器 KA4 没得电，压缩机不启动。但吸气压力上升较快，当吸气压力上升到压力继电器 SP4 的整定的高端值时，SP4 高端触点接通，使继电器 KA7 得电，其触点 KA7 断开，使导阀 YV3 不会在压缩机启动结束就打开；另一对触点 KA7 断开，使时间继电器 KT4 不会在压缩机启动结束就得电，防止冷负荷较轻而频繁启动压缩机。

当水温上升到 8℃ 时，XCT-112 仪表中的高 - 总触点闭合，KA4 得电，压缩机重新启动，只要吸气压力高于压力继电器 SP4 整定的高端值时，导阀 YV3 就不会得电打开而供应氨液，只有在吸气压力下降到的低端值时，SP4 高端触点断开，使 KA7 失电，导阀 YV3 和继电器 KA6 才得电，并通过 KA6 闭合自锁。压缩机气缸的投入仍按时间原则和压力原则分期投入，以防止压缩机重载启动。

事故停机是指由于运行中出现的各种事故通过事故继电器 KA3 的常开触点切断接触器 KM1 而导致的停机。例如 SP5 因吸气压力超过 P5 整定的高端值时的高压停机，SP6 因吸气压力超过 P6 整定的高端值时的超高压停机（两道防线）等。事故停机时，必须经检查后重新按事故联锁按钮 SB1，KA3 得电后，系统才能再次投入运行。

（3）保护环节。冷冻水温度过低、润滑油温度过低和排气温度过高的保护：该系统应用了 3 块 XCT 系列仪表，作为冷冻水温度、压缩机的润滑油温度过低和排气温度过高的指示与保护用仪表。该仪表是一种简易式调节仪表，它与热电偶、热电阻等相配合，用来指示和调节被控制对象的温度或压力等参数，它主要由测量电路、动圈测量机构、调节电路等组成，输出 0～10 mA 直流电流或断续输出两类形式。

冷冻水温度是由 XCT-112 指示与调节的，该仪表为三位调节，当冷冻水温度低于 1℃ 时，其低-总触点闭合，KA1 吸合使 KA3 动作而切断控制电路。当冷冻水温度高于 8℃ 时，其高-总触点闭合，KA4 吸合，准备启动机组。

XCT-122 的低-总触点和 XCT-101 的高-总触点直接串在 KA3 线圈回路，当压缩机的润滑油温度过低或排气温度过高时，其常闭触点都可以使 KA3 动作而切断控制电路。

冷却水压力过低保护：由压力继电器 SP 和继电器 KA2 实现；冷却水压力正常时，压力继电器 SP 的常闭触点是断开的，继电器 KA2 没吸合；当冷却水压力过低时，SP 的常闭触点恢复，KA2 吸合使 KA3 动作而切断控制电路。

压缩机吸气压力过高的保护：当压缩机吸气压力过高时，SP5 常闭触点断开使 KA3 动作而切断控制电路。SP6 为极限保护。

润滑油压力过低保护：当压缩机启动时，时间继电器 KT6 线圈得电就开始计时，在整定的 18 秒内，其常闭触点 KT6 断开，如果此时润滑系统油压差未能上升到油压差继电器整定值 P1（润滑油由与压缩机同轴的机械泵供油），则压差继电器触点 SP1 不闭合，中间继电器 KA8 线圈不通电，事故继电器 KA3 失电，压缩机启动失败，处于事故状态。若润滑系统正常，则在 18s 内，油压差继电器 SP1 触点闭合，KA8 通电，其触点 KA8 闭合代替 KT6 触点，使压缩机正常工作。

（二）分散式空调系统的电气控制

在一个大型建筑物中，若只有少数房间或者较为分散的房间需要安装空调时，从经济和管理的角度考虑，往往是采用分散式空调系统更为方便。

1. 分散式空调系统的种类

按冷凝器的冷却方式分：有水冷式和风冷式；按外型结构分：有立柜式和窗式。立柜式还可分为整体式、分体式及专门用途等；按电源相数分：有单相电源和三相电源；按加热方式分：有电加热器式和热泵型。如按用途不同来分，大体有以下几种：

（1）冷风专用空调器：作为一般空调房间夏季降温减湿用，其电气设备主要有风机和制冷压缩机。其电动机电源有单相和三相的。

（2）热泵冷风型空调器：其特点是压缩机排风管上装有电磁四通阀，它可以改变制冷剂流出与吸入的管路连接状态，以实现夏季降温和冬季供暖。其电气设备主要有风机、压缩机和电磁阀，电动机电源有单相和三相的。

（3）恒温恒湿机组：能自动调节空气的温度和相对湿度，以满足房间在不同季节的恒温恒湿要求，其电气设备除了风机和压缩机之外，还设置有电加热器、电加湿器和自动控制设备等。

2. 恒温恒湿机组的电气控制实例

冷风专用空调器和热泵冷风空调器在相对湿度自动调节方面一般没有特殊要求，所以控制电路较简单。而恒温恒湿机组对温度和相对湿度控制要求却较高，种类也很多，此处仅以 KD10 型空调机组为例，介绍系统中的主要设备及控制方法。

（1）系统组成及主要设备。空调机组控制系统如图 4-27 所示，由制冷、空气处理和电气控制三部分组成。

制冷部分：制冷部分是机组的冷源，主要由压缩机、冷凝器、膨胀阀和蒸发器等组成。该系统的蒸发器是风冷式表面冷却器，为了调节系统所需的冷负荷，将蒸发器制冷剂管路分成两路，利用两个电磁阀分别控制两条管路的通和断，使蒸发器的蒸发面积全部或部分使用来调节系统所需的冷负荷量，分油器、滤污器等为辅助设备。

空气处理部分：空气处理部分主要由新风采集口、回风口、空气过滤器、电加热器、电加湿器和通风机等设备组成。其主要任务是将新风和回风经过空气过滤器过滤后，处理成所需要的温度和相对湿度，以满足房间空调要求。

电加热器：电加热器按其构造不同可分为管式电加热器和裸线式电加热器。管式电加热器具有加热均匀、热量稳定、耐用和安全等优点，但其加热惯性大，结构复杂。裸线式电加热器具有热惯性小、加热迅速、结构简单等优点，但其安全性差。

电加湿器：电加湿器是用电能直接加热水以产生蒸汽，用短管将蒸汽喷入空气中或将电加湿装置直接装在风道内，使蒸汽直接混入流过的空气。产生蒸汽所用的加热设备有电极式加湿器和管状加湿器。

（2）电气控制部分。其主要作用是实现恒温恒湿的自动调节，主要有电触点式干湿球水银温度计及 SY 调节器、接触器、继电器等。

3. 电气控制电路分析

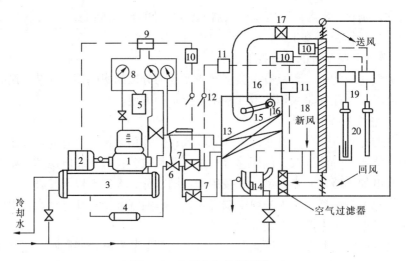

图 4-27 空调机组控制系统

1—压缩机；2—电动机；3—冷凝器；4—滤污器；5—分油器；6—膨胀阀；

7—电磁阀；8—压力表；9—压力继电器触头；10—接触器触头；11—继电器触头；

12—选择开关；13—蒸发器；14—电加湿器；15—风机；16—风机电动机；

17—电加热器；18—开关；19—调节器；20—电触点干湿球温度计

空调机组电气控制电路如图 4-28 所示。可分为主电路、控制电路和信号灯与电磁阀控制电路三部分。当空调机组需要投入运行时，合上电源总开关 QF，所有接触器的上接

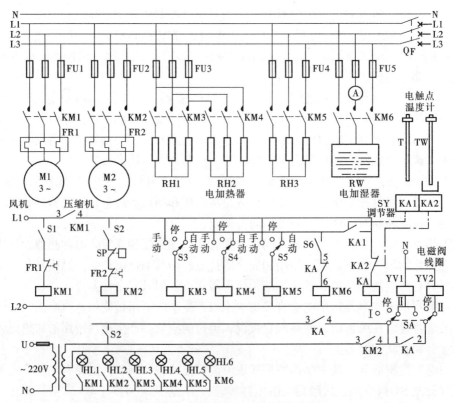

图 4-28 空调机组电气控制电路图

线端子、控制电路 L1、L2 两相电源和控制变压器 TC 均有电。合上开关 S1，接触器 KM1 得电吸合；其主触头闭合使通风机电动机 M1 启动运行；辅助（联锁保护）触头 KM1 闭合，指示灯 HL1 亮；KM1$_{3,4}$ 闭合，为温、湿度自动调节作好准备，即通风机未启动前，电加热器、电加湿器等都不能投入运行，起到安全保护作用，避免发生事故。

机组的冷源是由制冷压缩机供给。压缩机电动机 M2 的启动由开关 S2 控制，其制冷量是利用控制电磁阀 YV1、YV2 来调节蒸发器的蒸发面积实现，由转换开关 SA 控制是否全部投入。YV1 控制 2/3 的蒸发器蒸发面积，YV2 控制 1/3 的蒸发器蒸发面积。机组的热源由电加热器供给。电加热器分成三组，分别由开关 S3、S4、S5 控制。S3、S4、S5 都有"手动"、"停止"、"自动"三个位置。当扳到"自动"位置时，可以实现自动调节。

（1）夏季运行的温、湿度调节。夏季运行时需降温和减湿（增大制冷量去湿），压缩机需投入运行，设开关 SA 扳在 II 档，电磁阀 YV1、YV2 全部受控，电加热器可有一组投入运行，作为精加热用，设 S3、S4 扳至中间"停止"档，S5 扳至"自动"档。合上开关 S2，接触器 KM2 得电吸合，其主触头闭合，制冷压缩机电动机 M2 启动运行，其辅助触头 KM2 闭合，指示灯 HL2 亮；KM2$_{3,4}$ 闭合，电磁阀 YV1 通电打开，蒸发器有 2/3 面积投入运行（另 1/3 面积受电磁阀 YV2 和继电器 KA 的控制）。由于刚开机时，室内的温度较高，敏感元件干球温度计 T 和湿球温度计 TW 触点都是接通的（T 的整定值比 TW 整定值稍高），与其相接的调节器 SY 中的继电器 KA1 和 KA2 均不吸合，KA2 的常闭触点使继电器 KA 得电吸合，其触头 KA$_{1,2}$ 闭合，使电磁阀 YV2 得电打开，蒸发器全部面积投入运行，空气机组向室内送入冷风，实现对新空气进行降温和冷却减湿。

当室内温度或相对湿度下降，低到 T 和 TW 的整定值以下时，其电触点断开使调节器中的继电器 KA1 或 KA2 得电吸合，利用其触头动作可进行自动调节。例如：室温下降到 T 的整定值以下，T 触点断开，SY 调节器中的继电器 KA1 得电吸合，其常开触头闭合，使接触器 KM5 得电吸合，其主触头使电加热器 RH3 通电，对风道中被降温和减湿后的冷风进行加热，其温度相对提高。

如室内温度一定，而相对湿度低于 T 和 TW 整定的温度差时，TW 上的水分蒸发快而带走热量，使 TW 触点断开，调节器 SY 中的继电器 KA2 得电吸合，其常闭触头 KA2 断开，使继电器 KA 失电，其常开触头 KA$_{1,2}$ 恢复，电磁阀 YV2 失电而关闭. 蒸发器只有 2/3 面积投入运行，制冷量减少而使相对湿度升高。

从上述分析可知，当房间内干、湿球温度一定时，其相对湿度也就确定了。这里，每一个干、湿球温度差就对应一个湿度差，若干球温度保持不变，则湿球温度的变化就表示了房间内相对湿度的变化，只要能控制住湿球温度不变就能维持房间内的相对湿度恒定。

如果选择开关 SA 扳到"I"位置时，只有电磁阀 YV1 受调节，而电磁阀 YV2 不投入运行，此种状态可在春、夏交界和夏、秋交界制冷量需要较少时的季节用，其原理与上同。

为了防止制冷系统压缩机吸气压力过高导致运行不安全和压力过低导致运行不经济，利用高低压力继电器触头 SP 来控制压缩机的运行和停止。当发生高压超压或低压过低时，高低压力继电器触头 SP 断开，接触器 KM2 失电释放，压缩机电动机停止运转。此时，通过继电器 KA 的 KA$_{3,4}$ 触头使电磁阀继续受控。当蒸发器吸气压力恢复正常时，高低压力继电器触头 SP 恢复，压缩机电动机自动启动运行。

（2）冬季运行的温、湿度调节。冬季运行主要是升温和加湿，制冷系统不工作，需将S2断开。加热器有三组，根据加热量的不同，可分别选择在手动、停止或自动位置。设S3和S4扳在手动位置，接触器KM3、KM4均得电，RH1、RH2投入运行而不受控。将S5扳至自动位置，RH3受温度调节环节控制。当室内温度低时，干球温度计T触点断开，SY调节器中的继电器KA1吸合，其常开触头闭合使接触器KM5得电吸合，其主触头闭合使RH3投入运行，送风温度升高。如室温较高，T触点闭合，SY调节器中的继电器KA1释放而使KM5断电，RH3不投入运行。

室内相对湿度调节是将开关S6合上，利用湿球温度计TW触点的通断而进行控制。例如：当室内相对湿度较低时，TW的温包上水分蒸发快而带走热量（室温在整定值时），TW触点断开，SY调节器中的继电器KA2吸合，其常闭触头KA2断开，使继电器KA失电释放，其触头$KA_{5,6}$恢复，使KM6得电吸合，其主触头闭合，电加湿器RW投入运行，产生蒸汽对送风进行加湿；当相对湿度较高时，TW和T的温差小，TW触点闭合，KA2释放，继电器KA得电，其触头$KA_{5,6}$断开，使KM6失电而停止加湿。

该系统的恒温恒湿调节仅是位式调节，只能在制冷压缩机和电加热器的额定负荷以下才能保证温度的调节。另外，系统中还设有过载和短路等保护。

（三）集中式空调系统的电气控制

1. 集中式空调系统的电气控制特点和要求

（1）电气控制特点：该系统能自动调节温、湿度和自动进行季节工况转换，能做到全年自动化。开机时，只需按一下风机启动按钮，整个空调系统就自动投入正常运行（包括各设备间的程序控制、调节和季节的工况转换）；停机时，只要按一下风机停止按钮，就可以按一定程序停机。

空调系统自控原理图见图4-17。系统在室内放有两个敏感元件，其一是温度敏感元件RT（室内型镍电阻），其二是相对湿度敏感元件RH和RT组成的温差发送器。

（2）控制要求。

温度自动控制：PT接在P-4A型调节器上，调节器则根据室内实际温度与给定值的偏差对执行机构按比例规律进行控制。夏季时，控制一、二次回风风门来维持恒温（当一次风门关小时，二次风门开大，既防止风门振动，又加快调节速度）。冬季时，控制二次加热器（表面式蒸汽加热器）的电动两通阀实现恒温。

温度控制的季节转换：夏转冬：随着天气变冷，室温信号使二次风门开大升温，如果还达不到给定值，则将二次风门开到极限，碰撞风门执行机构的中断开关发出信号，使中间继电器动作，从而过渡到冬季运行工况。为防止因干扰信号而使转换频繁，转换时应通过延时，如果在延时整定时间内恢复了原状态即终断开关复位，转换继电器还没动作，则不进行转换。冬转夏：是利用加热器的电动两通阀关足时碰终断开关后送出信号，经延时后自动转换到夏季运行工况。

相对湿度控制：采用RH和RT组成的温差发送器，来反映房间内相对湿度的变化，将此信号送至冬、夏共用的P-4B型温差调节器。调节器按比例规律控制执行机构，实现对相对湿度的自动控制。

夏季时，控制喷淋水的温度实现降温，相对湿度较高时，通过调节电动三通阀面改变冷冻水与循环水的比例，实现冷却减湿；冬季时，采用表面式蒸汽加热器升温，相对湿度较低时，采用喷蒸汽加湿。

　　湿度控制的季节转换：夏转冬：当相对湿度较低时，采用电动三通阀的冷水端全关时送出电信号，经延时使转换继电器动作，转入冬季运行工况；冬转夏：当相对湿度较高时，采用 P-4B 型调节器上限电接点送出电信号，延时后动作，转入夏季运行工况。

　　2. 集中式空调系统的电气控制

　　（1）风机、水泵电动机的控制：空调系统的电气控制电路图如图 4-29 所示，运行前，进行必要的检查后，合上电源开关 QS，并将其他选择开关置于自动位置。

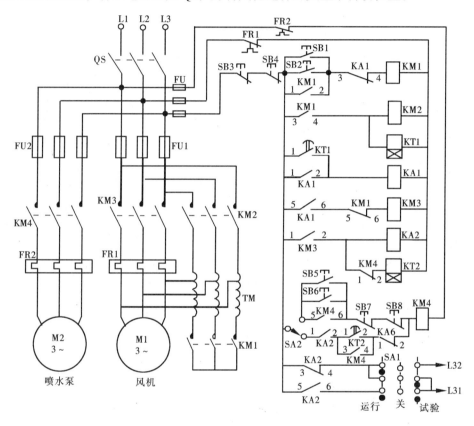

图 4-29　集中式空调系统电气控制图

　　风机的启动：风机电动机 M1 是利用自耦变压器减压启动的。按下风机启动按钮 SB1 或 SB2，接触器 KM1 得电；其主触头闭合，将自耦变压器三相绕组的零点接到一起，辅助触头 $KM1_{1,2}$ 闭合并自锁，$KM1_{5,6}$ 断开并互锁，$KM1_{3,4}$ 闭合，使接触器 KM2 得电，其主触头闭合，使自耦变压器接通电源，风机电动机 M1 接自耦变压器减压启动，同时，时间继电器 KT1 也得电，其触头 $KT1_{1,2}$ 延时闭合，使中间继电器 KA1 得电吸合；其触头 $KA1_{1,2}$ 闭合，自锁；$KA1_{3,4}$ 断开，使 KM1 失电，KM2、KT1 也失电，风机电动机 M1 切除自耦变压器；$KA1_{5,6}$ 闭合，接触器 KM3 经 $KM1_{5,6}$ 得电；其主触头闭合，风机电动机 M1 全压运行；辅助触头 $KM3_{1,2}$ 闭合，使中间继电器 KA2 得电；其触头 $KA2_{1,2}$ 闭合，为水泵电动机 M2 自动启动做准备；$KA2_{3,4}$ 断开；L32 无电；$KA2_{5,6}$ 闭合，SA1 在运行位置时，L31 有电，为自动调节电路送电。

（2）水泵的启动：喷水泵电动机 M2 是直接启动的，当风机正常运行时，在夏季需冷冻水的情况下，中间继电器 KA6$_{1,2}$ 处于闭合状态。当 KA2 得电时，KT2 也得电；其触头 KT2$_{1,2}$ 延时闭合，接触器 KM4 经 KA2$_{1,2}$、KT2$_{1,2}$、KA6$_{1,2}$ 触头得电吸合，其主触头闭合使水泵电动机 M2 直接启动，对冷冻水进行加压；辅助触头 KM4$_{1,2}$ 断开，使 KT2 失电；KM4$_{3,4}$ 闭合，自锁；KM4$_{5,6}$ 为按钮启动用自锁触头。

转换开关 SA1 转到试验位置时，若不启动风机与水泵，也可通过中间继电器 KA2$_{3,4}$ 为自动调节电路送电，在既节省能量又减少噪声的情况下，对自动调节电路进行调试。在正常运行时，SA1 应转到运行位置。

空调系统需要停止运行时，可通过停止按钮 SB3 或 SB4 使风机及系统停止运行。并通过 KA2$_{3,4}$ 触头为 L32 送电，整个空调系统处于自动回零状态。

（3）温度自动调节及季节自动转换：温度自动调节及季节自动转换电路如图 4-30 所示。敏感元件 RT 接在 P-4A 调节器端子板 XT1、XT2、XT3 上，P-4A 调节器上另外三个端子 XT4、XT5、XT6 接二次风门电动执行机构电动机 M4 的位置反馈电位器 RM4 和电动两通阀 M3 的位置反馈电位器 RM3 上。KE1、KE2 触头为 P-4A 调节器中继电器的对应触头。

（4）夏季温度调节：选择转换开关 SA3 在自动位置。如正处于夏季，二次风门一般不处于开足状态。时间继电器 KT3 线圈不会得电，中间继电器 KA3、KA4 线圈也不会得电，这时，一、二次风门的执行机构电动机 M4 通过 KA4$_{9,10}$ 和 KA4$_{11,12}$ 常闭触头处于受控状态。通过敏感元件 RT 检测室温，传递给 P-4A 调节器进行自动调节一、二次风门的开度。

当实际量度低于给定值时，经 RT 检测并与给定电阻值比较，使调节器中的继电器 KA1 吸合，其常开触头闭合，发出一个用以开大二次风门和关小一次风门的信号。M4 经 KA1 常开触头和 KA4$_{11,12}$ 触头接通电源而转动，将二次风门开大，一次风门关小。利用二次回风量的增加来提高被冷却后的新风温度，使室温上升到接近于给定值。同时，利用电动执行机构的反馈电阻 RM4 与温度检测电阻的变化相比较，成比例的调节一、二次风门开度。当 RM4、RT 与给定电阻值平衡时，P-4A 中的继电器 KA1 失电，一、二次风门调节停止。如室温高于给定值，P-4A 中的继电器 KE2 将吸合，发出一个用以关小二次风门的信号，M4 经 KA2 常开触头和 KA4$_{9,10}$ 得到反相序电源，使二次风门成比例的关小。

（5）夏季转冬季工况：随着室外气温的降低，空调系统的热负荷也相应地增加，当二次风门开足时，仍不能满足要求时，通过二次风门开足时，压下 M4 的终端开关，使时间继电器 KT3 线圈通电，其触头 KT3$_{1,2}$ 延时（4分钟）闭合，使中间继电器 KA3，KA4 得电，其触头的动作情况如下：KA4$_{9,10}$、KA4$_{11,12}$ 断开，使一、二次风门不受控；KA3$_{5,6}$、KA$_{7,8}$ 断开，切除 RM4；KA4$_{1,2}$、KA4$_{3,4}$ 闭合，将 RM3 接入 P-4A 回路；KA4$_{5,6}$、KA4$_{7,8}$ 闭合，使蒸汽加热器电动两通阀电动机 M3 受控；KA4$_{1,2}$ 闭合，自锁。系统由夏季工况自动转入冬季工况。

也可选用手动与自动相结合的秋季运行工况。例如，将 SA3 扳到手动位置，按 SB9 按钮，使蒸汽两通阀电动执行机构 M3 得电，将蒸汽两通阀稍打开一定角度（一般开度小于 60° 为好）后，再将 SA3 扳到自动位置，又回到自动调节转换工况。此工况，一、二次风门又处于受控状态，在蒸汽用量少的秋季是有利的，又因避免了二次风门在接近全开情况下进行调节，故增加了调节阀的线性度，改善了调节性能。

（6）冬季温度控制：冬季温度控制仍通过敏感元件 RT 的检测，P-4A 调节器中的 KE1

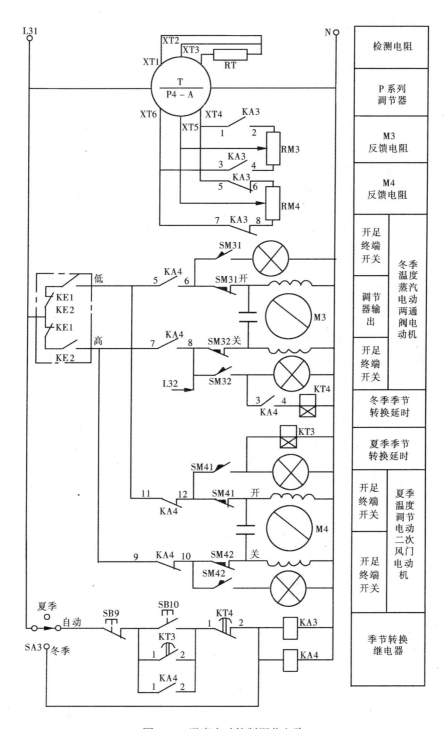

图 4-30　温度自动控制调节电路

或 KE2 触头的通断，使电动两通阀电动机 M3 正转与反转，使电动两通阀开大与关小。并利用反馈电位器 RM3 按比例规律调整蒸汽量的大小。

当实际温度低于给定值时，经 RT 检测并与给定电阻值比较，使调节器中的继电器 KA1 得电，其常开触头闭合，发出一个开大电动两通阀的信号。M3 经 KA1 常开触头和

KA4$_{5,6}$触头接通电源而转动，将电动两通阀开大，使表面式蒸汽加热器的蒸汽量加大，使室温上升到接近于给定值。同时，利用电动执行机构的反馈电阻 RM3 与温度检测电阻的变化相比较，成比例的调节电动两通阀的开度。当 RM3、RT 与给定电阻值平衡时，P-4A 中的继电器 KE1 失电，电动两通阀的调节停止。如室温高于给定值，P-4A 中的继电器 KE2 将吸合，发出一个用以关小电动两通阀开度的信号。

（7）冬季转夏季工况：随着室外气温升高，蒸汽电动两通阀逐渐关小。当关足时，通过终端开关送出一个信号，使时间继电器 KT4 线圈通电，其触头 KT4$_{1,2}$延时（约 1~1.5h）断开，KA3、KA4 线圈失电，此时一、二次风门受控，蒸汽两通阀开关不受控，由冬季转到夏季工况。

从上述分析可知，工况的转换是通过中间继电器 KA3、KA4 实现的。当系统开机时，不管实际季节如何，系统则是处于夏季工况（KA3、KA4 经延时后才通电）。如当时正是冬季，可通过 SB14 按钮强迫转入冬季工况。

3. 湿度控制环节及季节的自动转换

相对湿度检测的敏感元件是由 RT 和 RH 组成温差发送器，该温差发送器接在 P-4B 调节器 XT1、XT2、XT3 端子上，通过 P-4B 调节器中的继电器 KE3、KE4 触头（为了与 P-4A 调节器区别，将 P 系列调节器中的继电器 KE1、KE2 编为 KE3、KE4）的通断，在夏季，通过控制冷冻水温度的电动三通阀电动机 M5，并引入位置反馈 RM5 电位器，构成比例调节，在冬季则通过控制喷蒸汽用的电磁阀或电动两通阀实现。湿度自动调节及季节转换电路如图 4-31 所示。

（1）夏季相对湿度的控制：夏季相对湿度控制是通过电动三通阀来改变冷水与循环水的比例，实现增冷减湿的。如室内相对湿度较高时，由敏感元件发送一个温差信号，通过 P-4B 调节器放大，使继电器 KA4 吸合，使控制三通阀的电动机 M5 得电，将电动三通阀的冷水端开大，循环水关小。表面式冷却器中的冷冻水温度降低，进行冷却减湿，接入反馈电阻 RM5，实现比例调节。室内相对湿度较低时，通过敏感元件检测和 P-4B 中的继电器 KE3 吸合，将电动三通阀的冷水端关小，循环水开大，冷冻水温度相对提高，相对湿度也提高。

（2）夏季转冬季工况：当室外气温变冷，相对湿度也较低。则自动调节系统就会使表面式冷却器的电动三通阀中的冷水端关足。利用电动三通阀关足时，M5 终端开关的动作，使时间继电器 KT5 得电吸合，其触头 KT5$_{1,2}$延时（4min）闭合，中间继电器 KA6、KA7 线圈得电，其触头 KA6$_{1,2}$断开（图 4-29），KM4 失电，水泵电动机 M2 停止运行；KA6$_{3,4}$闭合，自锁；KA7$_{1,2}$、KA7$_{3,4}$闭合，切除 RM5；KA7$_{5,6}$、KA7$_{7,8}$断开，使电动三通阀电动机 M5 不受控；KA7$_{9,10}$闭合，喷蒸汽加湿用的电磁阀受控；KA7$_{11,12}$闭合，时间继电器 KT6 受控，进入冬季工况。

（3）冬季相对湿度控制：在冬季，加湿与不加湿的工作是由调节器 P-4B 中的继电器 KE3 触头实现的。当室内相对湿度较低时，调节器 KE3 线圈得电，其常开触头闭合，减压变压器 TC 通电（220/36V），使高温电磁阀 YV 通电，打开阀门喷射蒸汽进行加湿。此为双位调节，湿度上升后，调节器 KE3 失电，其触头恢复，停止加湿。

（4）冬季转夏季工况：随着室外空气温度升高，新风与一次回风混合的空气相对湿度也较高，不加湿也出现高温信号，调节器中的继电器 KE4 线圈得电吸合，使时间继电器

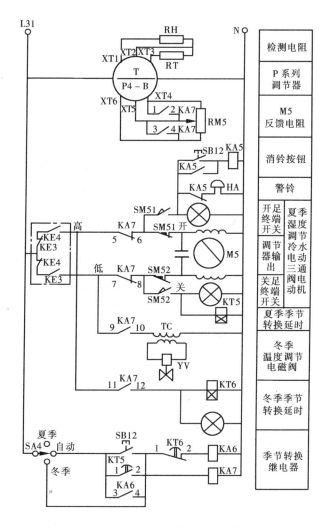

图 4-31　湿度自动控制调节电路

KT6 线圈得电，其触头 KT6$_{1,2}$ 经延时（1.5 h）断开，使中间继电器 KA6、KA7 失电，证明长期存在高湿信号，应使自动调节系统转到夏季工况。如果在延时时间内，KT6$_{1,2}$ 未断开，而 KE4 触头又恢复了，说明高湿信号消除，则不能转入夏季工况。

　　通过上述分析可知，相对湿度控制工况的转换是通过中间继电器 KA6、KA7 实现的。当系统开机时，不论是什么季节，系统将工作在夏季工况，经延时后才转到冬季工况。按下 SB12 按钮，可强迫系统快速转入冬季工况。

　　系统除保证自动运行外，还备有手动控制，需要时可通过手动开关或按钮实现手动控制。另外，系统还有若干指示、报警、需冷、需热信号指示和温度遥测等控制功能。

第三节　给水排水系统电气控制

　　在楼宇建筑中，给排水是重要的环节。为防止城区供水管网在用水高峰时压力不足或发生爆管停水，设有蓄水池或高位水箱，以备生产、生活和消防用水。为保证高位水箱或供水管网有一定的水位或压力，常采用水泵加压。其控制方式一般要求能实现自动控制或远距离控制，根据要求不同，可分为水位控制、压力控制等。

一、干簧管水位控制器

水位控制一般用于高位水箱给水和污水池排水。将水位信号转换为电信号的设备称为水（液）位控制器（传感器），常用的水位控制器有干簧管开关式、浮球（磁性开关、水银开关、微动开关）式、电极式和电接点压力表式等。

1. 干簧管开关

图 4-32 是干簧管开关原理结构图。在密封玻璃管 2 内，两端各固定一片用弹性好、导磁率高的玻莫合金制成的舌簧片 1 和 3。舌簧片自由端触点镀有金、铑、钯等金属，以保证良好的接通和断开能力。玻璃管中充入氮等惰性气体，以减少触点的污染与电腐蚀。图 4-32（a）、（b）分别是常开和常闭触头的干簧管开关原理结构图。

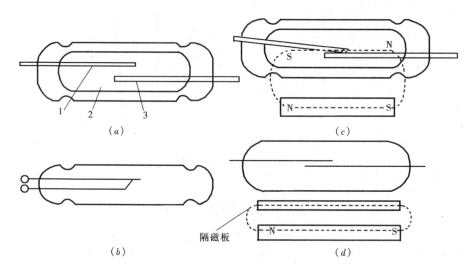

图 4-32　干簧管原理结构图
1—舌簧片；2—玻璃管；3—舌簧片

舌簧片常用永久磁铁和磁短路板两种方式驱动，图 4-32（c）所示为永久磁铁驱动，当永久磁铁运动到它附近时，舌簧片被磁化，触点接通（或断开），当永久磁铁离开时，触点因弹性而断开（或接通）。图 4-32（d）是磁短路板驱动，干簧管与永久磁铁组装在一起，中间有缝隙，其舌簧片已经被磁化，触点已经接通（或断开）。当磁短路板（铁板）进入缝隙时，磁力线通过磁短路板组成闭合回路，舌簧片消磁，因弹性而恢复触点断开（或接通）。当磁短路板离开后，舌簧片恢复原状态。

2. 干簧管水位控制器

干簧管开关水位控制器适用于建筑中的水箱、水塔及水池等开口容器的水位控制或水位报警之用。如图 4-33。其工作原理是：在塑料管或尼龙管内固定有上、下水位干簧管开关 SL1 和 SL2，塑料管下端密封防水，连线在上端接出。塑料管外，套一个能随水位移动的浮标，浮标中固定一个永磁环，当浮标移到上或下水位时，对应的干簧管接受到磁信号而动作，发出水位电开关信号。因为干簧管开关触点有常开和常闭两种形式，可有若干种组合方式用于水位控制及报警。

二、生活给水系统的电气控制

生活给水泵的控制有单台、两台（一用一备）、两台自动轮换工作、三台（两用一备）交替使用以及多台恒压供水等。一般情况下，生活给水泵的容量都不是很大，可以采用直接启动方式。如果遇到较大容量的水泵时，可以考虑采用减压启动的方式，如 Y—△ 启动方法。

当用水量较大时，室外管网的水压又经常处于不能满足要求时，多采用如图 4-34 的设置水箱及水泵的给水系统，若在高层建筑中，也

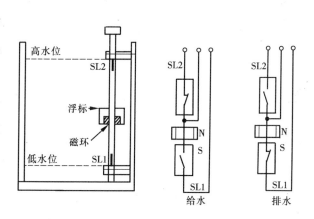

图 4-33　干簧管水位控制器的安装和接线图

可设置分区分压给水系统。在引入管处增设水泵装置，加压水泵是靠装设在楼顶水箱中的干簧管水位控制器控制而开启或关闭，水泵可不必处于经常运转状态。当水位低于自动控制的低位继电器时，水泵电动机接通电源开始运转，水补至高水位继电器触点时，切断电源水泵而停止。但水泵开启一般不超过每小时六次，开启不宜过于频繁。

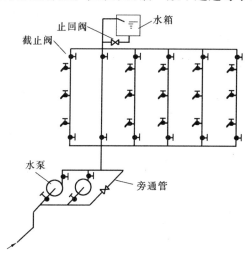

图 4-34　设置水箱水泵给水系统

1. 两台泵互为备用，备用泵手动投入控制

图 4-35 为两台互为备用泵手动投入控制的电路图，图中的 SA1 和 SA2 是万能转换开关（LW5 系列），如是单台泵控制，只用一个万能转换开关。转换开关的操作手柄一般是多挡位的，触点数量也较多，其触点的闭合或断开在电路图中是采用展开图来表示。图中的 SA1 和 SA2 操作手柄各有两个位置，触点数量各为 4 对，实际用了 3 对，手柄向左扳时，触点①和②、③和④为闭合的，触点⑤和⑥为断开的，为自动控制位置，即由水位控制器发出的触点信号，控制水泵电动机的启动和停止。手柄向右扳（或不动）时，为手动控制位置，即手动启动和停止按钮，控制水泵电动机的启动和停止。需要说明的是，为设备检修需要，控制系统安装手动控制环节。

图 4-35 可以划分为水位控制开关接线图、水位信号电路图、两台泵的主电路、两台泵的控制电路。水泵需要运行时，电源开关 QS1，QS2 合上。因为是互为备用，转换开关 SA1 和 SA2 总有一个放在自动位，另一个放在手动位。设 SA1 放在自动位（左手位），触点①和②、③和④为闭合的，触点⑤和⑥为断开的，1#泵为常用机组；SA2 放在手动位，2#泵为备用机组。

工作原理分析：若高位水箱（或水池）水位在低水位时，浮标磁铁下降，对应于 SL1

处，SL1 常开触点闭合，水位信号电路的中间继电器 KA 线圈通电，其常开触点闭合，一对 KA$_{1,2}$ 用于自锁，一对 KA$_{3,4}$ 通过 SA1$_{1,2}$ 使接触器 KM1 通电，1#泵投入运行，加压送水，当浮标离开 SL1 时，SL1 断开。当水位到达高水位时，浮标磁铁使 SL2 常闭触点断开，继电器 KA 失电，接触器 KM1 失电、水泵电动机停止运行。

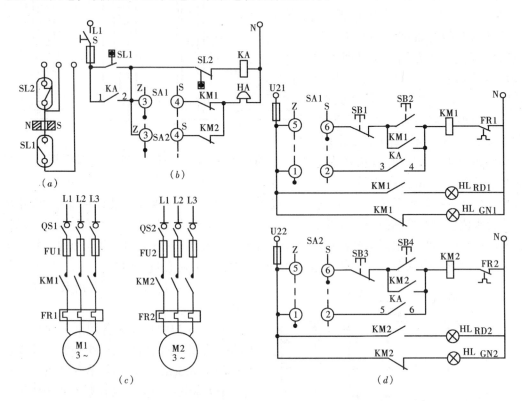

图 4-35　备用泵手动投入控制电路
（a）接线图；（b）水位信号电路；（c）主电路；（d）控制电路

如果 1#泵在投入运行时发生过载或者接触器 KM1 接受信号不动作等故障，KM1 的辅助常闭触点恢复，通过 SA1$_{3,4}$ 使警铃 HA 响，值班人员知道后，将 SA1 放在手动位，准备检修；将 SA2 放在自动位，接受水位信号控制，2#泵投入使用，1#泵转为备用。警铃 HA 因 SA1$_{3,4}$ 断开而不响。

2. 两台泵互为备用，备用泵自动投入控制

图 4-36 为两台泵互为备用，备用泵自动投入的控制电路图，其工作原理如下：

正常工作时，电源开关 QS1、QS2、S 均合上，SA 为万能转换开关 LW5 系列，有 3 档 10 对触头，实际用了 8 对。手柄在中间挡时，⑪和⑫、⑲和⑳两对触头闭合，为手动操作启动按钮控制，水泵不受水位控制器控制。当 SA 手柄扳向左面 45°时，⑮和⑯、⑦和⑧、⑨和⑩三对触头闭合，1#泵为常用机组，2#泵为备用机组，当水位在低水位（给水泵）时，浮标磁铁下降对应于 SL1 处，SL1 闭合，水位信号电路的中间继电器 KA1 线圈通电，其常开触点闭合，一对 KA1$_{1,2}$ 用于自锁，一对 KA1$_{3,4}$ 通过 SA⑦⑧触头使接触器 KM1 通电，1#泵投入运行，加压送水，当浮标离开 SL1 时，SL1 断开。当水位到达高水位时，浮标磁铁使 SL2 动作，KA1 失电，KM1 失电、水泵停止运行。

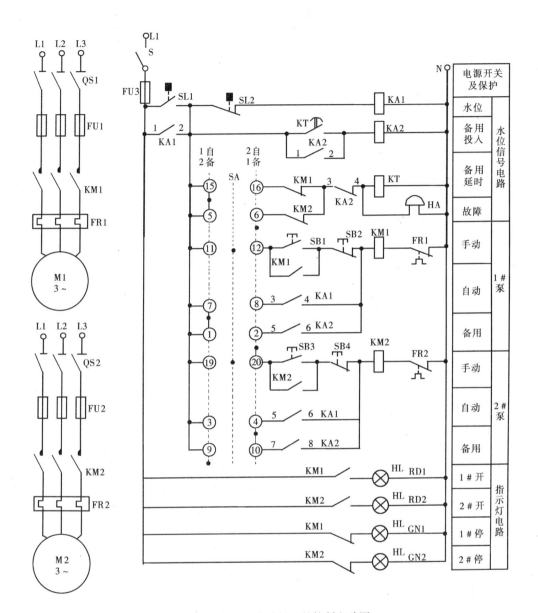

图 4-36　备用泵自动投入的控制电路图

如果 1# 泵在投入运行时发生过载或者接触器 KM1 接受信号不动作，时间继电器 KT 和警铃 HA 通过 SA⑮⑯触头长时间通电，警铃响，KT 延时 5～10s，中间继电器 KA2 通电，KA2$_{7,8}$经 SA⑨⑩触头使接触器 KM2 通电，2# 泵自动投入运行，同时 KT 和 HA 失电。

若 SA 手柄扳向右面45°时，⑤和⑥、①和②、③和④3 对触头闭合，2# 泵自动，1# 泵为备用。其工作原理是：当水位在低水位（给水泵）时，浮标磁铁下降对应于 SL1 处，SL1 闭合，水位信号电路的中间继电器 KA1 线圈通电，其常开触点闭合，一对 KA1$_{1,2}$用于自锁，一对 KA1$_{5,6}$通过 SA③④触头使接触器 KM2 通电，2# 泵投入运行，加压送水，当浮标离开 SL1 时，SL1 断开。当水位到达高水位时，浮标磁铁使 SL2 动作，KA1 失电，KM2 失电、水泵停止运行。

如果2#泵在投入运行时发生过载或者接触器KM2接受信号不动作，时间继电器KT和警铃HA通过SA⑤⑥触头长时间通电，警铃响，KT延时5~10s，使中间继电器KA2通电，KA2₅,₆经SA①②触头使接触器KM1通电，1#泵自动投入运行，同时KT和HA失电。

三、消防给水系统电气控制

在高层建筑的消防设施中，灭火设施是不可缺少的一部分，主要有以水灭火介质的室内消火栓灭火系统、自动喷（洒）水灭火系统和水幕设施，以及气体灭火系统等为主，其中消防泵和喷淋泵分别为消火栓系统和水喷淋系统的主要供水设备，因此消防给水控制是建筑中不可缺少的重要组成部分。

1. 室内消火栓给水泵电气控制

凡担负着室内消火栓灭火设备给水任务的一系列工程设施，称室内消火栓给水系统，它是建筑物内采用最广泛的一种人工灭火系统。当室外给水管网的水压不能满足室内消火

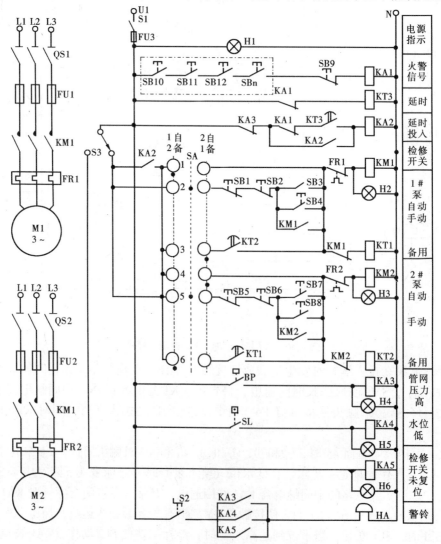

图 4-37　消火栓水泵电气控制电路图

栓给水系统最不利点的水量和水压时，应设置配有消防水泵和水箱的室内消火栓给水系统。每个消火栓处应设置直接启动消防水泵的按钮，以便及时启动消防水泵，供应火场救灾用水。按钮应设有保护设施，如放在消防水带箱内，或放在有玻璃或塑料板保护的小壁龛内，以防止误操作。消防水泵一般都设置两台，互为备用。

图 4-37 为消火栓水泵电气控制的一种方案，两台泵互为备用，备用泵自动投入，正常运行时电源开关 QS1，QS2，S1，S2 均合上，S3 为水泵检修双投开关，不检修时放在运行位置。SB10～SBn 为各消火栓箱消防启动按钮，无火灾时，按钮被玻璃面板压住，其常开触头已经闭合，中间继电器 KA1 通电，消火栓泵不会启动。SA 为万能转换开关，手柄放在中间时，为泵房和消防控制中心控制启动水泵，不接受消火栓内消防按钮控制指令。当 SA 扳向左 45°时，SA_1 和 SA_6 闭合，1#泵自动，2#泵备用。

若发生火灾时，打开消火栓箱门，用硬物击碎消防按钮的面板玻璃，其按钮 SB10～SBn 中相应的一个按钮常开触头恢复，使 KA1 断电，时间继电器 KT3 通电，经数秒延时使 KA2 通电并自锁，同时串接在 KM1 线圈回路中的 KA2 常开辅助触头闭合，经 SA_1 使 KM1 通电，1#泵电动机启动运行，加压喷水。

如果 1#泵发生故障或过载，热继电器 FR1 的常闭触点断开，KM1 断电释放，其常闭触点恢复，使 KT1 通电，其常开触头延时闭合，经 SA_6 使 KM2 通电，2#泵投入运行。

当消防给水管网水的压力过高时，管网压力继电器触点 BP 闭合，使 KA3 通电发出停泵指令，通过 KA2 断电而使工作泵停止并进行声、光报警。

当低位消防水池缺水，低水位控制器 SL 触点闭合，使 KA4 通电，发出消防水池缺水的声、光报警信号。

当水泵需要检修时，将检修开关 S3 扳向检修位置，KA5 通电，发出声、光报警信号。S2 为消铃开关。

2. 自动喷水灭火系统加压水泵的电气控制

自动喷水灭火系统是一种能自动动作（喷水灭火），并同时发出火警信号的灭火系统。其适用范围很广，凡可以用水灭火的建筑物、构筑物均可设自动喷水灭火系统。

自动喷水灭火系统按喷头开闭形式可分为闭式喷水灭火系统和开式喷水灭火系统。闭式喷水灭火系统按其工作原理又可分为湿式、干式和预作用式。其中湿式喷水灭火系统应用最为广泛。

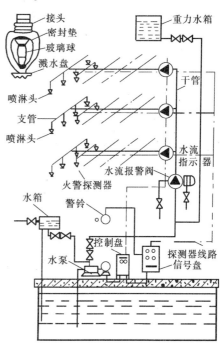

图 4-38　湿式自动喷淋灭火系统示意图

湿式喷水灭火系统是由闭式喷头、管道系统、水流指示器（水流开关）、湿式报警阀、报警装置和供水设施等组成。图 4-38 为湿式自动喷水灭火系统示意图。该系统管道内始终充满压力水。当火灾发生时，高温火焰或高温气流使闭式喷头的玻璃球炸裂或易熔元件熔化而自动喷水灭火，此时，管网中的水从静止的状态变为流动的，安装在主管道各分支处对应的水流开关触点闭合，发出启动泵的电信号。根据水流开关和管网压力开关信号等，消防控制电路能自动启动消防水泵向管网加压供水，达到持续自动喷水灭火的目的。

图 4-39 为湿式自动喷水灭火系统加压水泵电气控制的一种方案，为两台泵互为备用，备用泵自动投入。正常运行时，电源开关 QS1，QS2，S1 均合上，发生火灾时，当闭式喷头的玻璃球炸裂喷水时，水流开关 B1～Bn 触头有一个闭合，对应的中间继电器通电，发出启动消防水泵的指令。设 B2 动作，KA3 通电并自锁，KT2 通电，经延时使 KA 通电，声、光报警，如 SA 手柄扳向右 45°，对应的 SA₃，SA₅ 和 SA₈ 触点闭合，KM2 经 SA₅ 触点通电吸合，使 2 # 泵电动机 M2 投入运行。若 2 # 泵发生故障或过载，FR2 的常闭断开，

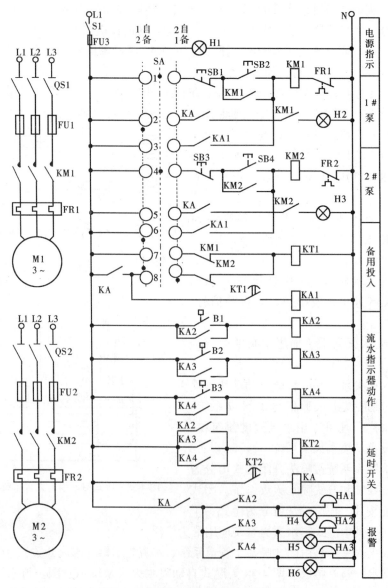

图 4-39　湿式自动喷水灭火系统电路图

KM2 断电释放，其辅助触点常闭的闭合，经 SA_8 触点使 KT1 通电，经延时使 KA1 通电，KA1 触点经 SA_3 触点使 KM1 得电，备用 1# 泵自动投入运行。

四、排水系统的电气控制

一般生活污水的排水量可以大致预测，如果排水量不大，可以设置为一台排水泵控制；如果排水量过大，可以设置为两台排水泵控制。采用两台排水泵控制时，其工作可靠性高，当排水量不是很大时，可一用一备，工作泵出现故障，备用泵自动接入，转为工作泵；也可以两台排水泵互为备用，轮流使用工作；当排水量过大时，两台泵能够同时运行，以加快排水。雨水的排水量变化较大，较难预测，所以雨水排水泵电路多数为两台泵控制。对于比较重要的建筑物内，排水可靠性要求较高，也要设计成两台甚至三台泵控制。

对排水泵的基本控制要求是：应具有手动和自动控制功能，高水位时自动启泵，低水位时停泵；能发出各种报警信息，如故障报警、溢流水位报警等；如果是两台排水泵，应能互为备用，工作泵故障时，备用泵要自动启用，同时发出报警信号；两台排水泵应能同时工作，以满足排水量过大的需要。

1. 单台排水泵的控制

单台排水泵的控制电路如图 4-40 所示。由于其控制电路简单、工作可靠，所以在实际中用得比较多。主电路见图 4-40（a），QF 为排水泵电动机电源开关，由接触器 KM 实现对电动机的控制，热继电器实现对电动机的过载保护，断路器作短路保护。

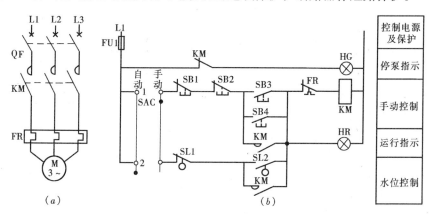

图 4-40　单台排水泵控制电路
（a）主电路；（b）控制电路

控制电路如图 4-40（b）所示。该控制电路具有自动、手动、两地控制功能和运行指示、停泵指示功能。SL2 是高液位器，SL1 是低液位器。

选择开关 SAC 置于"自动"位置，电路 SAC_2 接通，当集水池水位达到整定高水位时，此时需要进行排水，高液位器 SL2 接通，接触器 KM 通电吸合，排水泵电动机 M 启动运转开始排水，停泵指示灯 HG 熄灭，运行指示灯 HR 点亮。当水位降低到整定低水位时，低液位器 SL1 常闭触头断开，KM 断电释放，电动机停转，排水停止，停泵指示灯 HG 点亮，运行指示灯 HR 熄灭。

手动时：手动模式设有就地和远程控制，SB1、SB3 就地安装，SB2、SB4 安装在控制箱上。选择开关 SAC 被置于"手动"位置，电路 SAC₁ 接通，当需要排水时，可以按下 SB3（或 SB4），接触器 KM 通电吸合并自锁，排水泵启动排水；当需要排水泵停止排水，则按下 SB1（或 SB2），接触器 KM 断电释放，排水泵停转，停止排水。

2. 两台排水泵自动轮换，溢流水位双泵运行的控制

如果排水较难预测，一般情况下排水量不大，但又会偶尔出现大排量的情况，可以将两台排水泵设计为平时一用一备，同时为减轻工作水泵的负担，可考虑使两台水泵轮流工作提高其工作可靠性。待偶尔出现大排水量，致使集水池水位达到溢流水位时，可使两台水泵同时工作。

主电路见图 4-41，断路器 QF1、接触器 KM1 控制 1# 排水泵电动机 M1。断路器 QF2、接触器 KM2 控制 2# 排水泵电动机 M2。

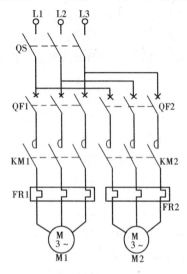

图 4-41 排水泵主电路

控制电路如图 4-42 所示，两台排水泵的工作方式由转换开关 SAC 控制。SAC 控制分手动和自动两种，其中自动主要是进行自动轮换控制和溢流水位双泵同时工作控制环节。

手动控制：SAC 置于手动位置，该档位主要是在水泵检修时使用。当 SAC 置于手动位置时，SAC₁₋₅ 和 SAC₂₋₅ 都接通各自电路，按钮 SB1 和 SB2 控制 KM1 的通电和断电，即控制 1# 泵的启停，2# 泵的启停由按钮 SB3 和 SB4 控制。当排水量过大时，也可以在此位置同时将两台水泵启动。

自动轮换控制：该环节由继电器 KA5、时间继电器 KT1 和 KT2 组成。当转换开关 SAC 位于自动位置，如果集水池水位达到高水位的启泵位置，液位器 SL1 触头闭合，使 KA3、KM1 通电吸合，1 号排水泵启动进行排水，同时时间继电器 KT1 也通电吸合并自锁。当 KT1 延时时间到，继电器 KA5 通电吸合并自锁，为下次运行时 2 号排水泵控制接触器 KM2 通电作好准备。当集水池水位达到低位停泵位置，SL2 触头断开，KA3、KM1 断电，1 号泵停转。

当集水池水位第二次达到高水位的启泵位置，液位器 SL1 使 KA3 通电，由于此时 KA5 已处在通电状态。所以 KM2 通电吸合，2 号泵启动，同时时间继电器 KT2 也通电并自锁。当 KT2 的延时时间到，其常闭延时断开触头断开，使 KA5 断电释放，恢复初始状态，为第三次起泵时 1 号泵控制接触器 KM1 通电作准备。当集水池水位达到低位停泵位置，SL2 又使 KA3 断电，KM2 也断电，2 号泵停转。再次起泵又重新使 1 号泵工作，使两台排水泵自动轮流工作。

溢流水位双泵同时启动的控制：该环节由溢流水位液位器 SL3 及中间继电器 KA4 组成。当需要大排水量，一台排水泵来不及排水，致使水位到达溢流水位，使 SL3 触头闭合，KA4 通电吸合并自锁，KA4 的常开触头使电路（1-15 ~ 1-9）及（2-15 ~ 2-9）接通，因此 KM1、KM2 同时通电吸合，1 号泵和 2 号泵同时运行进行排水，直到集水池水位到达低水位为止。此控制电路特别适合雨水泵的控制。

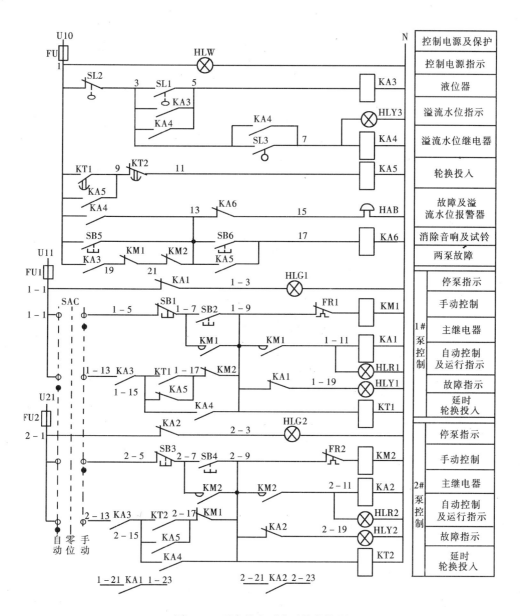

	控制电源及保护
	控制电源指示
	液位器
	溢流水位指示
	溢流水位继电器
	轮换投入
	故障及溢流水位报警器
	消除音响及试铃
	两泵故障

	停泵指示
	手动控制
1#泵控制	主继电器
	自动控制及运行指示
	故障指示
	延时轮换投入

	停泵指示
	手动控制
2#泵控制	主继电器
	自动控制及运行指示
	故障指示
	延时轮换投入

图 4-42 两台排水泵自动轮换控制

第四节 锅炉房设备电气控制

锅炉是工业生产或生活采暖的供热之源。锅炉一般分为两种：一种叫动力锅炉，应用于动力、发电等方面；另一种叫供热锅炉（又称工业锅炉），应用于工业及采暖等方面。本节以应用于工业生产和各类建筑物的采暖及热水供应的工业锅炉为例，介绍锅炉设备的组成、运行工况、自动控制的任务和实例分析。

一、锅炉设备的组成

锅炉本体和它的辅助设备，总称为锅炉房设备（简称锅炉）。根据使用的燃料不同，可分为燃煤锅炉、燃气锅炉等。它们的区别只是燃料供给方式不同，其他结构大致相同。图 4-43 为 SHL 型（即双锅筒横置式链条炉）燃煤锅炉及锅炉房设备简图，下面将对锅炉房设备作简要介绍。

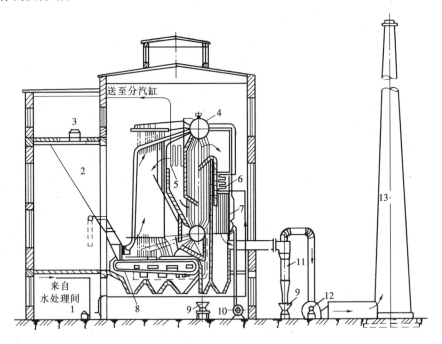

图 4-43　燃煤锅炉及锅炉房设备简图

1—给水泵；2—煤仓；3—运煤皮带运输机；4—锅筒；5—蒸汽过热器；6—省煤器；
7—空气预热器；8—链条炉排；9—灰车；10—送风机；11—除尘器；12—引风机；13—烟囱

1. 锅炉本体

锅炉本体一般由汽锅、炉子、蒸汽过热器、省煤器和空气预热器等五个部份组成。

汽锅（汽包）由上、下锅筒和三簇沸水管组成。水管内的水受管外烟气加热，在管簇内发生自然的循环流动，并逐渐汽化，产生的饱和蒸汽集聚在上锅筒里面。为得到干度比较大的饱和蒸汽，在上锅筒内还应装设汽水分离设备。下锅筒作连接沸水管之用，同时储存水和水垢。

炉子是使燃料充分燃烧并放出热能的设备。燃料（煤）由煤斗落到转动的链条炉箅上，进入炉内燃烧。所需空气由炉箅下面的风箱送入，燃尽的灰渣被炉箅带到除灰口，落入灰斗中。得到的高温烟气依次经过各个受热面，将热量传递给水以后，再由烟窗排至大气。

过热器是将汽锅所产生的饱和蒸汽继续加热为过热蒸汽的换热器，由联箱和蛇形管所组成，一般布置在烟气温度较高的地方。动力锅炉和较大的工业锅炉才有过热器。

省煤器是利用烟气余热加热锅炉给水，以降低排出烟气温度的换热器。省煤器由蛇形管组成。小型锅炉中采用具有肋片的铸铁管式省煤器或不装省煤器。

空气预热器是继续利用离开省煤器后的烟气余热，加热燃烧所需要的空气的换热器。热空气可以强化炉内燃烧过程，提高燃烧的经济性。小型锅炉为力求结构简单，一般不设空气预热器。

2. 锅炉房的辅助设备

锅炉房的辅助设备，按其功能有以下几个系统：

运煤、除灰系统：其作用是保证为锅炉运入燃料和送出灰渣，煤是由胶带运输机送入煤仓，借助自重下落，再通过炉前小煤斗而落于炉排上。燃料燃尽后的灰渣，则由灰斗放入灰车送出。

送、引风系统：为了给炉子送入燃烧所需空气和从锅炉引出燃烧产物—烟气，以保证燃烧正常进行，并使烟气以必要的流速冲刷受热面。锅炉的通风设备有送风机、引风机和烟囱。为了改善环境卫生和减少烟尘污染，锅炉还常设有除尘器。

水、汽系统（包括排污系统）：汽锅内具有一定的压力，因而给水需借助水泵提高压力后送入。此外，为保证给水质量，避免汽锅内壁结垢或受腐蚀，锅炉房通常设有水处理设备，还设有一定容量的水箱储存给水。锅炉生产的蒸汽一般先送至锅炉房内的分汽缸，由此再分送至各用户的管道。锅炉的排污水因具有相当高的温度和压力，需先排入排污减温池或专设的扩容器，进行膨胀减温和减压。

仪表及控制系统：除了锅炉本体上装有仪表外，为监控锅炉设备安全和经济运行，还常设有一系列的仪表和控制设备，如蒸汽流量计、水量表、烟温计、风压计、排烟含氧量指示等常用仪表。自动调节的锅炉还设置有给水自动调节装置和烟、风闸门远距离操纵或遥控装置，或采用更现代化的自动控制系统，以便科学地监控锅炉运行。

二、锅炉的自动控制任务

工业锅炉房中自动控制的环节有自动检测、调节、控制、保护等。而自动调节系统主要有：锅炉给水系统自动调节；锅炉燃烧系统自动调节；锅炉过热蒸汽过热温度自动调节等。

1. 锅炉给水系统的自动调节

锅炉汽包水位的高度关系着汽水分离的速度和生产蒸汽的质量，也是确保安全生产的重要参数。因此，汽包水位是一个十分重要的被调参数，一般要求水位保持在正常水位的±50～100mm范围内。锅炉的自动控制的最有效方法是水位自动调节。

（1）汽包水位自动调节的任务：对汽包水位进行自动调节，是使给水量跟踪锅炉的蒸发量并维持汽包水位在工艺允许的范围内。现代的锅炉向蒸发量大、汽包容积相对减小的方向发展，要求使锅炉的蒸发量能随时适应负荷设备的需要量的变化，汽包水位的变化速度必然很快，稍不注意就容易造成汽包满水，影响汽包的汽水分离效果，产生蒸汽带水的现象，轻者影响动力负荷的正常工作，重者造成干锅、烧坏锅壁或管壁，甚至发生爆炸事故。而水位过低，就会影响自然循环的正常进行，严重时会使个别上水管形成自由水面，产生流动停滞，致使金属管壁局部过热而爆管。因此，无论满水或缺水都会造成事故。

（2）给水系统自动调节类型：工业锅炉常用的给水自动调节有位式调节和连续调节两种。

位式调节是指调节系统对锅筒水位的高水位和低水位两个位置进行控制，即低水位时，调节系统接通水泵电源，向锅炉给水，达到高水位时，调节系统切断水泵电源，停止给水。随着水的蒸发，锅筒水位逐渐下降，当水位降至低水位时重复上述工作。常用的位式调节有电极式和浮子式等，仅应用于小型锅炉。

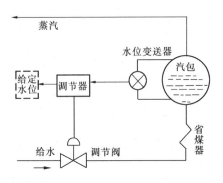

图4-44 单冲量给水调节原理图

连续调节是指调节系统连续调节锅炉的给水量，以保持锅筒水位始终在正常水位的位置。调节装置动作的冲量（反馈信号）可以是锅筒水位、蒸汽流量和给水流量，根据取用的冲量不同，可分为单冲量、双冲量和三冲量调节三种类型。简述如下：

1) 单冲量给水调节：单冲量给水调节原理图见4-44图，是以汽包水位为惟一的反馈信号。系统由汽包水位变送器（水位检测信号）、调节器和电动给水调节阀组成。当汽包水位发生变化时，水位变送器发出信号并输入调节器，调节器根据水位信号与给定信号比较的偏差，经过放大后输出调节信号，控制电动给水调节阀的开度，改变给水量来保持汽包水位在允许的范围内。

单冲量给水调节的优点是：系统结构简单。常用在汽包容量相对较大，蒸汽负荷变化较小的锅炉中。其缺点有：一是不能克服"虚假水位"现象。"虚假水位"产生的原因主要是由于蒸汽流量增加，汽包内的汽压下降，炉水的沸点降低，使炉管和汽包内的汽水混合物中的汽容积增加，体积膨大，引起汽包水位上升。

如果调节器仅根据这个水位信号作为调节依据关小阀门，减少给水量，将对锅炉流量平衡造成不利的影响，进一步扩大进出流量的不平衡；二是不能及时地反应给水母管方面的扰动。当给水母管压力变化大时，将影响给水量的变化，调节器要等到汽包水位变化后才开始动作，这就要经过一段滞后时间才能对汽包水位发生影响，将导致汽包水位波动幅度大，调节时间增长。

2) 双冲量给水调节：双冲量给水调节原理图见图4-45，它是以锅炉汽包水位信号作为主反馈信号，以蒸汽流量信号作为前馈信号，组成锅炉汽包水位双冲量给水调节。它的优点是，引入蒸汽流量作为前馈信号，可以消除因"虚假水位"现象引起的水位波动。

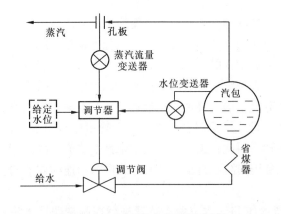

图4-45 双冲量给水调节原理图

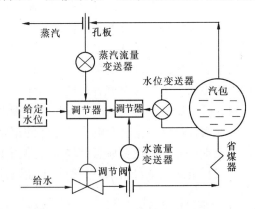

图4-46 三冲量给水调节原理图

例如，当蒸汽流量变化时，就有一个给水量与蒸汽量同方向变化的信号，可以减少或抵消由于"虚假水位"现象而使给水量向相反方向变化的错误动作，使调节阀一开始就向正确的方向动作，减小了水位的波动，缩短了过渡过程的时间。它的缺点是不能及时反应给水母管方面的扰动。因此，当给水母管压力经常有波动，给水调节阀前后压差不能保持正常时，不宜采用双冲量调节系统。

3）三冲量给水调节：三冲量给水自动调节原理图见图4-46。系统是以汽包水位为主反馈信号，蒸汽流量为调节器的前馈信号，给水流量为调节器的副反馈信号组成的调节系统。系统抗干扰能力强，改善了调节品质，因此，在要求较高的锅炉给水调节系统中得到广泛的应用。

三种类型的给水调节系统可采用电动单元组合仪表组成，也可采用气动单元组合仪表组成，目前均有定型产品。

2. 锅炉蒸汽过热系统的自动调节

蒸汽过热系统自动调节的任务是维持过热器出口蒸汽温度在允许范围之内，并保护过热器，使过热器管壁温度不超过允许的工作温度。过热蒸汽的温度是重要的控制参数，蒸汽温度过高会烧坏过热器水管，对负荷设备的安全运行也是不利因素。例如，超温严重会使汽轮机或其他负荷设备膨胀过大，使汽轮机的轴向位移增大而发生事故；蒸汽温度过低会直接影响负荷设备的使用，影响汽轮机的效率。因此要稳定蒸汽的温度。

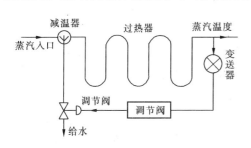

图 4-47　过热蒸汽温度调节原理

过热蒸汽温度调节类型：过热蒸汽温度调节类型主要有两种，一种是改变烟气量（或烟气温度）的调节；另一种是改变减温水量的调节。图4-47是一种简单的通过调节减温水流量来控制过热器出口蒸汽温度的调节系统，减温器有表面式和喷水式两种，安装在过热器管道中：系统由温度变送器检测过热器出口蒸汽温度，将温度信号输入给温度调节器，调节器经与给定信号比较，去调节减温水调节阀的开度，使减温水量改变，也就改变了过热蒸汽温度。由于设备简单，其应用较广泛。

3. 锅炉燃烧系统的自动调节

（1）锅炉燃烧系统自动调节的基本任务是使燃料燃烧所产生的热量适应蒸汽负荷的需要，同时还要保证经济燃烧和锅炉的安全运行。具体调节任务为三个方面：

维持蒸汽母管额定压力不变：燃烧过程自动调节的主要任务是维持蒸汽母管额定压力不变。如果蒸汽压力变了，就表示锅炉的蒸汽生产量与负荷设备的蒸汽消耗量不一致，因此，必须改变燃料的供应量，调整锅炉燃烧发热量，而重新恢复蒸汽母管压力为额定值。此外，保持蒸汽压力在一定范围内，也是保证锅炉和各个负荷设备正常工作的必要条件。

保持锅炉燃烧的经济性：据统计，工业锅炉的平均热效率仅为70%左右，所以人们都把锅炉称做"煤老虎"。因此，锅炉燃烧的经济性问题应予高度重视。锅炉燃烧的经济性指标难于直接测量，常用烟气中的含氧量或者燃烧量与送风量的比值来表示。图4-48是过剩空气损失和不完全燃烧损失示意图。如果能够恰当地保持燃料量与空气量的正确比值，就能达到最小的热量损失和最大的燃烧效率。反之，如果比值不当，空气不足结果导致燃料的不完全燃烧，当大部分燃料不能完全燃烧时，热量损失将直线上升；如果空气过多，就会使大量的热量损失在烟气之中，使燃烧效率降低。

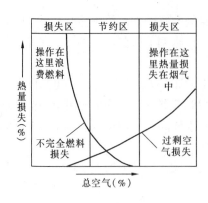

图 4-48　过剩空气损失和不完全燃烧损失

维持炉膛负压在一定范围内：炉膛负压的变化，反映引风量与送风量是否相适应。通常要求炉膛负压保持在一定的范围内，这对燃烧工况、锅炉房的工作条件、炉子的维护及安全运行都最有利。如果炉膛负压小，炉膛容易向外喷火，既影响环境卫生，又可能危及设备与操作人员的安全。负压太大，炉膛漏风量增大，增加引风机的电耗和烟气带走的热量损失。

（2）燃煤锅炉燃烧过程的自动调节：以上三项调节任务是相互关联的，它们可以通过调节燃料量、送风量和引风量来实现。对于燃烧过程自动调节系统的要求是：在负荷稳定时，应使燃烧量、送风量和引风量各自保持不变，及时地补偿系统的内部扰动。这些内部扰动包括燃烧质量的变化以及由于电网电源频率变化、电压变化而引起的燃料量、送风量和引风量的变化等。在外部负荷变化引起的扰动作用时，则应使燃料量、送风量和引风量成比例地变化，既要适应负荷的要求，又要使蒸汽压力、炉膛负压和燃烧经济性这三个被调量指标保持在允许范围内。

燃煤锅炉自动调节的关键问题是燃料量的测量，在目前条件下，要实现准确测量进入炉膛的燃料量（质量、水分、数量等）还很困难，为此，目前常采用按"燃料—空气"比值信号的自动调节、按含氧量信号的自动调节、按热量信号的自动调节等类型。

三、锅炉的电气控制实例

图 4-49（a）、（b）电气控制线路是以 SHL10 – 2.45/400℃ – AⅢ型号的锅炉为例，只对电气控制电路控制情况进行简要分析。由于自动调节过程采用的仪表较多，控制过程复杂，汽包水位、过热蒸汽温度、锅炉燃料系统等自动调节不作分析。

1．系统简介

型号意义：SHL10 – 2.45/400℃ – AⅢ表示：双锅筒、横置式、链条炉排，蒸发量为 10 t/h，出口蒸汽压力为 2.45 MPa、出口过热蒸汽温度为 400℃；适用三类烟煤。

动力电路电气控制特点：水泵电动机功率为 45 kW，引风机电动机功率为 45 kW，一次风机电动机功率 30kW，需设置降压启动设备。因 3 台电动机不需要同时启动，所以可共用一台自耦变压器作为降压启动设备。为了避免 3 台或 2 台电动机同时启动，需设置启动互锁环节。

锅炉点火时，一次风机、炉排电机、二次风机必须在引风机启动后才能启动；停炉时，一次风机、炉排电机、二次风机停止数秒后，引风机才能停止。系统应用了按顺序规律实现控制的环节，并在极限低水位以上才能实现顺序控制。

在链条炉中，常引入二次风，其目的是二次风能将高温烟气引向炉前，帮助新燃料着火，加强对烟气的扰动混合，同时还可提高炉膛内火焰的充满度等优点。二次风量一般控制在总风量的 5%～15% 之间，二次风由二次风机供给。

自动调节特点：汽包水位调节为双冲量给水调节系统。通过调节仪表自动调节给水电动阀门的开度，实现汽包水位的调节。水位超过高水位时，应使给水泵停止运行。

过热蒸汽温度调节是通过调节仪表自动调节减温水电动阀门的开度，调节减温水的流量，实现控制过热器出口蒸汽温度。

燃烧过程的调节是通过司炉工观察各显示仪表的指示值，操作调节装置，遥控引风风门挡板和一次风风门挡板，实现引风量和一次风量的调节。对炉排进给速度的调节，是通过操作能实现无级调速的滑差电机调节装置，以改变链条炉排的进给速度。

系统设有必要的声、光报警及保护装置系统和必要的显示仪表和观察仪表。

2. 动力电路电气控制分析

当锅炉需要运行时，首先要进行运行前的检查，一切正常后，将各电源自动开关 QF，QF1～QF6 合上，其主触点和辅助触点均闭合，为主电路和控制电路通电作准备。

给水泵的控制：锅炉经检查符合运行要求后，才能进行给水工作。按 SB3 或 SB4 按钮，接触器 KM2 得电；主触点闭合，使给水泵电动机 M1 接通降压启动线路，为启动做准备；辅助触点 KM2$_{1,2}$断开，切断 KM6 通路，实现对一次风机不许同时启动的互锁；KM2$_{3,4}$闭合，使接触器 KM1 得电；其主触点闭合，给水泵电动机 M1 接通自耦变压器，实

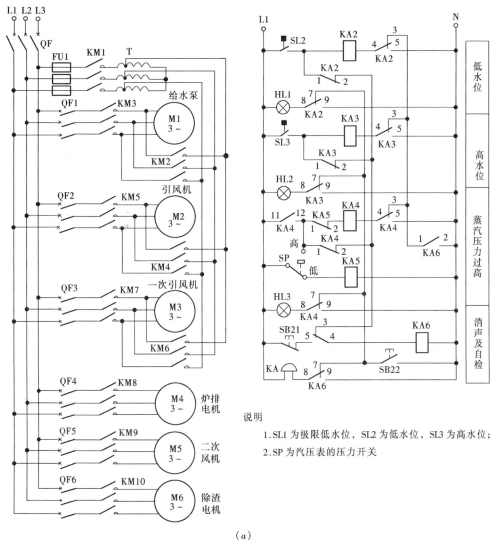

(a)

图 4-49　锅炉动力电气控制电路（一）

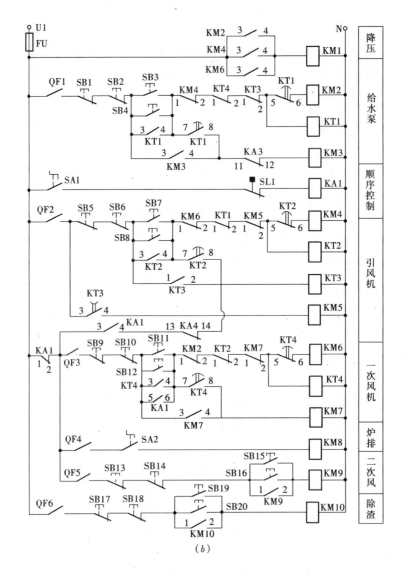

图 4-49 锅炉动力电气控制电路（二）

降压启动。

同时，时间继电器 KT1 得电，其触点 $KT1_{1,2}$ 瞬时断开，切断 KM4 通路，实现对引风电机不许同时启动的互锁；$KT1_{3,4}$ 瞬时闭合，实现启动时自锁；$KT1_{5,6}$ 延时断开，使 KM2 失电，KM1 也失电，其触点复位，电动机 M1 及自耦变压器均切除电源；$KT1_{7,8}$ 延时闭合，接触器 KM3 得电；其主触点闭合，使电动机 M1 接上全压电源稳定运行；$KM3_{1,2}$ 断开，KT1 失电，触点复位；$KM3_{3,4}$ 闭合，实现运行时自锁。

当汽包水位达到一定高度，需将给水泵停止，做升火前的其他准备工作。

如锅炉正常运行，水泵也需长期运行时，将重复上述启动过程。高水位停泵触点 $KA3_{11,12}$ 的作用，将在声光报警电路中分析。

引风机的控制：锅炉升火时，需启动引风机，按 SB7 或 SB8，接触器 KM4 得电吸合，其主触点闭合，使引风机电动机 M2 接通降压启动线路，为启动作准备；辅助触点 $KM4_{1,2}$

断开，切断 KM2，实现对水泵电机不许同时启动的互锁；KM4$_{3,4}$闭合，使接触器 KM1 得电，其主触点闭合，M2 接通自耦变压器及电源，引风机电动机实现降压启动。

同时，时间继电器 KT2 也得电，其触点 KT2$_{1,2}$瞬时断开，切断 KM6 通路，实现对一次风机不许同时启动的互锁；KT2$_{3,4}$瞬时闭合，实现自锁；KT2$_{5,6}$延时断开，KM4 失电，KM1 也失电，其触点复位，电动机 M2 及自耦变压器均切除电源；KT2$_{7,8}$延时闭合，时间继电器 KT3 得电，其触点 KT3$_{1,2}$闭合自锁；KT3$_{3,4}$瞬时闭合，接触器 KM5 得电；其主触点闭合，使 M2 接上全压电源稳定运行；KM5$_{1,2}$断开，KT2 失电复位。

一次风机的控制：系统按顺序控制时，需合上转换开关 SA1，只要汽包水位高于极限低水位，水位表中极限低水位接点 SL1 闭合，中间继电器 KA1 得电吸合，其触点 KA1$_{1,2}$断开，使一次风机、炉排电机、二次风机必须按引风电机先启动的顺序实现控制；KA1$_{3,4}$闭合，为顺序启动作准备；KA1$_{5,6}$闭合，使一次风机在引风机启动结束后自行启动。

触点 KA4$_{13,14}$为锅炉出现高压时，自动停止一次风机、炉排风机、二次风机的继电器 KA4 触点，正常时不动作，其原理在声光报警电路中分析。

当引风电机 M2 降压启动结束时，KT3$_{1,2}$闭合，只要 KA4$_{13,14}$闭合、KA1$_{3,4}$闭合、KA1$_{5,6}$闭合，接触器 KM6 得电，其主触点闭合，使一次风机电动机 M3 接通降压启动线路，为启动作准备；辅助触点 KM6$_{1,2}$断开，实现对引风电机不许同时启动的互锁；KM6$_{3,4}$闭合，接触器 KM1 得电，其主触点闭合，M3 接通自耦变压器及电源，一次风机实现降压启动。

同时，时间继电器 KT4 也得电，其触点 KT4$_{1,2}$瞬时断开，实现对水泵电机不许同时启动的互锁；KT4$_{3,4}$瞬时闭合，实现自锁（按钮启动时用）；KT4$_{5,6}$延时断开，KM6 失电，KM1 也失电，其触点复位，电动机 M3 及自耦变压器切除电源；KT4$_{7,8}$延时闭合，接触器 KM7 得电，其主触点闭合，M3 接全压电源稳定运行；辅助触点 KM7$_{1,2}$断开，KT4 失电，触点复位；KM7$_{3,4}$闭合，实现自锁。

炉排电机和二次风机的控制：引风机启动结束后，就可启动炉排电机和二次风机。

炉排电机功率为 1.1kW，可直接启动。用转换开关 SA2 直接控制接触器 KM8 线圈通电吸合，其主触点闭合，使炉排电机 M4 接通电源，直接启动。

二次风机电机功率为 7.5 kW，可直接启动。启动时，按 SB15 或 SB16 按钮，使接触器 KM9 得电，主触点闭合，二次风机电机 M5 接通电源，直接启动；辅助触点 KM9$_{1,2}$闭合，实现自锁。

锅炉停炉的控制：锅炉停炉有 3 种情况：暂时停炉、正常停炉和紧急停炉（事故停炉）。暂时停炉为负荷短时间停止用汽时，炉排用压火的方式停止运行，同时停止送风机和引风机，重新运行时可免去升火的准备工作；正常停炉为负荷停止用汽及检修时有计划停炉，需熄火和放水；紧急停炉为锅炉运行中发生事故，如不立即停炉，就有扩大事故的可能，需停止供煤、送风，减少引风，其具体工艺操作按规定执行。

正常停炉和暂时停炉的控制：按下 SB5 或 SB6 按钮，时间继电器 KT3 失电，其触点 KT3$_{1,2}$瞬时复位，使接触器 KM7、KM8、KM9 线圈都失电，其触点复位，一次风机 M3、炉排电机 M4、二次风机 M5 都断电停止运行；KT3$_{3,4}$延时恢复，接触器 KM5 失电，其主触点复位，引风机电机 M2 断电停止。实现了停止时一次风机、炉排电机、二次风机先停数秒后，再停引风机电机的顺序控制要求。

声光报警及保护：系统装设有汽包水位的低水位报警和高水位报警及保护，蒸汽压力超高压报警及保护等环节，见图4-49（a）声光报警电路，图中 KA2～KA6 均为灵敏继电器。

水位报警：汽包水位的显示为电接点水位表，该水位表有极限低水位电接点 SL1、低水位电接点 SL2、高水位电接点 SL3、极限高水位电接点 SL4。当汽包水位正常时，SL1 闭合，SL2、SL3 断开，SL4 在系统中没有使用。

当汽包水位低于低水位时，电接点 SL2 闭合，继电器 KA6 得电，其触点 $KA6_{4,5}$ 闭合并自锁；$KA6_{8,9}$ 闭合，蜂鸣器 HA 响，声报警；$KA6_{1,2}$ 闭合，使 KA2 得电吸合，$KA2_{4,5}$ 闭合并自锁；$KA2_{8,9}$ 闭合，指示灯 HL1 亮，光报警。$KA2_{1,2}$ 断开，为消声作准备。当值班人员听到声响后，观察指示灯，知道发生低水位时，可按 SB21 按钮，使 KA6 失电，其触点复位，HA 失电不再响，实现消声，并去排除故障。水位上升后，SL2 复位，KA2 失电，HL1 不亮。

如汽包水位下降低于极限低水位时，电接点 SL1 断开，KA1 失电，一次风机、二次风机均失电停止。

当汽包水位上升超过高水位时，电接点 SL3 闭合，KA6 得电，其触点 $KA6_{4,5}$ 闭合并自锁；$KA6_{8,9}$ 闭合，HA 响，声报警；$KA6_{1,2}$ 闭合，使 KA3 得电，其触点 $KA3_{4,5}$ 闭合自锁；$KA3_{8,9}$ 闭合，HL2 亮，光报警；$KA3_{1,2}$ 断开，准备消声；$KA3_{11,12}$ 断开，使接触器 KM3 失电，其触点恢复，给水泵电动机 M1 停止运行。消声与前同。

超高压报警：当蒸汽压力超过设计整定值时，其蒸汽压力表中的压力开关 SP 高压端接通，使继电器 KA6 得电，其触点 $KA6_{4,5}$ 闭合自锁；$KA6_{8,9}$ 闭合，HA 响，声报警；$KA6_{1,2}$ 闭合，使 KA4 得电，$KA4_{11,12}$、$KA4_{4,5}$ 均闭合自锁；$KA4_{8,9}$ 闭合，HL3 亮，光报警；$KA4_{13,14}$ 断开，使一次风机、二次风机和炉排电机均停止运行。

当值班人员知道并处理后，蒸汽压力下降，当蒸汽压力表中的压力 SP 低压端接通时，使继电器 KA5 得电，其触点 $KA5_{1,2}$ 断开，使继电器 KA4 失电，$KA4_{13,14}$ 复位，一次风机和炉排电机将自行启动，二次风机需用按钮操作。

按钮 SB22 为自检按钮，自检的目的是检查声、光器件是否能正常工作。自检时，HA 及各光器件均应能发出声、光信号。

过载保护：各台电动机的电源开关都用自动开关控制，自动开关一般具有过载自动跳闸功能，也可有欠压保护和过流保护等功能。

锅炉要正常运行，锅炉房还需要有其他设备，如水处理设备、除渣设备、运煤设备、燃料粉碎设备等，各设备中均以电动机为动力，但其控制电路一般较简单，此处不再进行分析。

第五节　自备应急电源

工业与民用建筑物处于突然停电而又必须满足基本设备的安全用电，或在火灾应急状态时，为了保证火灾扑救工作的成功，担负着向消防用电设备等供电的独立电源称为应急电源。

电源分为主电源和应急电源两类。主电源指电力系统电源；应急电源有三种：即电力系统电源、自备柴油发电机组和蓄电池组。对供电时间要求特别严格的地方，还可采用不停电电源（UPS）。

应急电源供电时间很短，例如：防排烟设备 30min，水喷淋灭火设备 60min，火灾自动报警装置 10min，火灾应急照明与疏散指示标志为 20min。

一、柴油发电机组

柴油发电机组是将柴油机与发电机组合在一起的发电设备的总称。它由同步发电机和拖动它的柴油机、控制屏三部分组成。

柴油机与发电机用弹性联轴器连接在一起，并用减震器安装在公共底盘上，便于移动和安装。柴油发电机组操作简单，运行可靠，维护方便，容易实现自动控制，并能长期运行适应长期停电的供电要求，而且运行中不受电力系统运行状态的影响，是独立的可靠电源。机组投入工作的准备时间短，启动迅速，可以在 10~15s 内接通负荷，满足消防负荷的供电要求，是一种国内外广泛采用的应急电源。

1. 柴油发电机组容量的选择

按估算法选择，对大中型民用建筑，容量可按建筑面积的 10~20W/m² 估算；如果已知配电变压器容量 S_e，则发电机组容量 $S_t =$ （10~30）% S_e；也可按照电动机直接启动台数或成组电动机容量估算，即每千瓦电机容量为 7kVA 发电机组容量。

2. 柴油发电机组可靠、安全、经济运行的措施

在消防用电设备中，一般说来消火栓水泵是最大的消防负荷，且在火灾时其启动顺序又具有很大的随机性。针对这种情况，为使柴油发电机组能可靠、安全、经济地运行，宜采取下列措施：

（1）正确选择消防泵电机容量。

（2）对功率较大的异步电机尽量采用 Y—△启动、电抗器启动、电阻启动或自用减压补偿器等降压启动方法，以减少电动机启动容量。

（3）调整启动顺序。较理想的顺序为：最大容量电动机→较小容量电动机→无冲击的其他负荷。

（4）错开启动时间，避免同时启动。可在消火栓加压泵及自动喷淋泵电机控制回路中接入时间继电器，把启动时间错开。

（5）火灾信号使柴油发电机组自启动投入前，应闭锁非消防负荷接入共用母线，或从共用母线把非消防负荷自动切除。

二、蓄电池组

蓄电池组是一种独立而又十分可靠的应急电源。火灾时，当电网电源一旦失去，它即向火灾信息检测、传递、弱电控制和事故照明等设备提供直流电能。这种电源经过逆变器或逆变机组将直流变为交流，可兼作交流应急电源，向不允许间断供电的交流负荷供电。

常用的蓄电池有酸性（铅）蓄电池和碱性（镉镍、铁镍）蓄电池两种。

蓄电池在使用时，根据不同电压的要求，将若干只蓄电池串联成蓄电池组。如火灾自动报警控制器所需电压为 24V，单只镉镍蓄电池的额定电压为 1.25V，则需要串联蓄电池只数为 20 只。

蓄电池组通常按充放电制、定期浮充制和连续浮充制三种工作方式进行供电。消防常用连续浮充制的蓄电池组对小容量的消防用电设备供电。所谓连续浮充制，即整昼夜地将

蓄电池组和整流设备并接在消防负载上，消防用电电流全部由整流设备供给，而蓄电池组处于连续浮充备用状态，当市电停电时才起作用。蓄电池组的优点是供电可靠、转换快；缺点是容量不大，持续时间有限，放电过程中电压不断下降，需经常检查维护。

三、不停电电源

不停电电源（Uninterrupted Power Systems），简称 UPS。具有供电可靠（无任何瞬间中断）、供电质量高、抗干扰能力强、性能稳定、体积小、无噪音、维护费用少等优点，广泛应用于自动控制和数据处理系统。不足之处是：长时过载能力较低，但短时过载能力可达 125% ~ 150% 额定电流。

1. 基本结构

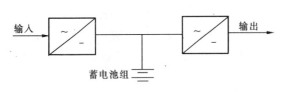

UPS 电源基本结构，如图 4-50 所示。由三部分组成，即：整流器、逆变器和蓄电池组。

整流器：采用硅整流器或晶闸管整流器，将电网电压 380/220V 三相或单相

图 4-50　不停电电源原理示意图

交流电整流，并经滤波、稳压后变成直流电。

蓄电池组：正常时处于连续浮充状态，当电网停电时，提供直流电源。它与电网隔离，不受电网电压、频率突变和波形畸变的干扰和影响。

逆变器：逆变器是一种直流→交流的变流装置。图 4-51 的逆变器中，S_1 和 S_2 这两只晶闸管轮流导通，把直流电源电压 E_d 交替地接通到变压器初级线圈的两个部分。这等效于一个交变电压加在一个初级线圈上。

晶闸管关断，是利用换流电容器 C 来实现的。S_1 导通，S_2 截止时，电容器 C 上将充有左负右正的电压，其电压数值为电源电压 E_d；当触发器使 S_2 导通时，电容器 C 上的电压经 S_2 向 S_1 放电，使 S_1 反向偏置而关断。然后再反方向充电，为 S_1 再次导通关断 S_2 准备了条件。

2. 不停电供电系统

在满足可靠性的前提下，不停电电源可采用单台供电系统、多台并联供电系统或时序备用系统。现主要介绍时序备用系统中简单的静止开关旁路系统。其供电主接线图 4-52

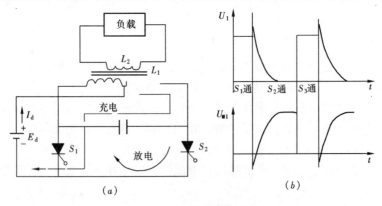

(a)　　　　　　　　　(b)

图 4-51　逆变器主电路原理图

所示。

正常情况下，由市电Ⅰ供电，逆变器从整流器得电能，经过交流静止开关向负载供给380/220V电能，蓄电池组在此时，按连续浮充制供电方式工作，蓄电池组只维持在一个正常的充电电平水平上，对负载不供给电能。当市电Ⅰ发生故障停电时，蓄电池组经直流静止开关对逆变器供电。同时，柴油发电机开始启动，待其电压和频率运转正常后，作为应急电源，经旁路交流静止开关，取代市电继续供电。

如果备用电源是市电Ⅱ，那么逆变器应与市电保持锁相同步、实现两套并联交流电源的相位跟踪，即同相位、同频率。当逆变器故障或发生超载时，临界负载就会自动地通过静止开关接通市电Ⅱ，其转换时间不超过1ms，从而保证了负载的不中断供电。

正常/应急电源间的切换，是通过交流静止开关自动完成的。由于可控硅的单向导电性，所以每组交流静止开关均由两只反向并联的快速可控硅组成。它由逻辑控制信号决定其通断。为了排除故障和定期检修维护方便，可由电磁或手动操作的开关完成，KM1、KM2、KM3就是为此而设置的。当逆变器或静止开关发生故障时，可断开KM1、KM2，接通KM3，直接由市电Ⅱ对负载供电。这时逆变器和静止开关与市电隔离，可对其修理而不影响对负载供电。

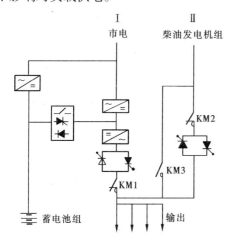

图4-52 不停电供电系统

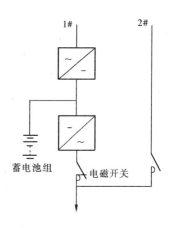

图4-53 单相不停电供电系统

对单相交流不停电电源，其市电输入仅为380/220V。与三相交流不停电电源不同的是，可控硅整流器主电路采用三相桥式半可控整流电路，直流输出120V电压，经滤波后给方波逆变器供电，并同时给蓄电池组进行浮充。逆变器输出为单相交流50Hz正弦波电压。电源旁路电磁开关，可在逆变器故障或蓄电池组输出不足时，自动切换到旁路备用电源，如图4-53。

四、主电源与应急电源的联接

不停电设备或消防用电设备除正常时由主电源供电外，停电时应由应急电源供电。当主电源不论何时停电，应急电源应能自动投入以保证应急用电的可靠性。

应急电源与主电源之间应有一定的电气联锁关系。当主电源运行时，应急电源不允许工作；一旦主电源失电，应急电源必须立即在规定时间内投入运行。在采用自备发电机作为应急电源的情况下，如果启动时间不能满足应急设备对停电间隙要求的话，可以在主电源失电而自备发电机组尚待启动之间，使蓄电池迅速自动地投入运行，直至自备发电机组向配电线路供电时才自动退出工作。此外，亦可采用不停电电源来达到目的。如银行大厦、计算机中心、气象预报等部门业务用的电子计算机、高层建筑中的管理用电脑及信息处理系统等就可用不停电电源作为应急电源。

当主电源恢复时可采用手动或自动复归，但当电源复归时会引起电动机重新启动，危及人身和设备安全时，只能手动切换。

1. 电源切换方式

（1）首端切换：如图4-54所示，各不停电用电设备的电源由应急母线集中提供，并从专用的回路向不停电用电设备供电。应急母线电源来自柴油发电机组和主电源。为此应急母线则以一条单独馈线经自动开关（称联络开关）与主电源变电所低压母线相连接。正常情况下，该自动开关是闭合的，消防用电设备经应急母线由主电源供电。当主电源出现故障或因救火而断开时，主电源低压母线失电，联络开关经延时后自动断开，柴油发电机组经10～15s启动后，仅向应急母线供电。从而实现了首端切换目的，保证了不停电用电设备的可靠供电。这里引入延时的目的是为了避免柴油发电机组因瞬间的电压骤降而进行不必要的启动。

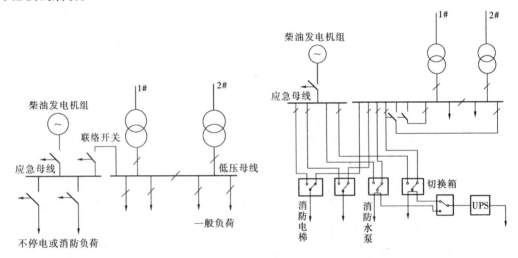

图4-54 应急母线集中供电首端切换　　　　图4-55 两路电源末端切换

这种切换方式，正常时应急电网实际变成了主电源供电电网的一个组成部分。但馈线一旦有故障时，它所连接的不停电用电设备则将失去电源。另外柴油发电机容量，由于选择时是依消防泵等大电机的启动容量来定的，备用能力较大。应急时只能供应消防电梯、消防泵、事故照明等少量不停电负荷，这样就造成了柴油发电机组设备利用率很低。

（2）末端切换：引自应急母线和主电源低压母线段的两条各自独立的馈线，在各自末端的事故电源切换箱内实现切换。其切换图见图4-55所示。由于各馈线是独立的，从而提高了供电的可靠性，但其馈线比首端切换增加了一倍。火灾时当主电源切断，柴油发电机组启动供电后，如果应急馈线故障，同样有使不停电或消防用电设备失去电能供应的可能。

2. 备用电源自动投入装置

当供电网路向消防负荷供电的同时，还应考虑电动机的自启动问题。如果网路能自动投入，但消防泵不能自启动，仍然无济于事。特别是火灾时消防水泵电动机，启动冲击电流往往会引起应急母线上电压的降低，严重时使电动机达不到应有的转矩，会使继电保护误动作，甚至会使柴油机熄火停车，达不到火灾应急供电，发挥消防用电设备投入灭火的目的。目前解决这一问题所需要手段，是设备用电源自动投入装置（BZT）。

消防规范要求一类、二类高层建筑分别采用双电源、双回路供电。为保障供电的可靠性，变配电所常用分段母线供电，BZT 则安装在分段断路器上，如图 4-56（a）所示。正常时分段断路器断开，两段母线分段运行，当任一电源故障时，BZT 装置将分段断路器合上，保证另一电源继续供电。

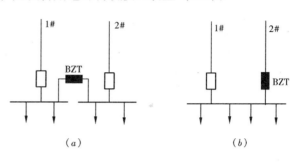

图 4-56 备用电源自动投入形式

当然 BZT 也可安装在备用电源进线的断路器上，如图 4-56（b）所示。正常时备用线路处于备用状态，当工作线路故障时，备用线路自动投入。

BZT 低压线路中可通过自动空气开关或接触器来实现其功能。

（1）对备用电源自动投入装置的要求。

1）当一路电源母线失去电压时，备用电源应自动投入。

2）备用电源必须在确认工作电源已经断开，且其工作电压为正常值时才能投入，目的是为避免备用电源投入到故障线路上，从而保证消防用电动机的自启动。

3）备用电源投入时间应尽量缩短，以减少中断供电时间。

4）只允许 BZT 装置动作一次，避免投入永久故障线路上。

5）应防止电压互感器控制回路熔断器引启 BZT 误动作。

（2）低压 BZT 装置举例

BZT 装置可通过自动空气开关和接触器来实现，下面以接触器为例予以说明。

1）采用交流接触器的 BZT 接线：对双电源、两台变压器的变电所，BZT 装置可采用带有远距离操作机构的自动空气开关或接触器来实现。图 4-57 是采用交流接触器的低压 BZT 装置。

正常时，两台变压器分别运行，接触器 KM1 及 KM2 合上，母线分段接触器 KM3 断开，自动空气开关 QF 作短路保护用，平时处于闭合状态。由于 I、II 段母线都有电，交流电磁继电器 KA1、KA2 吸合，常开接点闭合，常闭接点断开，用以监视两段母线的电源情况。比如，I 段母线失去电压，继电器 KA1 释放，常闭接点闭合，接触器 KM3 吸合，接在分段母线上的主触头闭合，I 段母线通过 II 段母线接受 2# 电源供电，完成了 BZT 的自动切换任务。

2）末端切换箱中常采用的 BZT 接线：双回路放射式供电线路末端的负荷容量一般较小，可采用交流接触器（如 CJ10 型等）的 BZT 接线，如图 4-58 所示。

图中自动空气开关 1QF、2QF 作为短路保护用。正常运行中，处于闭合位置。当 1# 电源失压时，接触器主触头 KM1 分断，常闭接点闭合，KM2 线圈通电，将 2# 电源自动投

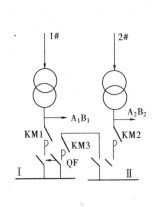

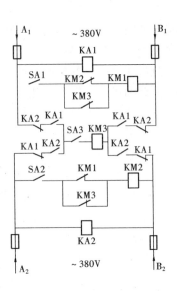

图 4-57　交流接触器 BZT 接线

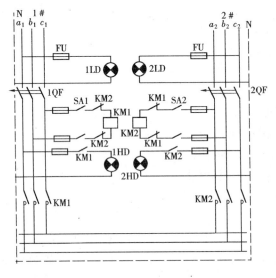

图 4-58　末端切换箱 BZT 原理接线

入供电。

此接线也可通过控制开关 SA1 或 SA2 进行手动切换电源。显然它的优点是简单方便。

（3）对切换开关性能的要求。

切换开关的性能对应急电源能否适时投入影响很大。目前电网供电持续率都比较高，有的地方可达每年只停电数分钟的程度，而供消防用的切换开关常是闲置不用。正因为电网的供电可靠性较高，切换开关就容易被忽视。因此对切换开关性能应有特别高的要求，归纳起来有下列四点。

1）绝缘性能，特别是平时不通电又不常用部分的性能要高。

2）通电性能要良好。

3）切换通断性能要可靠，由于长期处于不动作的状态下，一旦应急就要立即投入。

4）长期不维修，又能立即工作的性能。

随着新材料的出现和自动化技术的发展，目前已进入不用维修，不用检查和无人职守的时代，用户按这四条性能要求来选择产品，就能提高供电电源的可靠性。

3.应急母线连接非消防负荷时应注意的问题

为了提高柴油发电机组设备的利用率和备用能力，设计人员有时出于经济效能的考虑而将部分非消防负荷接于应急母线上。这样，在非火灾停电时则可启动柴油发电机向其所联的用电设备供电。但从消防用电的安全可靠角度考虑要注意下面问题：

（1）柴油发电机的负荷能力必须满足应急母线所有装接负荷连续运行的要求。

（2）校验在带足非消防负荷的情况下，具有启动消防用电动机的能力。

（3）为确保柴油发电机启动消防用电动机，当火灾确认后，将非消防负荷从应急母线上自动切除。

（4）对非消防用的普通电梯，实行火灾管制，管制应急操作控制方式可采用电脑群控或集选控制方式，使电梯在很短时间内，转入火灾紧急服务或强制电梯返回指定层放出乘客、开门停运。

五、火灾应急照明与疏散指示标志

在火灾发生、电网停电时，供有关火灾扑救人员继续工作和居民的安全疏散而设置的照明，总称为火灾应急照明。它有两个作用，一是使消防人员继续工作，二是使居民安全疏散。在疏散期间，为防止疏散通道骤然变暗必须保证一定的照度，以抑制人们心理上的惊慌和保障疏散安全。同时，还要以显眼的文字、鲜明的箭头标记指明疏散方向，这种采用信号照明的标记，叫疏散指示标志。

对于设置在疏散通道的疏散照明，最低照度不应低于 0.5lx。为保证标志灯在烟雾下，仍能使逃难者清楚辨认，我国推荐最大视看距离为 20m。

当工作照明与应急照明混合设置时，应急照明的照度为该区工作照明照度的 10% 以上。具体数值，可视环境条件而定，最大为 30% ~ 50%。

1. 疏散应急照明灯的布置

安全出口标志灯的安装部位：通常是在建筑物通向室外的正常出口和应急出口，多层和高层建筑各楼层通向楼梯间和消防电梯前室的门口，大面积的厅、堂、场、馆通向疏散通道或通向前厅、侧厅、楼梯间的出口。

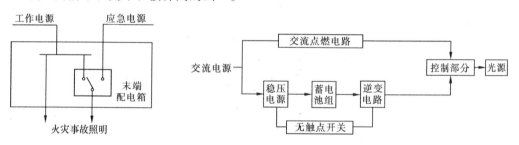

图 4-59　火灾应急照明供电　　　　　　　图 4-60　应急灯原理方框图

安全出口标志和指向标志的安装位置和朝向。出口标志多装在出口门上方，门太高时，可装在门侧。为防烟雾影响视觉，其高度以 2 ~ 2.5m 为宜，标志朝向应尽量使标志面垂直于疏散通道。对于指向标志可安在墙上或顶棚上，其高度在人的水平视线以下，地面 1m 以上为最佳。因为烟雾会滞留在天棚，将指示灯覆盖，使其失去指向效果。

2. 应急照明电源

电源可以是柴油发电机组、蓄电池或电力网三种类型中任意两种组合。以满足双电源、双回路供电的要求。

（1）自动切换装设位置：对于火灾应急照明和疏散指示标志可以集中供电，也可分散供电。对于集中布置的大中型建筑，多用集中式。总配电箱设在底层，以干线向各层照明配电箱供电，各层照明配电箱装于楼梯间或附近，每回路干线上连接的配电箱不超过三个，此时的火灾事故照明电源无论是从专用干线分配电箱取得，还是从与正常照明混合使用的干线分配电箱取得，在有应急备用电源的地方，都要从最末级的分配电箱进行自动切换，如图4-59所示。

（2）应急照明原理：对于分散布置的小型建筑物内供人员疏散用的疏散照明装置，由于容量较小，一般采用小型内装灯具、蓄电池、充电器和继电器的组装单元，如图4-60所示。

当交流电源正常供电时，一路点燃灯管，另一路驱动稳压电源工作，并以小电流给镍镉蓄电池组连续充电。当交流电源因故停电时，无触点开关自动接通逆变电路，待直流变成高频高压交流电；同时，控制部分把原来的电路切断，而将直流点燃电路接通，转入应急照明，直流供电不小于45min。当应急照明达到所需时间后，无触点开关自动切断逆变电路，蓄电池组不再放电。一旦交流电恢复，灯具自动投入交流电路，恢复正常照明，同时，蓄电池组又继续重新充电。应急白炽灯的直流供电与自控系统与上述过程相同，只是没有逆变部分。持续供电时间大于20min，电压不低于正常电压的85%，故能满足消防要求。

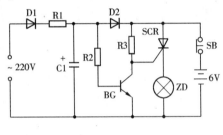

图4-61 简易应急灯

这种小型内装式应急照明灯，蓄电池多为镍镉电池，或小型密封铅蓄电池。优点是可靠、灵活、安装方便。缺点是费用高、检查维护不便。

（3）应急照明实例：图4-61所示的简易停电"自救"灯。其"自救"灯线路非常简单，其工作原理是：当市电正常时，由D1、R1、C1、D2组成的充电回路向蓄电池提供较稳定的充电电流。市电经二极管D1半波整流，R1限流，C1滤波后，使三极管BG饱和导通，可控硅SCR因控制极呈低电位，无触发电流而截止，电珠ZD不亮。市电停电后，蓄电池放电，因D2的隔离，BG因无基极偏置而呈截止状态，这样SCR的控制极便呈高电位，SCR导通，电珠ZD亮，实现简易照明。

图4-62所示是一种常用的日光型应急灯线路。平时应急灯线路通过开关K控制灯管G点燃或熄灭，同时，通过变压器B1向电路提供充电电流及开关电路工作电源。当市电正常时，继电器KA2得电（电路图上KA2所处的状态），灯管与正常的日光灯线路相接。

稳压管D10被反向击穿，BG2饱和，BG1截止，KA1不动作，其触点不能闭合，触点右侧的逆变器电路无电不工作。当电网断电时，KA1释放，灯管G与逆变器输出相接。此时D10很快截止，BG2也随之截止，BG1则通过C2、R3获得基极电流而导通，使KA1得电，逆变器电路通电，即单管振荡电路起振，经B2升压后使灯管G点亮。此时通过电阻R4使BG1继续保持导通，一直到蓄电池电压下降到不足以使BG1导通得电发光，KA1断开，逆变器断电，以防止蓄电池过放电。

本 章 小 结

本章列举了楼宇中的一些典型设备的电气控制实例，通过对其电气控制特点、拖动要求及电气原理的分析，使读者对楼宇电气控制有较基础的认识，从而掌握阅读和分析电气

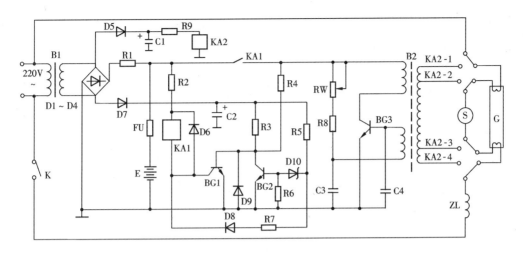

图 4-62　日光型应急灯

设备原理图的基本方法，为从事智能楼宇电气控制工程的安装、调试、检修及维护打下基础。

1. 电梯的电气控制

本节从电梯基本构造入手，叙述了电梯中的专用设备、相关知识及电梯的电力拖动，最后以按钮控制电梯和信号控制电梯的应用实例对电梯的控制进行了详细的分析。

电梯是由六个系统组成的，即：曳引系统、导向系统、轿厢系统、门系统、重量平衡系统和安全保护系统。本节电梯实例中，电动机构采用交流双速拖动。层楼转换开关、平层感应器等均为电梯的专用设备，前者实现层楼转换，后者准确发出平层停车信号。电梯的选层定向电路分析难度最大，因为选层器的种类比较多，不同的选层器组成的选层定向电路也不同的，关键是要首先了解选层器的结构和工作原理，机械式选层器是最简单的一种。对电梯运行控制情况的全面认识，应重点理解主电路、运行控制电路、保护电路、轿箱门电路、抱闸电路、选层电路、召唤电路、选层定向电路等的控制原理。

2. 空调与制冷系统的电气控制

先是对空调系统的概况进行叙述，接着讨论了空调系统中常用的器件，最后介绍了空调与制冷系统的电气控制实例。

本节空调实例介绍了分散式和集中式两种，对于四个季节空调的运行及不同季节的工况转换进行了详细的说明。最后对集中式空调系统配套的制冷系统进行分析，从而使读者了解制冷系统的控制特点。

3. 生活给水、排水系统的电气控制

首先分析了采用干簧水位信号控制器水位开关的构造和原理，然后根据水位控制的电气要求，分析控制线路工作原理，对两台水泵的水位控制线路进行了分析。

通过对几种水泵电动机的电气控制分析可知：水泵电动机的自动启停及负荷调节是根据水池（箱）水位、气压罐压力或管网压力来决定的，由于水池和管网都是大容量对象，对调节精度要求不高，一般采用水位调节就可以了。上、下限水位间的距离及上、下限水压差的调整是决定电动机间歇时间长短的一个重要参数，应根据实际在安装时考虑。

消火栓灭火系统是移动式灭火设施，介绍了降压与全压启动的消火栓灭火系统的电气控制特点及控制原理。喷淋灭火系统是固定式灭火设施，有降压与全压启动方式，与消防中心的联系也在图中进行了阐述。

4. 锅炉房动力设备的电气控制

介绍了锅炉房设备的组成及自动控制的任务，着重阐述了锅炉房设备的应用实例。

锅炉由锅炉本体和锅炉房辅助设备组成，其自动控制的任务是：给水系统的自动调节、锅炉蒸汽过热系统的自动调节及锅炉燃烧系统的自动调节。

本节以链条炉排小型快装锅炉为例，讨论了锅炉动力部分的自动控制线路。主要放在鼓风机、引风机的连锁以及声光报警部分，其他部分进行了简单的说明。

5. 自备应急电源

本节主要介绍了应急电源的种类、自备应急电源与主电源的连接及其控制过程，小型应急照明电路原理分析，根据应急电源在主电源停电后自动投入带动负载的要求，对应急电源电路自动连接的继电控制过程进行了分析。

思考题与习题

1. 电梯由哪些部分组成？

2. 限速器与安全钳是怎样配合对电梯实现超速保护的？

3. 层楼指示器和机械选层器的作用和特点是什么？

4. 按钮控制电梯对开关门电路有何要求？在开门过程中，是怎样避免发生撞击的？

5. 试画出单绕组双速电动机两种速度时的绕组接法。为什么要注意相序的配合？

6. 电梯用双速鼠笼式电动机的快速绕组和慢速绕组各起什么作用？串入的电阻或电感各起什么作用？

7. 电梯下行，如三层有人呼梯下行，是怎样实现截停的？如果轿厢客满怎样办？

8. 电梯检修时，试分析慢速上升启动运行？

9. 压力控制器和启动继电器有何区别？

10. 电加热器和电加湿器的作用是什么？

11. 集中式空调系统的电气控制特点和要求是什么？

12. 试说明干簧继电器的工作原理。

13. 设计一个用电极水位控制器控制两台泵互为备用直接投入的控制电路。

14. 设计一个用电极水位控制器控制两台泵互为备用，Y—△降压启动，备用泵直接投入的控制电路。

15. 自备应急电源的种类？电源容量如何选择？

16. 简述 UPS 电源的基本结构和工作原理。

17. 主电源与应急电源的联接方式有哪两种？说明两种方式的各自特点。

18. 应急照明灯的基本组成有哪几部分？画出基本原理框图进行工作原理分析。

第五章 控制线路安装、调试及常见故障处理

第一节 控制线路的安装要求

控制线路安装必须严格遵循《电气装置安装工程低压电器施工及验收规范》(GB 50254—96)的有关规定,按照有关施工工艺标准实施。

GB 50254—96 是强制性国家标准,内容包括总则,一般规定,低压断路器,低压隔离开关、刀开关、转换开关及熔断器组合电器,住宅电器、漏电保护器及消防电气设备,控制器、继电器及行程开关,电阻器及变阻器,电磁铁,熔断器,工程交接验收。现将部分内容摘录于表 5-1。

在控制线路安装工程中,还将涉及到《建筑电气工程施工质量验收规范》(GB 50303—2002)等国家标准,必须遵照执行。

电器装置安装工程施工及验收规范 (GB 50254—96)　　　　　　表 5-1

	GB 50254—96	GB 50254—96 条文说明
1 总则	**1.0.1** 为保证低压电器的安装质量,促进施工安装技术的进步,确保设备安装后的安全运行,制订本规范。 **1.0.2** 本规范适用于交流 50Hz 额定电压 1200V 及以下、直流额定电压为 1500V 及以下且正常条件下安装和调整试验的通用低压电器。不适用于无需固定安装的家用电器、电力系统保护电器、电工仪器仪表、变送器、电子计算机系统及成套盘、柜、箱上电器的安装和验收。 **1.0.3** 低压电器的安装,应按已批准的设计进行施工。 **1.0.4** 低压电器的运输、保管,应符合现行国家有关标准的规定;当产品有特殊要求时,应符合产品技术文件的要求。 **1.0.5** 低压电器设备和器材在安装前的保管期限,应为一年及以下;当超期保管时,应符合设备和器材保管的专门规定。 **1.0.6** 采用的设备和器材,均应符合国家现行技术标准的规定,并应有合格证件,设备应有铭牌。 **1.0.7** 设备和器材到达现场后,应及时做下列验收检查: **1.0.7.1** 包装和密封应良好。 **1.0.7.2** 技术文件齐全,并有装箱清单。 **1.0.7.3** 按装箱清单检查清点,规格、型号,应符合设计要求;附件、备件应齐全。 **1.0.7.4** 按本规范要求做外观检查。 **1.0.8** 施工中的安全技术措施,应符合国家现行有关安全技术标准及产品技术文件的规定。	**1.0.1** 制订本规范的目的。 **1.0.2** 本规范适用于交流 50Hz 额定电压 1200V 及以下,直流额定电压为 1500V 及以下的电气设备安装和验收,此适用范围与新修订的国家标准"电工术语"GB2900—18 相一致。这些通用电气设备系直接安装在建筑物或设备上的,与成套盘、柜内的电气设备安装和验收不同,盘、柜上的电器安装和验收,应符合有关规程、规范的规定。 　　特殊环境下的低压电器(如防爆电器、热带型、高原型、化工防腐型等),其安装方法尚应符合相应国家现行标准的有关规定。 **1.0.3** 强调按设计进行安装的基本原则。 **1.0.4** 妥善运输和保管设备及材料,以防其性能改变、质量变劣,是工程建设的重要环节之一。但运输、保管的具体规定不应由施工及验收规范制订,而应执行国家统一制订的有关规程。 **1.0.5** 设备和器材在安装前的保管是一项重要的前期工作,施工前做好设备及器材的保管工作便于以后的施工。

GB 50254—96	GB 50254—96 条文说明
1.0.9 与低压电器安装有关的建筑工程的施工，应符合下列要求：	设备及器材的保管要求和措施，因其保管的时间长短而不同，故本条明确为设备到达现场后至安装前的保管，其保管期限不超过一年。对需要长期保管的设备和器材，应按其专门规定进行保管。
1.0.9.1 与低压电器安装有关的建筑物、构筑物的建筑工程质量，应符合国家现行的建筑工程施工及验收规范中的有关规定。当设备或设计有特殊要求时，尚应符合其要求。	
1.0.9.2 低压电器安装前，建筑工程应具备下列条件：	**1.0.6** 凡未经有关单位鉴定合格的设备或不符合国家现行技术标准（包括国家标准和地方同行业标准）的原材料、半成品、成品和设备，均不得使用和安装。
（1）屋顶、楼板应施工完毕，不得渗漏。	
（2）对电器安装有妨碍的模板、脚手架等应拆除，场地应清扫干净。	
（3）室内地面基层应施工完毕，并应在墙上标出抹面标高。	**1.0.7.1** 事先做好检验工作，为顺利施工提供良好条件，首先检查包装的密封应良好。对有防潮要求的包装应及时检查，发现问题及时处理，以防受潮影响施工。
（4）环境湿度应达到设计要求或产品技术文件的规定。	
（5）电气室、控制室、操作室的门、窗、墙壁、装饰棚应施工完毕，地面应抹光。	**1.0.7.2** 每台设备出厂时，应附有产品合格证明书、安装使用说明书，复杂设备带有试验记录和装箱清单等。
（6）设备基础和构架应达到允许设备安装的强度；焊接构件的质量应符合要求，基础槽钢应固定可靠。	**1.0.7.3** 规格不符合要求及时更换，附件、备件不全将影响以后的运行，故应及时发现及时解决。
（7）预埋件及预留孔的位置和尺寸，应符合设计要求，预埋件应牢固。	
1.0.9.3 设备安装完毕，投入运行前，建筑工程应符合下列要求：	**1.0.8** 施工现场中的安全技术规程有"电业安全工作规程"、"施工供用电规程"、"消防规程"等，都是施工过程中应遵守的现行有关安全技术标准，认真贯彻、执行这些标准对施工人员的人身安全和设备安全，是非常重要的。
（1）门窗安装完毕。	
（2）运行后无法进行的和影响安全运行的施工工作完毕。	
（3）施工中造成的建筑物损坏部分应修补完整。	
1.0.10 设备安装完毕投入运行前，应做好防护工作。	**1.0.9** 为了避免现场施工混乱，加强施工的管理，实行文明施工，本条提出低压电器安装前，有关的建筑工程应具备一些具体要求，以便给安装工作创造一个良好的施工条件，这对保证低压电器的安装质量、避免损失、协调电气安装与土建施工的关系是必须的。
1.0.11 低压电器的施工及验收除按本规定规范的规定执行外，尚应符合国家现行的有关标准、规范的规定。	
2.0.1 低压电器安装前的检查，应符合下列要求：	
2.0.1.1 设备铭牌、型号、规格，应与被控制线路或设计相符。	
2.0.1.2 外壳、漆层、手柄，应无损伤或变形。	**1.0.10** 本条主要是防止二次装修时造成设备损坏，避免尚未进行设备交接、无人维护造成设备的丢失等，故应采取临时性防护。
2.0.1.3 内部仪表、灭弧罩、瓷件、胶水电器，应无裂纹或伤痕。	
2.0.1.4 螺丝应拧紧。	
2.0.1.5 具有主触的低压电器，触头的接触应紧密，采用0.05mm×10mm 的塞尺检查，接触两侧的压力应均匀。	**2.0.1** 这些规定是必要的施工程序，低压电器经过运输、搬运，有可能损坏，尤其易碎易损件（如瓷座、灭弧罩、绝缘底板等），为确保安装质量，排除隐患有利于分清责任。保证工程进度，故在安装前应进行检查。
2.0.1.6 附件应齐全、完好。	
2.0.2 低压电器的安装高度，应符合设计规定；当设计无规定时，应符合下列要求：	
2.0.2.1 落地安装的低压电器，其底部宜高出地面 50～100mm。	
2.0.2.2 操作手柄转轴中心与地面的距离，宜为 1200～1500mm；侧面操作的手柄与建筑物或设备的距离，不宜小于200mm。	
2.0.3 低压电器的固定，应符合下列要求：	**2.0.2** 设计施工图一般只给出电气设备平面示意位置，安装高度及与周围的距离
2.0.3.1 低压电器根据其不同的结构，可采用支架、金属板、绝缘板固定在墙、柱或其他建筑构件上。金属板、绝缘板应平整，当采用卡轨支撑安装时，卡轨应与低压电器匹配，并用固定夹或固定螺栓与壁板紧密固定，严禁使用变形或不合格的卡轨。	

GB 50254—96	GB 50254—96 条文说明
2.0.3.2 当采用膨胀螺栓固定时，应按产品技术要求选择螺栓规格；其钻孔直径和埋设深度应与螺栓规格相符。 **2.0.3.3** 紧固件应采用镀锌制品，螺栓规格应选配适当，电器的固定应牢固、平稳。 **2.0.3.4** 有防震要求的电器应增加减震装置；其紧固螺栓应采取防松措施。 **2.0.3.5** 固定低压电器时，不得使电器内部受到额外应力。 **2.0.4** 电器的外部接线，应符合下列要求： **2.0.4.1** 接线应按接线端头标志进行。 **2.0.4.2** 接线应排列整齐、清晰、美观，导线绝缘应良好、无损伤。 **2.0.4.3** 电源侧进线应接在进线端，即固定触头线端；负荷侧出线应接在出线端，即可动触头接线端。 **2.0.4.4** 电器的接线应采用铜质或有电镀金属防锈层的螺栓和螺钉，连接时应拧紧，且应有防松装置。 **2.0.4.5** 外部接线不得使电器内部受到额外应力。 **2.0.4.6** 母线与电器连接时，接触面应符合现行国家标准《电气装置安装工程母线装置施工及验收规范》的有关规定。连接处不同相的母线最小电气间隙，应符合表2.0.4的规定。	要求没有具体规定，根据各地施工经验及调研情况作出距地面高度的规定。 　　对侧面有操作手柄的电器，为了便于操作和维修，将手柄和建筑物距离规定为不宜小于200mm。 **2.0.3** 低压电器虽然种类很多，但其安装固定的基本要求是有共性的，为此将其归纳成一条。 　　在电气装置安装工程中，设备的"固定"是一个很普通的工序，从目前调研的情况看，设备的固定方式大致如条文所列几种，故对各种不同的固定方式提出了具体要求。 **2.0.4** 对低压电气的外部接线提出的基本要求。 **2.0.4.1** 接线按图施工，对号入座。 **2.0.4.3** 电源侧的导线在进线端，即固定触头接线端，负荷侧导线接在出线端，即可动触头线端，目的为了安全，断电后，以负荷侧不带电为原则。 **2.0.4.4** 电器的接线螺栓及螺钉的防锈层，系指镀锌、镀铬等金属防护层。 **2.0.4.6** 大容量电器的引出线端头往往与母线连接，此时由于母线的宽度较大，而接线端子的距离受电器结构尺寸的限制，致使间距过小，为了保证母线相间的安全距离，根据《一般工业用低压电气间隙和漏电距离》（JB911—66，仍在执行）中的有关规定，施工时间可将母线弯成侧弯，或截去一角等方法来达到最小净距的要求。

不同相的母线最小电气间隙 表2.0.4

额定电压（V）	最小电气间隙（mm）
$U \leqslant 500$	10
$500 < U \leqslant 1200$	14

2.0.5 成排或集中安装的低压电器应排列整齐；器件间的距离，应符合设计要求，并应便于操作及维护。

2.0.6 室外安装的非防护型的低压电器，应有防雨、雪和风沙侵入的措施。

2.0.7 电器的金属外壳、框架的接零或接地，应符合现行国家标准《电气装置安装工程接地装置施工及验收规范》的有关规定。

2.0.8 低压电器绝缘电阻的测量，应符合下列规定：

2.0.8.1 测量应在下列部位进行，对额定工作电压不同的电路，应分别进行测量。

（1）触头在断开位置时，同极的进线端与出线端之间。

（2）触头在闭合位置时，不同极的带电部件之间、触头与线圈之间以及主电路与同它不直接连接的控制和辅助电路（包括线圈）之间。

（3）主电路、控制电路、辅助电路等带电部件与金属支架之间。

2.0.8.2 测量绝缘电阻所用兆欧表的电压等级及所测量的绝缘电阻值，应符合现行国家标准《电气装置安装工程电气设备交接试验标准》的有关规定。

2.0.9 低压电器的试验，应符合现行国家标准《电气装置安装工程电气设备交接试验标准》的有关规定。

2.0.5 突出对成排或集中安装的低压电器安装时的要求。

2.0.6 对安装在室外的低压电器提出要求。目前我国已制造室外用的低压电器，见《户外低压电器制造技术标准》（JB2418—78），但考虑产品的不普遍性，不是所有的低压电器都生产有户外型，为此本条的目的并不排除室内低压电器装于室外的可能，只需满足所提要求即可。

2.0.8 根据国家标准《低压电器基本试验方法》（GB998—82）编写。

一、低压断路器安装

1. 低压断路器安装前的检查，应符合下列要求，以保证一次试运行成功

（1）衔铁工作面上的油污应擦净，防止衔铁表面粘上灰尘等杂质，动作时将出现缝隙，产生响声。

（2）触头闭合、断开过程中，可动部分与灭弧室的零件不应有卡阻现象。

（3）各触头的接触平面平整；开合顺序、动静触头分闸距离等，应符合设计要求或产品技术文件的规定。

（4）受潮的灭弧室，安装前应烘干，烘干时应监测温度，将灭弧室的温度控制在不使灭弧室变形为原则。

2. 低压断路器的安装，应符合的要求

（1）低压断路器的安装，应符合产品技术文件的规定；当无明确规定时，宜垂直安装，其倾斜度不应大于5°。近年来由于低压断路器性能的改善，在一些场合有横装的，又如直流快速断路器等为水平装。

（2）低压断路器与熔断器配合使用时，熔断器应安装在电源侧。熔断器安装在电源侧主要是为了检修方便，当断路器检修时不必将母线停电，只需将熔断器拔掉即可。

（3）由于低压断路器操作机构的功能和操作速度直接与触头的闭合速度有关，脱扣装置也比较复杂。低压断路器操作机构的安装，应符合下列要求：

1）操作手柄或传动杠杆的开、合位置应正确，操作力不应大于产品的规定值。

2）电动操作机构接线应正确，在合闸过程中，开关不应跳跃。开关合闸后，限制电动机或电磁铁通电时间的连锁装置应及时动作。电动机或电磁铁通电时间不应超过产品的规定值。

3）开关辅助接点动作应正确可靠，接触应良好。

4）抽屉式断路器的工作、试验、隔离三个位置的定位应明显，并应符合产品技术文件的规定。

5）抽屉式断路器空载时进行抽、拉数次应无卡阻，机械连锁应可靠。

3. 低压断路器的接线，应符合的要求

（1）裸露在箱体外部且易触及的导线端子，应加绝缘保护。塑料外壳断路器在盘、柜、外单独安装时，由于接线端子裸露在外部且很不安全，为此应在露出的端子部位包缠绝缘带或做绝缘保护罩作为保护。

（2）有半导体脱扣装置的低压断路器，其接线应符合相序要求，脱扣装置的动作应可靠。可用试验按钮检查动作情况并做相序匹配调整，必要时应采取抗干扰措施确保脱扣器不误动作。

4. 直流快速断路器的安装、调整和试验，除执行上面有关规定外，尚应符合下列专门要求：

（1）安装时应防止断路器倾倒、碰撞和激烈振动。由于直流断路器较重，吸合时动作力较大，基础槽钢与底座间，应按设计要求采取防振措施。

（2）断路器极间中心距离及与相邻设备或建筑物的距离，不应小于500mm。当不能满足要求时，应加装高度不小于单极开关总高度的隔弧板。

直流快速断路器在整流装置中作为短路、过载和逆流保护用的场合较多，为了安装的

需要，根据产品技术说明书及原规范（GJB232—82）的规定，应对距离作要求。

直流快速断路器弧焰喷射范围大，为此在断路器上方应有安全隔离措施，无法达到时，则在 3000A 以下断路器的灭弧室上方 200mm 处加装隔弧板；3000A 及以上在上方 500mm 处加装隔弧板。

在灭弧室上方应留有不小于 1000mm 的空间；当不能满足要求时，在开关电流 3000A 以下断路器的灭弧室上方 200mm 处应加装隔弧板；在开关电流 3000A 及以上断路器的灭弧室上方 500mm 处应加装隔弧板。

（3）灭弧室内绝缘衬件应完好，电弧通道应畅通。

（4）触头的压力、开距、分断时间及主触头调整后灭弧室支持螺杆与触头间的绝缘电阻，应符合产品技术文件要求。

（5）直流快速断路器的接线容易出错，造成断路器误动作或拒绝动作，安装时应注意符合下列要求：

1）与母线连接时，出线端子不应承受附加应力；母线支点与断路器之间的距离，不应小于 1000mm。

2）当触头及线圈标有正、负极性时，其接线应与主回路极性一致。

3）配线时应使控制线与主回路分开。

（6）直流快速断路器调整和试验，应符合下列要求：

1）轴承转动应灵活，并应涂以润滑剂。

2）衔铁的吸、合动作应均匀。

3）灭弧触头与主触头的动作顺序应正确。

4）安装后应按产品技术文件要求进行交流工频耐压试验，不得有击穿、闪络现象。

5）脱扣装置应按设计要求进行整定值校验，在短路或模拟短路情况下合闸时，脱扣装置应能立即脱扣。

二、低压接触器及电动机启动器的安装

低压接触器及电动机启动器安装前的检查，应符合下列要求：

（1）制造厂为了防止铁芯生锈，出厂时在接触器或启动器等电磁铁的铁芯面上涂以较稠的防锈油脂，安装前应做到衔铁表面无锈斑、油垢；接触面应平整、清洁，以免油垢粘住而造成接触器在断电后仍不返回。同时可动部分应灵活无卡阻；灭弧罩之间应有间隙；灭弧罩的方向应正确。

（2）触头的接触应紧密，固定主触头的触头杆应固定可靠。

（3）当带有常闭触头的接触器与磁力启动器闭合时，应先断开常闭触头，后接通主触头，当断开时应先断开主触头，后接通常闭触头，且三相主触头的动作应一致，其误差应符合产品技术文件的要求。

（4）电磁启动器热元件的规格应与电动机的保护特性（反时限允许过载特性）相匹配；热继电器的电流调节指示位置应调整在电动机的额定电流值上，并应按设计要求进行定值校验。

每个热继电器出厂试验时都进行刻度值校验，一般只做三点（最大值、最小值、中间值），为此当热继电器作为电动机过载保护时用户不需逐个进行校验，只需按比例调到合适位置即可。当作为重要设备或机组保护时，对热继电器的可靠性、准确性要求较高，按比例调到合适位置难免有误差，这时可根据设计要求，进行定值校验。

（5）低压接触器和电动机启动器安装完毕后，应进行下列检查：

1）接线应正确。

2）在主触头不带电的情况下，主触头动作正常，衔铁吸合后应无异常响声。启动线圈应间断通电，以防止合闸瞬间，线圈电流大，如果通电时间长，使线圈温升超过允许值而烧毁线圈。

（6）真空接触器目前已普遍采用，根据产品说明，真空接触器安装前，应进行下列检查：

1）可动衔铁及拉杆动作应灵活可靠、无卡阻。

2）辅助触头应随绝缘摇臂的动作可靠动作，且触头接触应良好。

3）按产品接线图检查内部接线应正确。

（7）对新安装和新更换的真空开关管要事先检查其真空度，采用工频耐压法检查真空开关管的真空度，应符合产品技术文件的规定。例如产品说明书要求在 10^{-2} 帕（10^{-4} 托）以上，可用工频耐压法检查；触头间距 $1.8 \pm 0.2mm$ 时，要求耐压 8kV 以上，经三次检查后，不允许有击穿和连续闪络现象。

（8）真空接触器接线应按出厂接线图接外结导线，符合产品技术文件的规定，接地应可靠，可接在固定接地极或地脚螺栓上。

（9）可逆启动器或接触器，电气联锁装置和机械连锁装置的动作均应正确、可靠。防止正、反向同时动作，同时吸合将会造成电源短路，烧毁电器及设备。

（10）星—三角启动器的检查、调整，应符合下列要求：

1）启动器的接线应正确；电动机定子绕组正常工作应为三角形接线。

2）手动操作的星—三角启动器，应在电动机转速接近运行转速时进行切换；自动转换的启动器应按电动机负荷要求正确调节延时装置。

（11）自耦减压启动器的安装、调整，应符合下列要求：

1）启动器应垂直安装。

2）油浸式启动器的油面不得低于标定油面线。

3）减压抽头在 65% ~ 80% 额定电压下，应按负荷要求进行调整；启动时间不得超过自耦减压启动器允许的启动时间。

4）自耦减压启动器出厂时，其变压器抽头一般接在 65% 额定电压的抽头上，当轻载启动时，可不必改接；如重载启动，则应将抽头改接在 80% 位置上。

用自耦降压启动时，电动机的启动电流一般不超过额定电流 3 ~ 4 倍，最大启动时间（包括一次或连续累计数）不超过 2min，超过 2 min 按产品规定应冷却 4h 后方能再次启动。

（12）手动操作的启动器，触头压力应符合产品技术文件规定，操作应灵活。

（13）电磁式、气动式等接触器和启动器均应进行通断检查：检查接触器或启动器在正常工作状态下加力使主触头闭合后，接触器、启动工作是否正常，否则应及时处理。用于重要设备的接触器或启动器尚应检查其启动值，并应符合产品技术文件的规定，以确保这些接触器、启动器正常工作保证重要设备可靠运行。

（14）变阻式启动器的变阻器安装后，应检查其电阻切换程序、触头压力、灭弧装置及启动值，并应符合设计要求或产品技术文件的规定，防止电动机在启动过程中定子或转子开路，影响电动机正常启动。

三、控制器和主令控制器

（1）控制器的工作电压应与供电电源电压相符，有些系列主令控制器适用于交流，不能代替直流控制器使用，为此应检查控制器的工作电压，以免误用。

（2）凸轮控制器及主令控制器，应安装在便于观察和操作的位置上。操作手柄或手轮的安装高度，宜为 800~1200mm。以便操作和观察，但在实际安装工程也有少数例外。

（3）控制器的工作特点是操作次数频繁、挡位多。例如：KTJ 系列交流凸轮控制器的额定操作频率为 600 次/h，LK18 系列主令控制器的额定操作频率为 1200/h，因此、控制器安装应做到操作应灵活，档位应明显、准确。带有零位自锁装置的操作手柄，应能正常工作。

有的操作手柄带有零位自锁装置，这是保安措施。安装完毕后应检查自锁装置能正常工作。

（4）操作手柄或手轮的动作方向，宜与机械装置的动作方向一致；操作手柄或手轮在各个不同位置时，其触头的分、合顺序均应符合控制器的开、合图表的要求，通电后应按相应的凸轮控制器件的位置检查电动机，并应运行正常。为使控制对象能正常工作，应在安装完毕后检查控制器的操作手柄或手轮在不同位置时控制器触头分、合的顺序，应符合控制器的接线图，并在初次带电时再一次检查电动机的转向、速度应与控制操作手柄位置一致，且符合工艺要求。

（5）控制器触头压力均匀，触头超行程不应小于产品技术文件的规定。凸轮控制器主触头的灭弧装置应完好。触头压力、超行程是保证可靠接触的主要参数，但它们因控制器的容量不同而各有差异。而且随着控制器本身质量不断提高，其触头压力一般不会有多大变化。为此只要求压力均匀（用手检查）即可，除有特殊要求外，不必测定触头压力，但要求触头超行程不小于产品技术条件的规定。

（6）控制器的转动部分及齿轮减速机构应润滑良好，目的是使各转动部件正常工作，减少磨损，延长使用年限，故在控制器初次投入运行时，应对这些部件的润滑情况加以检查。

四、继电器安装

继电器安装前的检查，应符合下列要求：

（1）可动部分动作应灵活、可靠。

（2）表面污垢和铁芯表面防腐剂应清除干净。

五、按钮的安装

（1）按钮之间的距离宜为 50~80mm，按钮箱之间的距离宜为 50~100mm；当倾斜安装时，其与水平的倾斜角不宜小于 30°。

（2）按钮操作应灵活、可靠、无卡阻。

（3）集中在一起安装的按钮应有编号或不同的识别标志，"紧急"按钮应有明显标志，并设保护罩。

六、行程开关的安装、调整

由于行程开关种类很多，以下为一般常用的行程开关有共性的基本安装要求：

（1）安装位置应能使开关正确动作，且不妨碍机械部件的运动。

（2）碰块或撞杆应安装在开关滚轮或推杆的动作轴线上。对电子式行程开关应按产品技术文件要求调整可动设备的间距。

（3）碰块或撞杆对开关的作用力及开关的动作行程，均不应大于允许值。

（4）限位用的行程开关，应与机械装置配合调整。确认动作可靠后，方可接入电路使用。

七、熔断器

熔断器种类繁多，安装方式也各异，一般原则要求是：

（1）熔断器及熔体的容量，应符合设计要求，并核对所保护电气设备的容量与熔体容量相匹配；对后备保护、限流、自复、半导体器件保护等有专用功能的熔断器，严禁替代。

（2）熔断器安装位置及相互间距离，应便于更换熔体。

（3）有熔断指示器的熔断器，其指示器应装在便于观察的一侧。

（4）瓷质熔断器在金属底板上安装时，其底座应垫软绝缘衬垫。

（5）安装具有几种熔体规格的熔断器，为避免配装熔体时出现差错，应在底座旁标明规格。以免影响熔断器对电器的正常保护工作。

（6）有触及带电部分危险的熔断器，应配齐绝缘抓手。

（7）带有接线标志的熔断器，电源线应按标志进行接线。

（8）螺旋式熔断器的安装，其底座严禁松动，电源应接在熔芯引出的端子上。

第二节 施 工 准 备

一、设备材料

（1）安装工程需要的各类各种规格、型号的低压电器。

（2）型钢、镀锌螺栓、螺母、垫圈、弹簧垫、木螺钉。

二、机具、工具、仪器

（1）运输车、台钻、电焊机、砂轮机、气割工具。

（2）台钳、钢锯、锉刀、手锤、电工工具、塞尺、照明灯具、校线用低阻电话听筒。

（3）万用表、数字万用表、兆欧表、钳型交流电流表、钳型交流电压表、转速表、水平尺、双踪示波器、低压试电笔。

三、作业条件

（1）施工图及技术资料齐全。

（2）建筑工程结束屋面、楼面工作，无渗漏，门窗安装完成并完好，墙面粉刷结束。

（3）设备运行后无法进行的、影响设备安全运行的施工工作已完成。

四、技术准备

（1）电气原理图：认真阅读电气原理图，结合生产设备工作原理，弄清生产工艺过程和电气控制线路各环节之间的关系，对重点部位、关键设施、复杂过程要反复阅读，弄懂吃透。

（2）接线图和安装图：通过阅读安装图和接线图，了解各元、器件的安装位置和内部接线的走向，并弄清外部联接线的走向、数量、规格、长短等。

（3）产品说明书：了解产品的型号、规格、技术指标、工作原理，安装、调试、维修要点及注意事项。

在进行设备安装调试时，电气控制柜由厂家提供并随设备运抵，经过长途运输，难免不出现电气控制元、器件松动，联接线脱落等问题，因此在安装工作进行时，首先要对柜内进行检查，柜内所有电气元、器件的规格、型号、安装位置均应正确，接线应紧固，安装在设备上的分柜、器件必须位置正确、功能完好。必须对所有接线编号进行详细核对，做到准确无误后方可进行安装、调试。

安装工程必须执行最新国家标准，在新一轮的国家规范中，施工和验收分离，施工工艺不再纳入国家标准、而由地方、行业、企业自行制定，因此要注意参照相关的施工工艺标准实施安装工程。

第三节　控制线路的调试

一、控制线路的模拟动作试验

（1）断开电气主线路的主回路开关出线处，电动机等电气设备不通电，接通控制线路电源，检查各部分电源电压是否正确、符合规定，信号灯、指示器工作是否正常，零压继电器工作是否正常。

（2）操作各开关按钮、相应的各个继电器、接触器应该动作，并吸合、释放迅速，无粘滞、卡阻现象，无不正常噪声，各信号指示正确。

（3）用人工模拟的办法试动各保护器件，应能实现迅速、准确、可靠的保护功能。

（4）手动各个行程开关，检查限位位置、动作方向、动作可靠性。

（5）对机械、电气联锁控制环节，检查连锁功能是否准确可靠。

（6）按照设备工作原理和生产工艺过程，按顺序操作各开关和按钮，检查接触器、继电器是否符合规定动作程序。

二、试运行

（1）试运行是对整个设备运行调试，试运行是在控制线路的模拟动作试验完成，电动机安装完毕并完成了盘车、旋转方向确定，空载测试，完成了电气部分与机械部分的转动、动作协调一致检查后进行。

（2）试运行按以下原则进行：先控制回路，后主回路；先辅助回路，后主要回路；先局部后整体；先点动后运行；先单台后联动；先低速后高速；限位开关先手动后电动。

（3）试运行时若出现继电保护装置动作，必须查明原因，不得随意增大整定电流，更不允许短接保护装置强行通电。

（4）试运行时若出现意外、紧急、特殊情况，操作人员应自行紧急停车。

三、工程交接验收

1. 工程交接验收时，应符合下列要求：

（1）电器的型号、规格符合设计要求。

（2）电器的外观检查完好，绝缘器件无裂纹，安装方式符合产品技术文件的要求。

（3）电器安装牢固、平正，符合设计及产品技术文件的要求。

（4）电器的接零、接地可靠。

（5）电器的连接线排列整齐、美观。

（6）绝缘电阻值符合要求。

（7）活动部件动作灵活、可靠，联锁传动装置动作正确。

（8）标志齐全完好、字迹清晰。

2．通电后，应符合下列要求

（1）操作时动作应灵活、可靠。

（2）电磁器件应无异常响声。

（3）线圈及接线端子的温度不应超过规定。

3．工程验收时应提供以下记录

（1）电气原理图、安装图、接线图，变更设计记录。

（2）设备制造厂家，仪器仪表、材料生产厂家的产品说明书、合格证、进场验收记录。

（3）电气设备试验方法、交接试验记录。

（4）安装技术记录。

（5）调试方案、空载试运行记录，高速试验记录，负荷运行记录。

（6）接地电阻、绝缘电阻测试记录。

（7）漏电保护器模拟动作试验记录。

（8）根据合同提供的备品、备件清单，增加的备品、备件清单。

第四节　常见低压电器故障及检修方法

一、低压断路器常见故障及检修方法

故障现象1：手动操作断路器不能闭合。

产生原因：（1）失压脱钩器无电压；（2）线圈损坏；（3）储能弹簧变形、导致闭合力减小；（4）反作用弹簧力过大，机构不能复位再扣。

检修方法：（1）检查电压是否正常，联结是否可靠；（2）检查或更换线圈；（3）更换储能弹簧；（4）调整弹簧反力，调整再扣接触面至规定值。

故障现象2：电动操作断路器不能闭合。

产生原因：（1）电源电压不符规定要求，电源容量不够；（2）电磁铁拉杆行程不够；（3）电动机操作定位开关变位；（4）控制器元件损坏。

检修方法：（1）调整电源满足要求；（2）重新调整或更换电磁铁拉杆；（3）调整定位开关到合适位置；（4）更换元件。

故障现象3：漏电保护断路器不能闭合或频繁动作。

产生原因：（1）线路某处漏电或接地；（2）操作机构损坏；（3）漏电保护电流偏小或漏电保护电流变化。

检修方法：（1）排除漏电、接地故障；（2）送制造厂修理；（3）重新校正漏电保护电流至合适值

故障现象4：缺相。

产生原因：（1）一般型号的断路器的连杆断裂，限流断路器拆开机构的可折连杆之间的角度变大；（2）触头烧毁、接线螺栓松动或烧毁。

检修方法：（1）更换连杆，调整可折连杆之间的角度达规定值；（2）更换触头，清整并紧固或更换螺栓。

故障现象5：分离脱扣器不能分断。

产生原因：（1）线圈短路或断路；（2）电源电压太低；（3）再扣接触面太大；（4）螺钉松动。

检修方法：（1）更换或修复线圈；（2）调整电源电压至规定值；（3）重新调整；（4）拧紧螺钉。

故障现象6：欠电压脱扣器不能分断。

产生原因：（1）反力弹簧变小或损坏；（2）机构卡阻。

检修方法：（1）调整反力弹簧，调整或更换蓄能弹簧；（2）消除卡阻原因。

故障现象7：启动电动机时断路器立即分断。

产生原因：（1）过电流脱扣器瞬动整定值太小；（2）零件损坏；（3）反力弹簧断裂或脱落。

检修方法：（1）重新调整脱扣器瞬动整定值；（2）更换脱扣器或更换损坏零件；（3）更换弹簧或重新装上。

故障现象8：断路器的温升过高。

产生原因：（1）断路器选用偏小；（2）触头压力太小；（3）触头表面氧化或有油污、表面磨损严重造成接触不良；（4）连接螺栓松动。

检修方法：（1）更换断路器；（2）调整触头压力或更换弹簧；（3）打磨清理触头或更换触头保证接触良好；（4）拧紧连接螺栓。

故障现象9：欠电压脱扣器噪声大。

产生原因：（1）反作用弹簧力太大；（2）铁芯有油污；（3）短路环断裂。

检修方法：（1）重新调整反力弹簧；（2）清除油污；（3）修复短路环或更换铁芯。

故障现象10：带负荷一定时间后自行分断。

产生原因：过电流脱扣器长延时整定值不对，热元件整定值不对。

检修方法：重新调整和更换。

二、接触器（电磁式继电器）常见故障及检修方法

故障现象1：按下启动按钮，接触器不动作，或在正常工作情况下自行突然分开。

产生原因：（1）供电线路断电；（2）按钮的触头失效；（3）线圈断路。

检修方法：（1）检查控制线路电源；（2）检查按钮触头及引出线，若按下点动按钮接触器动作正常，一般都是启动按钮触头有问题；（3）检查线圈引出线有无断线和焊点脱落，当是线圈内部断线时，需拆开线圈外层绝缘进行修复，若是外层引线脱焊，焊好断线，并把绝缘修复即可，若是线圈内层断线，一般不再修复，直接换上新线圈。

故障现象2：按下启动按钮，接触器不能完全闭合。

产生原因：（1）按钮的触头不清洁或过度氧化；（2）接触器可动部分局部卡阻；（3）控制电路电源电压低于额定值85%；（4）接触器反力过大（即触头压力弹簧和反力弹簧的压力过大）；（5）触头超行程过大。

检修方法：（1）清洁按钮触头；（2）消除卡阻；（3）调整电源电压到规定值；（4）调整弹簧压力或更换弹簧；（5）调整触头超行程距离。

故障现象 3：按下停止按钮，接触器不分开。

产生原因：（1）可动部分被卡住；（2）反力弹簧的反力太小；（3）剩磁过大；（4）铁芯极面有油污，使动铁芯粘附在静铁芯上；（5）触头熔焊（熔焊的主要原因有：操作频率过高或接触器选用不当、负载短路、触头弹簧压力过小、触头表面有金属颗粒突起或异物、启动过程尖峰电流过大、线圈的电压偏低，磁系统的吸力不足，造成触头动作不到位或动铁芯反复跳动，致使触头处于似接触非接触的状态）；（6）联锁触头与按钮间接线不正确而使线圈未断电。

检修方法：（1）消除卡阻原因；（2）更换反力弹簧；（3）更换铁芯；（4）清除油污；（5）降低操作频率或更换合适的接触器、排除短路故障、调整触头弹簧压力、清理触头表面、降低尖峰电流，当闭合能力不足时，提高线圈电压不低于额定值的 85%。当触头轻微焊接时，可稍加外力使其分开，锉、砂平浅小的金属熔化痕迹，对于已焊牢的触头，只能拆除更新；（6）检查联锁触头与按钮间接线接线。

故障现象 4：铁芯发出过大的噪声，甚至嗡嗡振动。

产生原因：线圈电压不足，动、静铁芯的接触面相互接触不良，短路环断裂。

检修方法：调整电源电压不低于线圈电压额定值的 85%，锉平铁芯接触面、使相互接触良好、焊接断裂的短路环或更新。

故障现象 5：启动按钮释放后接触器分开。

产生原因：（1）接触器自锁触头失效；（2）自锁线路接线错误或线路接触不良。

检修方法：（1）检查自锁触头是否有效接触；（2）排除线路接线错误并线路接触可靠。

故障现象 6：按下启动按钮，接触器线圈过热、冒烟。

产生原因：（1）控制电路电源电压大于线圈电压，此时接触器会出现动作过猛现象；（2）线圈匝间短路，此时线圈呈现局部过热，因吸力降低而铁芯发生噪声。

检修方法：（1）检查电源电压，如果是因更换了接触器线圈而出现此现象，一般是线圈更换错误（如将 220V 的线圈用于 380V）；（2）用线圈测量仪测量其圈数或测量其直流电阻，与线圈标牌上的圈数或电阻值相比较。一般均换成新圈而不修理。

故障现象 7：短路。

产生原因：（1）接触器用于正、反转控制过程中，正转接触器触头因熔焊、卡阻等原因不能分断，反转接触器动作造成相间短路；（2）正、反转线路原设计不当，当正向接触器尚未完全分断时反向接触器已接通而形成相间短路；（3）接触器绝缘损坏对地短路。

检修方法：（1）消除触头熔焊、可动部分卡阻等故障；（2）设计上增加联锁保护，应更换成动作时间较长（即铁芯行程较长）的可逆接触器；（3）查找绝缘损坏原因，更换接触器。

故障现象 8：触头断相。

产生原因：触头烧缺，压力弹簧片失效，联接螺钉松脱。

检修方法：更换触头，更换压力弹簧，拧紧松脱螺钉。

故障现象 9：肉眼可见外伤。

产生原因：机械性损伤。

检修方法：仅为外部损伤时，可进行局部修理，如外部包扎、涂漆或粘结好骨架裂缝。当机械性损伤而引起线圈内部短路、断路或触头损坏等，应更换线圈、触头。

三、热继电器常见故障

故障现象 1：电气设备经常烧毁而热继电器不动作。

产生原因：热继电器的整定电流与被保护设备的要求的电流不符。

检修方法：按照被保护设备的容量调整整定电流到合适值，更换热继电器。

故障现象 2：在设备正常工作状态下热继电器频繁动作。

产生原因：(1) 热继电器久未校验，整定电流偏小；(2) 热继电器刻度失准或没对准刻度；(3) 热继电器可调整部件的固定支钉松动，偏离原来整定点；(4) 有盖子的热继电器未盖上盖子，灰尘堆积、生锈，或动作机构卡阻，磨损，塑料部件损坏；(5) 执继电器的安装方向不符合规定；(6) 热继电器安装位置的环境温度太高；(7) 热继电器通过了巨大的短路电流后，双金属元件已产生永久变形；(8) 热继电器与外界连接线的接线螺钉没的拧紧，或连接线的直径不符合规定。

检修方法：(1) 对热继电器重新进行调整试验（在正常情况下每年应校验一次），校准刻度、紧固支钉或更换新热继电器；(2) 清除热继电器上的灰尘和污垢，排除卡阻，修理损坏的部件，重新进行调整试验；(3) 调整热继电器安装方向符合规定；(4) 变换热继电器的安装位置或加强散热降低环境温度，或另配置适当的热继电器；(5) 更换双金属片；(6) 拧紧接线螺钉或换上合适的连接线。

故障现象 3：热继电器的动作时而快，时而慢。

产生原因：(1) 热继电器内部机构有某些部件松动；(2) 双金属片有形变损伤；(3) 接线螺钉未拧紧；(4) 热继电器校验不准。

检修方法：(1) 将松动部件加以固定；(2) 用热处理的办法消除双金属片内应力；(3) 拧紧接线螺钉；(4) 按规定的过程、条件、方法重新校验。

故障现象 4：接入热继电器后，主电路不通。

产生原因：(1) 负载短路将热元件烧毁；(2) 热继电器的接线螺钉未拧紧；(3) 复位装置失效。

检修方法：(1) 更换热元件或热继电器；(2) 拧紧接线螺钉；(3) 修复复位装置或更换热继电器。

故障现象 5：控制电路不通。

产生原因：(1) 触头烧毁，或动触片的弹性消失，动、静触头不能接触；(2) 在可调整式的热继电器中，有时由于刻度盘或调整螺钉转到不合适的位置，将触头顶开了；(3) 线路联结不良。

检修方法：(1) 修理触头和触片；(2) 调整刻度盘或调整螺钉；(3) 排除线路故障保证联结良好。

故障现象 6：热继电器整定电流无法调准。

产生原因：(1) 热继电器电流值比不对；(2) 热元件的发热量太小或太大；(3) 双金属片用错或装错。

检修方法：(1) 更换符合要求的热继电器；(2) 更换正确的热元件；(3) 更换或重新安装双金属片。电流值较小的热继电器，更换双金属片。

第五节　控制线路故障检修

一、电气控制线路故障分类

（1）控制线路电器元件自身损坏：设备在运行过程中，其电气设备常常承受许多不利因素的影响，诸如电器动作过程中机械振动、过电流的热效应加速电器元件的绝缘老化变质、电弧的烧损、长期动作的自然磨损、周围环境温度的影响、元件自身的质量问题、自然寿命等原因。

（2）人为故障：设备在运行过程中，由于不应有的人为破坏或因操作不当、安装不合理而造成的故障。

（3）设备故障原因，如机械传动卡阻，负荷太重。

（4）供电线路故障，电源电压过高或过低、缺相等。

（5）其他原因，如控制柜渗水、外力损伤、酸碱或有害介质腐蚀线路等。

二、检修前的准备

（1）仪器、工具、材料等参见本章第二节施工准备。

（2）技术准备：熟悉和理解设备的电气线路图，这样才能正确判断和迅速排除故障。设备的电气线路是根据设备的用途和工艺要求而确定的，因此了解设备基本工作、加工范围和操作程序，对掌握设备电气控制线路的原理和各环节的作用具有重要的意义。电气控制线路，是由主电路和控制电路两大部分组成，通常首先从主电路入手，了解设备采用了几台电动机拖动，从每台电动机主电路中使用接触器的主触头的连接方式，是否采用了降压启动、调速，制动，是否有正反转；而控制电器又可分为若干个基本控制电路或环节（如点动、正反转、降压启动、制动、调速等等）。分析电路时，先读懂主电路，再按照主电路电器元件图形及文字符号对应在控制线路中找到相对应的控制环节，读懂控制线路的控制原理、动作顺序，互相间联系等，主电路直接控制设备电动机或其它动作器件，比较容易读懂，控制线路完成设备全部控制过程，阅读难度较大，必须在熟悉基本控制环节和了解设备工作过程的基础上才能很好掌握。

除了熟悉主电路、控制线路而外，还要熟悉安装图、接线图，以便掌握电器元件的位置和连接线的走向。另外还应该掌握该设备所采用的电器元件的工作原理、特性和作用。

三、控制线路故障的检修方法

控制线路故障的检修方法采用"望"，"嗅"、"问"、"听"、"切"、"诊"。

"望"，即为观察，用眼观察发生故障部位及周边情况，当故障有明显的外表特征很容易被观察到。例如有无接线头松动或脱落，接触器或电器触头脱落或接触不良，熔断器内的熔丝是否熔断，有无电器元件损坏，线路损坏，电动机、电器冒烟，电器元件及导线连接处有烧焦痕迹，线圈烧坏使表层绝缘纸烧焦变色，烧化的绝缘清漆流出，弹簧脱落或断裂，电气开关的动作机构受阻失灵显示，这类故障是由于电动机、电器过载、绝缘被击穿、短路或接地所引起的。

"嗅"，如有电器元件烧毁，必然散发出明显的焦臭味。

"问"，询问操作人员，了解故障发生的前后情况，故障是首次突然发生还是经常发生；以前类似故障现象是如何处置的；故障发生在启动时还是发生在运行中；是运行中自动停止还是发现异常情况后由操作者停下来的；发生故障时，设备处在什么工作状态，按了哪个按钮，扳动了哪个开关；故障发生是否有烟雾、跳火、异常声音和气味出现；有何失常和误动作。在听取操作者介绍故障时，要注意收集设备发生故障时的任何细微异常迹象。

"听"，电动机、控制变压器、接触器、继电器运行中声音是否正常。

"切"，切断电源用手背触摸有关电器的外壳或电磁线圈，试其温度是否显著上升，是否有局部过热现象，检查温度是否在正常范围内，用仪表检查电压电流及有关参数是否正常。

"诊"，综合分析产生故障的原因，根据前述的控制线路产生的故障原因进行分析，判断出是机械或液压的故障，还是电气故障，或者是综合故障。对于没有明显外表特征的故障，先不要把问题想得太复杂，这一类故障是控制电路的主要故障，往往是由于电气元件调整不当，机械动作失灵，触头及压接线头接触不良或脱落，以及某个小零件的损坏，导线断裂等原因所造成。线路越复杂，出现这类故障的机率也越大。这类故障虽小但经常碰到，由于没有外表特征，要寻找故障发生点，常需要花费很多时间，有时还需借助各类测量仪表和工具才能找出故障点，而一旦找出故障点，往往只需简单的调整或修理就能立即恢复设备的正常运行。

四、控制线路故障的检修步骤：

1. 故障的调查

2. 故障分析

3. 断电检查，检查前应首先断开设备电源，在确保安全情况下，根据故障性质不同和可能产生故障的部位，有所侧重地进行故障的检查工作。

（1）检查电源有无接地、短路等现象。

（2）熔断器是否烧损，断电保护及热继电器是否动作，电气元件有无明显的变形损坏或因过热、烧焦和变色而有焦臭气味。

（3）断路器、接触器、继电器等电器元件的可动部分是否灵活。

（4）电动机是否烧毁。

（5）检查控制线路的绝缘电阻，一般不应小于 $0.5M\Omega$。

（6）检查导线是否连接可靠，检查涉及故障的各类触头是否接触良好。

4. 通电检查，当断电检查未找到故障时，在确保人员和设备安全的前提下，可对设备进行通电检查。

（1）通电检查前，电动机和传动的机械部分应脱开，所有电器元件恢复处于原状态（正常位置），设备总电源开关必须有人值守，保证在紧急情况下能及时切断电源。

（2）通电检查时一定要在设备操作人员的配合下进行。

（3）先易后难，分区通电，检查顺序。

对比较复杂的电气控制线路故障进行检查时，应在检查前考虑好一个初步检查顺序，将复杂线路划分为若干单元，要耐心仔细地检查每一个单元，不可马马虎虎，遗漏故障点。

电器控制线路发生故障，往往不是独立事件，必须把因为线路、设备、操作不当和其他原因排除后才能下结论。维修时必须综合考虑，全面分析，必须找出和排除造成上述故障的原因。一定要按照规定的检修程序或考虑好的方案顺序检查，决不可东找一下，西拧一下，杂乱无章的进行。更不可头痛医头，脚痛医脚，将损坏的电器元件一换了之，这样不仅不能彻底排除故障，反而会使故障进一步扩大，问题越找越多，这样不仅不能排除故障，甚至会造成设备损毁、人员伤亡的严重后果。

五、检修实例

[例1] 某设备往返装置在工作时停于终端，电动机烧毁。

"望"，往返装置停止于设备右终端，热继电器有过热痕迹。

"嗅"，电动机发出焦臭。

"问"，设备发生故障前，往返机构行进到右终端时有异常响声。

"切"，测量电源电压无异常，控制线路对地绝缘良好。

"诊"，三相电源供电正常，设备及控制柜未见异常，控制线路供电正常，控制柜内除了热继电器以外其他相关电器元件无肉眼可见损伤。

将设备全部电动机接线在控制柜接线排处断开，合上电源开关模拟全控制过程正常，手动各正常行程开关动作正常。仔细观察往返机构，发现行程开关撞块损坏脱落，重新更换撞块、更换热继电器，点动试车正常，空载运行正常，负荷运转正常，故障排除。

该故障产生原因是因为设备往返装置上的撞块损坏脱落，往返机构到极限位置不能撞击行程开关，反转接触器不能动作，电动机继续正转，电流增大，同时热继电器失效，不能切断电源，造成电动机烧毁。

[例2] 泵站水泵电动机，在一次检修后，经常出现烧毁保险，热继电器动作，空气开关跳闸现象。

该泵站采用卧式多级水泵，在一次检修后，频频出现以上现象，电动机启动困难，工作电流偏大，发热增加，熔断器接线端氧化严重，对接线端进行维修后，故障依然未排除。

由于该水泵房距变压器较远，供电线路较为陈旧，供电质量不高，因此、是水泵机械故障还是供电故障，各争执不下。

利用周末电源负荷较轻，供电质量较好进行检修，水泵能启动，但启动时间偏长，启动电流过大，电动机声音发闷。停机后脱开电动机和水泵的传动联接，电动机空载运行正常，用手盘动水泵，感觉十分沉重，仔细询问水泵检修情况，得知水泵拆卸前未做定位编号标记，没做到原级复装，故而检修后造成水泵盘动沉重，将水泵送回原厂重新调试，故障排除。

考虑到该水泵供电质量不高，后将水泵启动时间提前上班一小时，避开用电高峰时段启动电动机，从此很少发生类似故障。

以上二例说明，电气控制线路故障原因具有多样性，除电器元件自身质量或老化以外，一般都与其它因素有关，只有排除了其它因素，才能从根本上排除故障。

维修结束后，应先点动试车，再空载运行，然后再负荷运行。维修人员应观察一段时间，确证故障已经排除，设备可正常运行后方能离去，观察阶段如有异常应立即停车，避免在维修过程中将故障进一步扩大甚至损坏设备。

本 章 小 结

本章对电气控制线路的安装、调试、检修进行了介绍，根据国家规范对电器装置安装工程施工进行了讲述，同时参照有关施工工艺标准讲述了调试要求，对常用电器元件的常见故障介绍了检修方法，并介绍了电气控制线路的故障以及排除、检修步骤和方法。

思 考 题 与 习 题

根据 CA6140 型车床基本说明及线路图，分析以下故障可能产生的原因（不考虑设备存在机械故障）。

(1) 按钮失去控制作用。

(2) 主轴电动机不能启动。

(3) 快速电动机及冷却系统失控。

CA6140 型车床基本说明及线路图

一、供电系统

电源及主回路电压：3～50Hz，380V

控制回路电压：～110V，由变压器 TC 供给

照明回路电压：～24V

总熔断器的熔断电流：～40A

主电动机（M1）7.5kW，热继电器整定电流：15.4A

冷却电动机（M2）的热继电器整定电流：0.32A

总容量：7.6kVA

二、主轴电动机启动与停止的工作原理

图 5-1 是 CA6140 车床的电气原理图。电源经低压断路器 QF 引入机床。电器控制盘安装在下床身后边壁龛内，电源开关锁 SA2 及冷却开关 SA1 均装在床头挂轮保护罩的前侧面上。开车前，先用钥匙向右旋转 SA2，再合上 QF 接通电源，按床鞍上的绿色按钮 SB1 (3～5)，使接触器 KM1 得电并自锁，主触头吸合，主轴电动机 M1 启动；按下红色蘑菇形按钮 SB2，主电动机 M1 停止转动，此按钮压后即行锁住，右旋后方能复位。主轴采用机械调速，其正反转采用机械方法实现。

当低压断路器的操作手柄处于中间位置而需再合闸时，应先将操作手柄向下扳动（"分"位置），使操作机构复位后才能进行合闸操作。

三、快速电动机及冷却系统的控制原理

(1) 快速电动机的控制。如欲快速移动溜板，可将手柄搬到需要的方向，按下快速移动按钮 SB3（见图 5-1 该按钮装在溜板箱的快慢速进给手柄内）(3～7) 合，KM3 得电，其主触头闭合，M3 旋转。该电机靠按钮 SB3 点动，手松即停止。若电动机 M3 有短路等故障，由熔断器 FU2 进行保护。

(2) 冷却系统的控制。当主轴电动机 M1 运行后，接触器 KM1 的辅助触头 (9-11) 闭合，如欲冷却可合上开关 SA1 即可。

四、CA6140 车床线路图及电气设备及元件表

1. 图 5-1　CA6140 车床电气原理图

2. 图 5-2　CA6140 车床电气安装图

3. 图 5-3　CA6140 车床电气互联图（一）

4. 图 5-4　CA6140 车床电气互联图（二）

5. 图 5-5　CA6140 车床配电盘接线图

6. 表 5-2　CA6140 车床电气设备及元件表

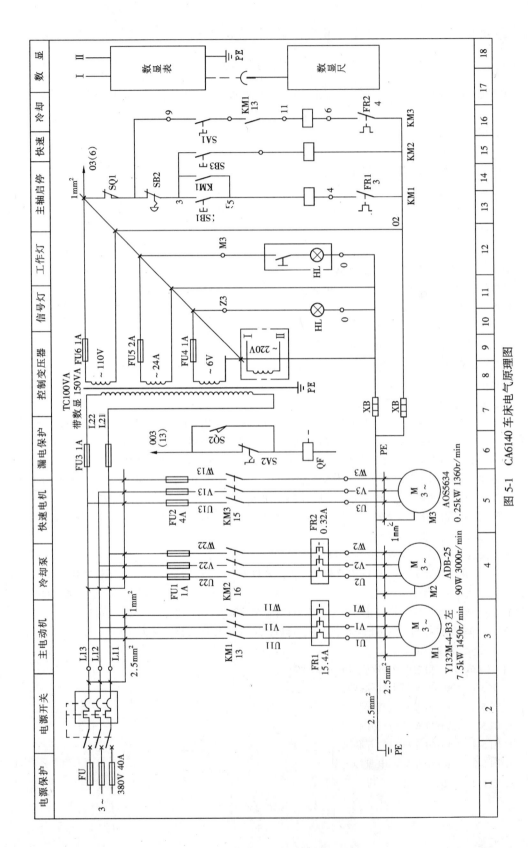

图 5-1 CA6140 车床电气原理图

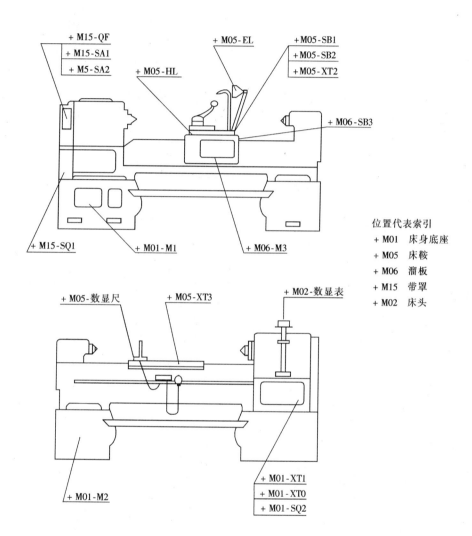

+ M15 - QF
+ M15 - SA1
+ M5 - SA2
+ M05 - HL
+ M05 - EL
+ M05 - SB1
+ M05 - SB2
+ M05 - XT2
+ M06 - SB3
+ M15 - SQ1
+ M01 - M1
+ M06 - M3

位置代表索引
+ M01　床身底座
+ M05　床鞍
+ M06　溜板
+ M15　带罩
+ M02　床头

+ M05 - 数显尺
+ M05 - XT3
+ M02 - 数显表
+ M01 - M2
+ M01 - XT1
+ M01 - XT0
+ M01 - SQ2

图 5-2　CA6140 车床电气安装图

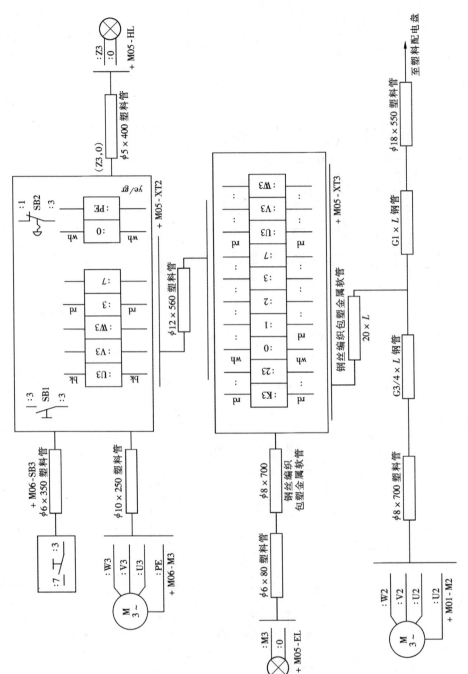

图 5-3　CA6140 车床电气互联图（一）

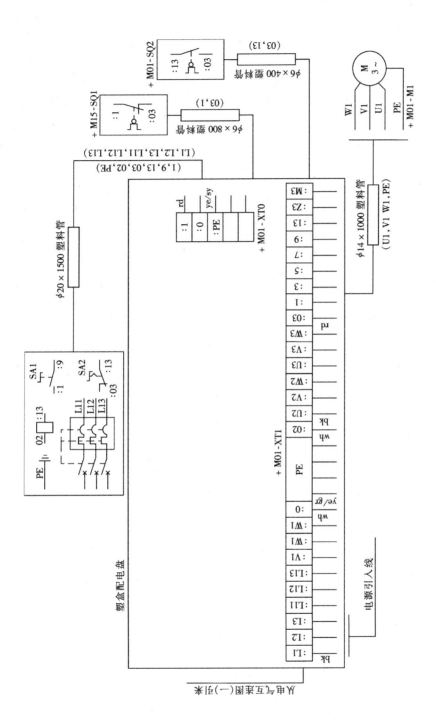

图 5-4　CA6140 车床电气互联图（二）

185

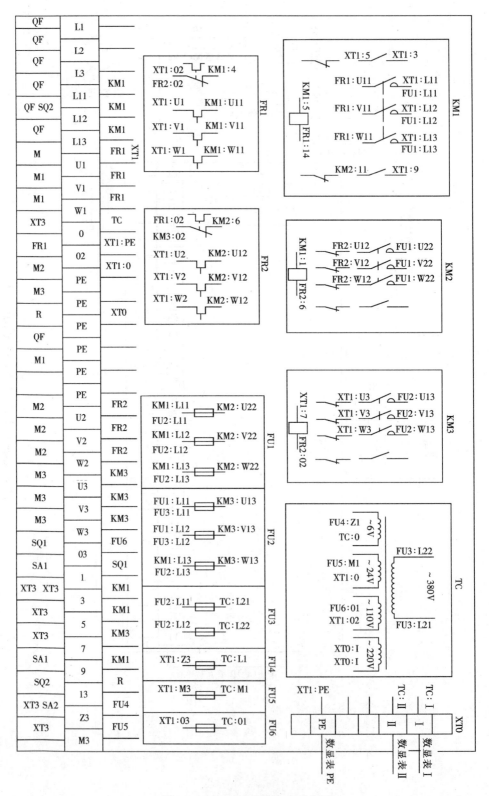

图 5-5　CA6140 车床配电盘接线图

CA6140 车床电气设备及元件表
表 5-2

符号	名 称	型号及规格	数量	用 途	备 注
M1	异步电动机	Y132M-4-B37.5kW，1450r/min	1	主传动用	接线盒
M2	冷却电泵	AOB-25，POW3000r/min	1	输送冷却液用	在左方
M3	异步电动机	AOS 5634，250W1360r/min	1	溜板快速移动用	
FR1	热继电器	JR16-20/3D15.4A	1	M1 的过载保护	
FR2	热继电器	JR16-20/3D0.32A	1	M2 的过载保护	
KM1	交流接触器	CJ0-20B，线圈 110V	1	启动 M1	
KM2	中间继电器	JZ7-44，线圈 110V	1	启动 M2	
FU1	熔断器	RL1-15，熔芯 1A	3	M2 短路保护	
FU2	熔断器	RL1-15，熔芯 4A	3	M3 短路保护	
FU3	熔断器	RL1-15，熔芯 1A	2	控制变压器一次侧短路保护	
FU4	熔断器	RL1-15，熔芯 1A	1	溜板刻度环照明线路短路保护	
FU5	熔断器	RL1-15，熔芯 2A	1	照明线路短路保护	
FU6	熔断器	RL1-15，熔芯 1A	1	110V 控制线路短路保护	
SB1	按钮	LAY3-10/3.11	1	启动 M1	
SB2	按钮	LAY3-01ZS/1	1	停止 M1	带自锁
SB3	按钮	LA9	1	启动 M3	
SA1	旋钮开关	LAY3-10X/2	1	控制 M2	
SQ1、SQ2	行程开关	JWM6-11	2	断电保护	
HL	信号灯	ZSD-0.6V	1	刻度照明	无灯罩
QF	低压变压器	AM1-30 20A	1	电源引入	
TC	控制变压器	BK2-100 380/110/24/6V	1		110V-50VA，24V-45VA 数显加用 220V-52VA，6V-5VA
EL	机床照明灯	JC11		工作照明	带 24V-40W 灯泡
SA2	旋钮开关	LAY3-01Y/2	1	电源开锁	带钥匙

第六章　电气控制线路设计基础

第一节　电气控制线路的设计要求和方法

随着高层建筑和智能化楼宇的增多，电气控制设备越来越多，各类控制线路广泛应用在各种自动化领域中。因此作为电气工程技术人员，需要掌握一定的电气控制线路设计知识，懂得电气设计基本原则、基本内容和基本方法。本章主要介绍继电控制线路的经验设计方法，对逻辑代数设计方法仅做简单介绍。

一、电气设计的基本原则

（1）电气控制线路要最大限度满足生产设备、生产工艺的要求，生产要求是设计的根本依据，因此对电动机的选择来说，启动、正反转、制动、联锁等控制环节均以满足生产为前提，各种保护措施要能保证人身和设备安全，操作台和按钮布置要方便操作，仪表和警示装置要便于观察等等。

（2）在满足要求的前提下尽量简化线路，能满足同一生产工艺要求的控制线路设计方案较多，从优化的角度考虑，元器件的数量以必需够用为度；联接导线的数量以少、短为准；触点的数量要尽量减少；尽量减少元器件的品种、规格；从节能和提高元器件寿命角度考虑，尽可能采用断电工作的控制环节。

（3）保证线路的可靠性和安全性，尽量选用标准、广泛采用并经过长期使用的控制环节，同时要注意触点的等电位布置，避免出现寄生回路，避免多触点依次串接控制一个电器。

（4）合理选用元器件，优先选用结构合理、电气寿命长、动作可靠、经济耐用、抗干扰能力强、使用量大的元器件，方便使用和维修。

图 6-1 至图 6-6 列举了几种设计中应注意连接方式。

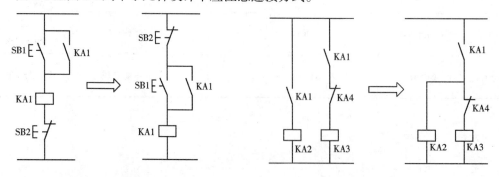

图 6-1　减少引出线的连接　　　　　　　　　图 6-2　合并同类触点

二、电气设计的基本内容

电气设计的基本内容主要包括以下几个方面：

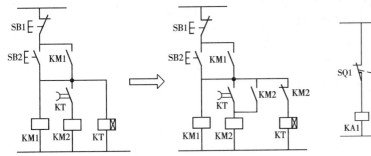

图 6-3 减少通电电器

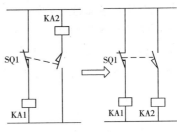

图 6-4 触点等电位布置

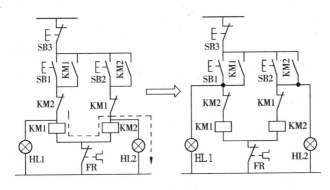

图 6-5 避免寄生回路

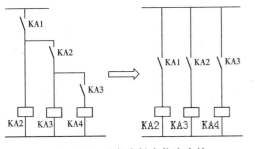

图 6-6 避免多触点依次串接

（1）电力拖动方案的制定，根据生产工艺的要求选定电动机，主要考虑几点：负载特点和需要、电压等级和转速及使用环境因素等。

（2）电气控制方式的选择，一般有继电接触控制、可编程控制器和计算机联网控制三种。

（3）工艺设计，控制柜的外形、结构和尺寸，各元器件的安装位置，非标准件图。

（4）图纸绘制，包括电气原理图、装配图、接线图、元器件清单。

（5）编制使用维修说明书。

三、电气设计的基本方法

电气设计的重点在两个方面，首先是拖动方案的制定，这部分属于电机与拖动的内容，在此不再赘述，另外是控制线路的设计，常用继电接触控制或可编程控制器（本书只涉及继电接触控制），采用的方法有分析设计法和逻辑代数设计法，由于设计不是课程要求的重点，在此着重介绍继电接触控制线路的分析设计方法。

第二节 分 析 设 计 法

分析设计法又称为经验设计法，特别适合不太复杂的控制线路设计，由于是建立在经验基础上进行的设计，因此设计出来的线路有多种，设计方案要通过分析、比较和筛选，有时还需要进行试验验证才能确定出最佳方案。由于经验设计方法简单、快捷，在实际工作中普遍运用。下面通过皮带运输机的实例介绍经验设计方法。

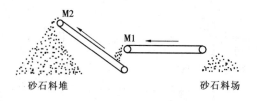

图 6-7　皮带运输机示意图

在建筑施工企业的沙石料场，普遍使用皮带运输机对沙和石料进行传送转运，图 6-7 是两级皮带运输机示意图，M1 是第一级电动机，M2 是第二级电动机。基本工作特点是：

（1）两台电动机都存在重载启动的可能；

（2）任何一级传送带停止工作时，其他传送带都必须停止工作；

（3）控制线路有必要的保护环节；

（4）有故障报警装置。

（一）主线路设计

电动机采用三相鼠笼式异步电动机，接触器控制启动、停止，线路应有短路、过载、缺相、欠压保护，两台电动机控制方式一样。基本线路见图 6-8。

线路中采用了自动空气开关、熔

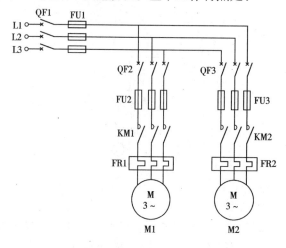

图 6-8　皮带运输机主电路

断器、热继电器，可满足上述保护需要。

（二）控制线路设计

直接启动的基本线路如图 6-9 所示，为操作方便，线路中设计了总停按钮 SB5。

考虑到皮带运输机随时都有重载启动可能，为了防止在启动时热继电器动作，有两个办法解决，第一是把热继电器的整定电流调大，使之在启动时不动作，但这样必然降

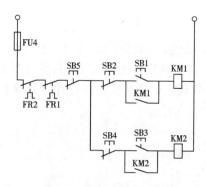

图 6-9　皮带运输机控制线路

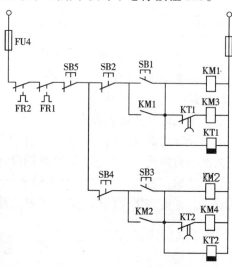

图 6-10　皮带运输机控制线路

低了过载保护的可靠性；第二是启动时将热继电器的发热元件短接，启动结束后再将其接入，这就需要用时间继电器控制。如图6-10所示，启动时按下 SB1，接触器 KM1、KM3、时间继电器 KT1 同时得电，KM3 主触点闭合短接热继电器发热元件，经过一段时间电动机完成启动，时间继电器 KT1 常闭触点延时断开，KM3 失电，主触点断开，热继电器发热元件接入，线路正常工作。此时主电路见图6-11。

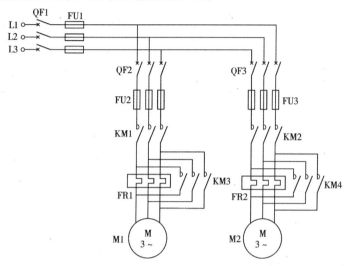

图 6-11　皮带运输机主线路

若遇故障，某级传送带停转，要求各级传送带都应停止工作，控制线路应能做到自动停车，同时发出相应警示。在发生故障停车时，皮带会因沙石自重而下沉，可以在皮带下方恰当位置安装限位开关 SQ1（SQ2），由它来完成停车控制和报警。控制线路见图6-12，

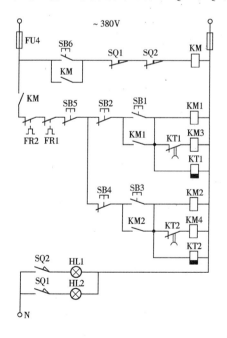

图 6-12　皮带运输机控制线路

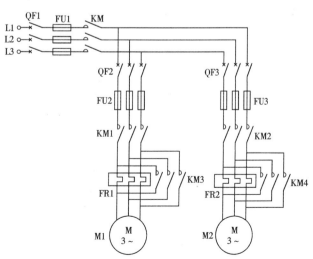

图 6-13　皮带运输机主线路

191

主线路见图6-13，线路中增加了接触器 KM 和总启动按钮 SB6，只有当 SQ1、SQ2 没有动作，常闭触点闭合时，按下 SB6，得电，主电路和控制线路才有电。反之，当故障停车时，SQ1（SQ2）动作，KM 失电，主电路和控制线路电源被切断。

如遇临时停电，由于有了 SQ1 、SQ2 的保护作用，线路将无法再启动，因此 SQ1 、SQ2 只能在电动机完成启动后才能投入，为此增加了时间继电器 KT，见图6-14，利用常闭（延时断开）触点短接 SQ1、SQ2 ，保证线路能顺利进行重载启动，启动结束后传送带正常运行，在时间继电器触点延时断开之前，SQ1 SQ2 常闭触点已复位，线路正常工作。

（三）设计线路的复验

设计最后完成主线路图 6-13 和控制线路图 6-14，根据四项设计要求逐一验证。

（1）线路中采用了自动空气开关、熔断器、热继电器，可满足线路保护需要。

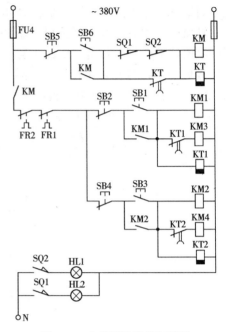

图 6-14　皮带运输机控制线路

（2）两台电动机重载启动措施：由 KM3（KM4）在启动时切除热继电器发热元件，由时间继电器 KT 短接 SQ1（SQ2），保证 KM 得电，线路通电。

（3）任何一级皮带输送机出现故障停止工作时，传送带受重下沉使 SQ1（SQ2）动作，KM 失电，主电路和控制线路同时断电。

（4）故障指示灯 HL1、HL2 显示相应传送带故障。

皮带运输机根据不同的使用场合有不同的控制线路，本例题重点是从清楚层次，易于理解的角度讲述了经验设计法的运用，涉及设备元件的选型、计算等问题，在此不做要求。

第三节　逻辑设计法

逻辑代数设计法是根据生产工艺的要求，把电器元件的动作状态视为逻辑变量，通过逻辑运算找出最简单的逻辑表达式，画出相应的控制线路，使线路使用的元件最少，逻辑代数设计法用于复杂控制线路的设计时具有明显的优势，当然这种设计的难度也比较大。

1. 逻辑代数的基本性质

基本定律

$$0 + A = A \qquad 0 \cdot A = 0 \qquad 1 + A = 1 \qquad 1 \cdot A = A$$

$$A + \overline{A} = 1 \qquad A \cdot \overline{A} = 0 \qquad A + A = A \qquad A \cdot A = A \qquad \overline{\overline{A}} = A$$

交换率

$$A \cdot B = B \cdot A \qquad\qquad A + B = B + A$$

结合率

$$(A + B) + C = A + (B + C) \qquad\qquad (A \cdot B) \cdot C = A \cdot (B \cdot C)$$

分配率

$$A(B+C) = AB + AC \qquad\qquad (A+B)(A+C) = A + BC$$

吸收率

$$A + AB = A \qquad A(A+B) = A \qquad A + \overline{A}B = A + B \qquad A(\overline{A}+B) = AB$$

摩根定律

$$\overline{A+B+C} = \overline{A}\cdot\overline{B}\cdot\overline{C} \qquad\qquad \overline{A\cdot B\cdot C} = \overline{A}+\overline{B}+\overline{C}$$

2. 继电器线路的逻辑函数

在控制线路中，可以把线圈的通电与断电，触点的闭合与断开看成逻辑变量，规定如下：

逻辑"1"——接触器、继电器线圈通电（吸合）状态；

逻辑"0"——接触器、继电器线圈失电（释放）状态；

逻辑"1"——接触器、继电器、开关、按钮的触点闭合状态；

逻辑"0"——接触器、继电器、开关、按钮的触点断开状态。

触点状态的逻辑变量——逻辑输入变量

受控元件的逻辑变量——逻辑输出变量

元件的线圈和触点用同一符号表示（触点用斜体），常开触点用原状态，常闭触点用非状态。

逻辑运算关系对应的线路触点形式：

逻辑"与"——触点串联，用符号"."表示，线路见图6-15，逻辑表达式为：

$$KM = KA1 \cdot KA2$$

真值表见表6-1，由真值表可知：只有当 KA1 = 1 $\quad$ KA2 = 1 时，KM = 1。线路的状态与逻辑表达式一致。

逻辑"与"真值表		表6-1
KA1	KA2	KM
0	0	0
1	0	0
0	1	0
1	1	1

逻辑"或"真值表		表6-2
KA1	KA2	KM
0	0	0
1	0	1
0	1	1
1	1	1

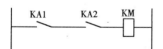

图6-15　逻辑"与"线路

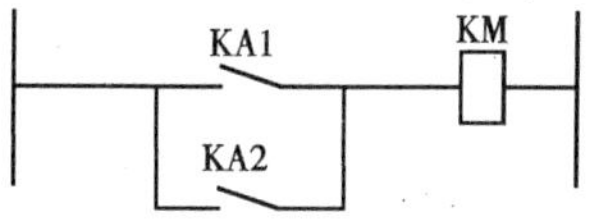

图6-16　逻辑"或"线路

逻辑"或"——触点并联，用符号"＋"表示，线路见图6-16，逻辑表达式为：

$$KM = KA1 + KA2$$

真值表见表6-2，由真值表可知逻辑运算规律：

$$0 + 0 = 0 \qquad 1 + 0 = 1 \qquad 0 + 1 = 1 \qquad 1 + 1 = 1$$

线路的状态与逻辑表达式一致。

逻辑"非"，逻辑非表示相反，即 A = 1，$\overline{A}$ = 0；反之 A = 0，$\overline{A}$ = 1。在控制线路中用

A 表示继电器的常开触点，用 $\overline{A}$ 表示继电器的常闭触点，逻辑"非"线路见图 6-17，逻辑表达式为：

$$KM = \overline{KA} \cdot KA2$$

真值表见表 6-3，由真值表可知逻辑运算规律：

$$1 \cdot 0 = 0 \qquad 0 \cdot 0 = 0 \qquad 0 \cdot 1 = 0 \qquad 1 \cdot 1 = 1$$

线路的状态与逻辑表达式一致。

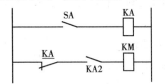

图 6-17　逻辑"非"线路

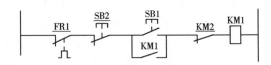

图 6-18　电动机正转控制线路

逻辑"非"真值表　　　　　　　　　　表 6-3

$\overline{KA}$	KA2	KM	$\overline{KA}$	KA2	KM
1	0	0	0	1	0
0	0	0	1	1	1

由此可见，一切控制线路都可以用逻辑式来表示，例如图 6-18 所示的电动机正转线路的逻辑表达式为：

$$KM1 = \overline{FR1} \cdot \overline{SB2} \cdot (\overline{SB1} + \overline{KM1}) \cdot \overline{KM2}$$

逻辑表达式可以根据逻辑代数的进行简化，求出最简式，得到最简单的线路。例如在图 6-19 的线路中，可通过逻辑代数进行简化，线路的逻辑表达式为：

$$
\begin{aligned}
KM &= KA1 \cdot KA3 + \overline{KA1} \cdot KA2 + KA1 \cdot \overline{KA3} \\
&= KA1 (KA3 + \overline{KA3}) + \overline{KA1} \cdot KA2 \\
&= KA1 + \overline{KA1} \cdot KA2 \\
&= KA1 + KA2
\end{aligned}
$$

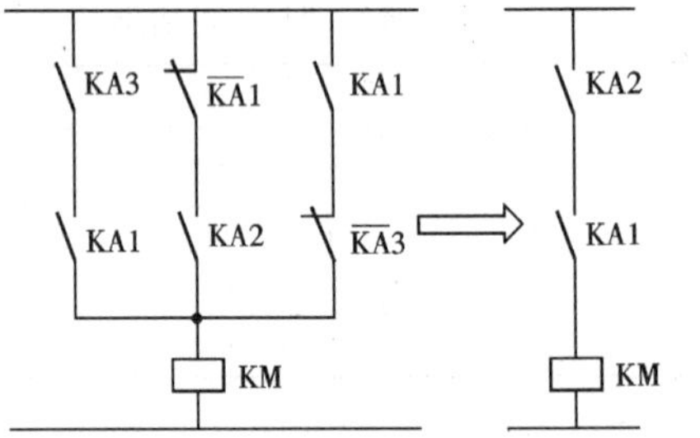

图 6-19　逻辑代数简化的线路

根据结论可画出简化线路（见图 6-19）。

3. 逻辑代数法进行线路设计基本步骤

根据生产工艺列出工作流程图——列出元件动作状态表——写出执行元件的逻辑表达式——根据逻辑表达式绘制控制线路图——完善并校验线路。

逻辑代数法掌握起来较难，适用于复杂控制线路的设计，对于一般的控制线路，经验设计法更为方便迅捷。

本　章　小　结

本章介绍了电气控制线路设计的基本知识，讲述了电气控制线路的设计原则、设计内容，并对分析（经验）设计法和逻辑设计方法分别进行了讲解。

经验设计法方便迅捷，适用于一般控制线路的设计，在实际工作中经常使用，本章通过实例对经验设计法做了详细介绍，作为电气工程技术人员，应该较熟练地掌握此方法。

对逻辑代数设计法只做了简单介绍。

思 考 题 与 习 题

在例题皮带运输机控制线路设计中，图 6-12 存在以下不足，即当出现故障停车时，所有传送带都将受砂石料自重下沉，限位开关都将动作，指示灯全亮，无法判断究竟是哪一台传输机出现了故障，请根据这一问题对控制线路加以改进。

附

推 荐 实 验

实验一 低压电器的认识和三相异步电动机点动、自锁控制

一、实验目的
(1) 熟悉常用低压电器的结构、原理及用途。

(2) 通过对三相异步电动机点动控制和自锁控制电路的实际安装接线，掌握由电气原理图变换成安装接线图的知识。

(3) 通过实验进一步加深理解点动控制和自锁控制的特点。

(4) 初步熟悉电气电路的故障分析及排除故障的方法。

二、实验电路图

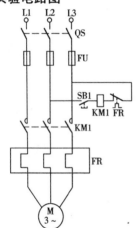

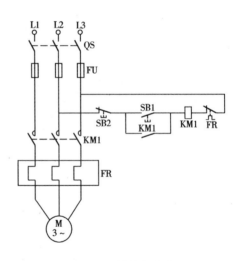

图 1 点动控制线路　　　　　　图 2 运转控制线路

三、实验设备及电器元件

(1) 三相交流电源　　　　　　　　　　　　　　　　　　　一套

(2) 三相刀开关　　　　　　　　　　　　　　　　　　　　一个

(3) 熔断器　　　　　　　　　　　　　　　　　　　　　　三个

(4) 三相笼型异步电动机　　　　　　　　　　　　　　　　一台

(5) 交流接触器　　　　　　　　　　　　　　　　　　　　一个

(6) 热继电器　　　　　　　　　　　　　　　　　　　　　一个

(7) 各种继电器及其他低压电器　　　　　　　　　　　　　若干

(8) 控制按钮　　　　　　　　　　　　　　　　　　　　　二个

(9) 常用电工工具及导线若干　具体型号可根据实验室情况由学生或指导老师自主选

定。

四、实验步骤

1. 接线

按图 1 分别接线,先接主电路,再接控制电路。接控制电路时,尽量把触头接于线圈一边。

2. 通电

合上电源,按 SB1,使电动机启动旋转,观察电动机旋转方向。松开 SB1,使电动机停转,实现点动控制。

3. 改接线

按图 2 将电路改接,按 SB1 启动电动机,松开 SB1 电动机不会停止,实现自锁控制。再按停止按钮 SB2,电动机自由停车。

4. 观察

(1) 观察实验用接触器结构,查看铭牌及主触头与辅助触头区别、外观、接法、作用。

(2) 观察热继电器结构,查看铭牌。

(3) 观察按钮结构,查看铭牌数据。

五、注意事项

(1) 接线时,主电路用粗导线,控制电路用细导线。

(2) 认清主触头与辅助触头,以及常开与常闭触头,不要接错。

(3) 接好线,检查无误后,经教师同意方可合电源通电。

(4) 操作不宜太频繁。

六、讨论

(1) 点动控制与自锁控制主要区别是什么?

(2) 以上电路能否对电动机实现过流保护、短路保护和欠压保护?

(3) 交流接触器主、辅助触头有何区别?

(4) 图中各个电器如 QS、KM1、FR、FU、SB1、SB2 各起什么作用?已经使用了熔断器为何还要使用热继电器?已经有了开关 QS 为何还要使用接触器 KM1?

实验二　三相异步电动机的正反转及 Y-△ 启动控制

一、实验目的

(1) 了解空气阻尼式时间继电器结构、工作原理及使用方法。

(2) 掌握三相异步电动机正反转的控制电路及 Y-△ 减压启动控制电路的工作原理。

(3) 掌握接触器联锁(电气联锁)和按钮联锁(机械联锁)在电气控制电路中的作用。

(4) 熟悉电气电路的故障分析及排除故障的方法。

二、实验电路图

图 1 为三相异步电动机正反转控制电路。

图 2 为三相异步电动机 Y-△ 减压启动控制电路。

三、实验设备及电器元件

（1）三相交流电源
                  一套
（2）三相笼型异步电动机
                  一台
（3）自动断路器　一个
（4）熔断器　　　五套
（5）交流接触器　三个
（6）空气阻尼式时间继电器
                  一个
（7）热继电器　　一个
（8）控制按钮　　三个

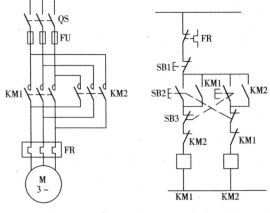

图 1　三相异步电动机正反转控制电路

（9）电工工具及导线若干，具体型号可根据实验室情况由学生或老师自主选定。

四、实验步骤

1. 接线

按图 1 接线，先接主电路，再接控制电路。

2. 通电试验

接线检查无误后，按下列步骤进行通电试验：

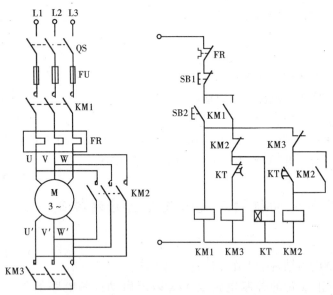

图 2　三相异步电动机 Y-△ 启动控制电路

（1）合刀开关，接通三相交流 220V 电源。

（2）按下 SB2 使电动机启动旋转，观察并记录电动机的转向，自锁和联锁触头的通断状态。

（3）按下按钮 SB1，观察并记录电动机 M 的运转状态，自锁和联锁触头的通断状态。

（4）再按下 SB3，观察并记录电动机 M 的转向，自锁和联锁触头的通断状态。

（5）重新接通电源，按下 SB2 启动电动机，再很轻地按下 SB3，观察电动机状态有何变化。或先按 SB3 再按 SB2 观察。

（6）重新通电，按下 SB2，再将 SB3 按下一半（即不按到底），分别观察电动机运转状态、自锁和联锁触点的通断状态。想想为什么？

（7）再重新通电，同时按下 SB2 和 SB3，观察上述状态。

198

（8）实验中出现不正常现象时，应断开电源，分析故障，如一切正常，可请指导教师人为地制造故障，由同学分析排除故障，再试验。

3. 改接线

按图 2 改接电路，检查无误后，通电试验。

（1）按下启动按钮 SB2，电动机 M 作 Y 接法启动，经一定的延时时间，电动机自动按"Δ"接法正常运行。

（2）调节时间继电器的延时螺钉，观察电动机从 Y 接法自动转为"Δ"接法的延时时间。

（3）按下停止按钮 SB1，电动机 M 停止运转。

五、注意事项

时间继电器的触头有瞬动触头和延时触头，本实验所接触头为延时触头。延时时间长短调节应合适。

六、讨论

（1）在图 1 的实验中，自锁触头的功能是什么？

（2）在图 1 的实验中，联锁触头的功能是什么？

（3）在电动机减压启动实验中，时间继电器通电延时常开与常闭触头接错，电路会出现什么情况？

实验三　电动机的顺序控制电路

一、实验目的

（1）通过顺序控制的接线，加深对一些特殊要求控制线路的了解；

（2）进一步加深学生的动手能力和理解能力，是理论知识和实际经验进行有效的结合。

二、实验电路图

三、实验设备及电器元件

（1）按钮　　　　3

（2）接触器　　　2

（3）熔断器　　　5

（4）热继电器　　1

（5）导线　　　　若干

四、实验步骤

1. 接线

按图接线，先接主电路，再接控制电路。

2. 通电试验

接线检查无误后，按下列步骤进行通电试验：

（1）合刀开关，接通三相交流 220V 电源；

（2）按下 SB1，观察电动机的运行及接触器的吸合情况；

（3）保持第一台电动机的运行，按下 SB2，观察电动机 2 的运行和接触器的吸合情

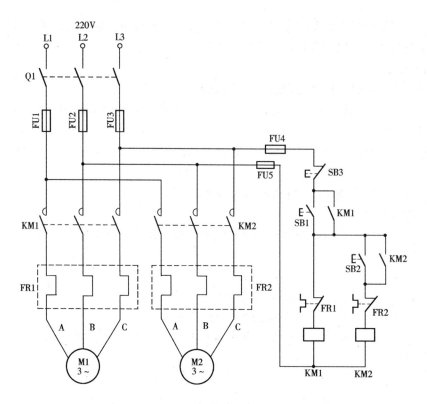

图 1　电动机的顺序控制

况；

（4）单独停电动机 2。

五、讨论

（1）写出电动机的运行原理。

（2）比较电动机的控制线路图的不同。

实验四　电动机的两地控制电路

一、实验目的

（1）通过两地控制的接线，加深对一些特殊要求控制线路的了解；

（2）进一步加深学生的动手能力和理解能力，是理论知识和实际经验进行有效的结合。

二、实验电路图

三、实验设备及电器元件

（1）按钮　　　　4

（2）接触器　　　1

（3）熔断器　　　5

（4）热继电器　　1

（5）导线　　　　若干

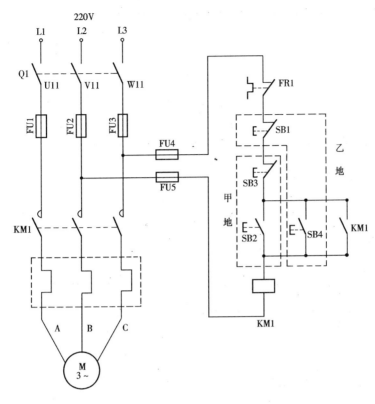

图 1　电动机的两地控制

四、实验步骤

1. 接线

按图接线，先接主电路，再接控制电路。

2. 通电试验

接线检查无误后，按下列步骤进行通电试验：

(1) 合刀开关，接通三相交流 220V 电源。

(2) 按下 SB2，观察电动机的运行及接触器的吸合情况。

(3) 按下 SB1，观察电动机的运行及接触器的吸合情况。

(4) 按下 SB4，观察电动机的运行及接触器的吸合情况。

(5) 按下 SB3，观察电动机的运行及接触器的吸合情况。

五、讨论

(1) 写出电动机的运行原理。

(2) 什么叫两地控制？有什么特点？

(3) 两地控制的接线原则是什么？

实验五　电动葫芦的电气控制电路

一、实验目的

(1) 学习并掌握电动葫芦的提升和移行机构电气控制的方法；

（2）学习用限位开关对电动机进行能耗制动并观察效果。

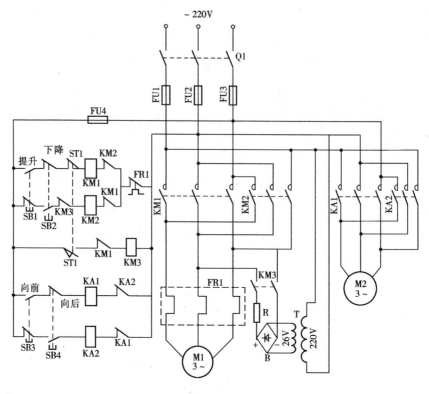

图 1　电动葫芦的控制电路

二、实验电路图

三、实验设备及电器元件

（1）按钮　　　　　4

（2）接触器　　　　3

（3）熔断器　　　　5

（4）热继电器　　　1

（5）继电器　　　　2

（6）导线　　　　　若干

四、实验步骤

1．接线

按图接线，先接主电路，再接控制电路。

2．通电试验

接线检查无误后，按下列步骤进行通电试验：

（1）合刀开关，接通三相交流 220V 电源。

（2）整定热继电器的动作电流，

（3）按 SB1 及 SB3 应符合转向要求，若不符合要求，应调整相序使电机转向符合顺时针的假定要求。

（4）按 SB2 和 SB4，M1 和 M2 的转向应符合逆时针转向要求，在电机 M1 运转的状态

202

下，按 ST1 即对电动机能耗制动，观察电机应很快停转，以模拟实际电葫芦的升降电动机停机时，必须有制动电磁铁将其轴卡住，能使重物悬挂在空中。

（5）再次操作各按钮，先按 SB2，M1 电机逆时针转向（下降），再按 SB3，M2 电机顺时针转向向前，按 SB4，M2 电机逆时针转向后，松开各按钮，电机应停止运转；按 SB1，M1 电机顺时针运转，按 10 秒钟（模拟电机已提升到最高位），此时按 ST1（模拟提升到最高位碰撞限位开关 ST1），电动机应很快停转。

五、讨论

（1）写出电动机的运行原理。

（2）为什么在电动葫芦的控制电路中，按钮要采用点动控制？

（3）行程开关 ST1 起到什么作用？

主 要 参 考 文 献

1. 郭汀. 新旧电气简图用图形符号对照手册. 北京：中国电力出版社，2001

2. 中国建筑工程总公司. 建筑电气工程施工工艺标准：北京：中国建筑工业出版社，2003

3. 孙景芝. 楼宇电气控制. 北京：中国建筑工业出版社，2002

4. 机械设备维修丛书编委会. 机床电器设备维修问答. 北京：机械工业出版社，2004

5. 赵宏家. 建筑电气控制. 重庆：重庆大学出版社，2002

6. 方大千. 实用电动机控制线路326例. 北京：金盾出版社，2003

7. 赵德申. 供配电技术. 北京：高等教育出版社，2004

8. 刘复欣. 建筑供电与照明. 北京：中国建筑工业出版社，2004

9. 李仁. 电气控制. 北京：机械工业出版社，1990

10. 何焕山. 工厂电气控制设备. 北京：高等教育出版社，1992

11. 齐占山. 机床电气控制技术. 北京：机械工业出版社，1993